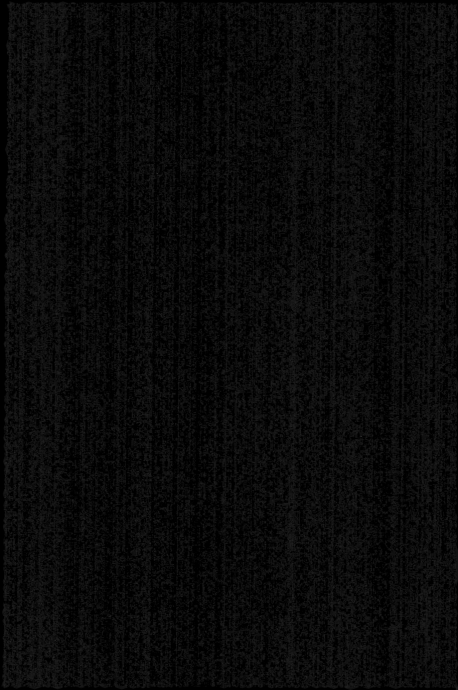

グローバリゼーションとデジタル革命から読み解く

Fashion Business
創造する未来

尾原 蓉子

第1部　FBのパラダイム・シフト――進むディスラプション

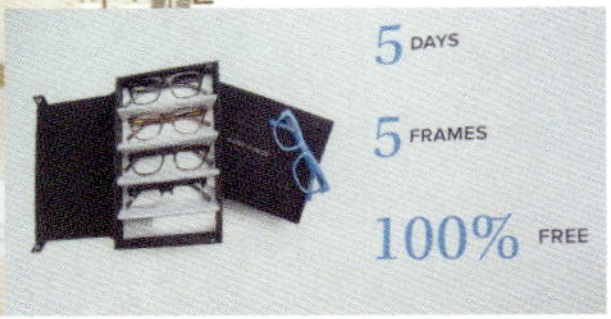

Warby Parker 社の SOHO 旗艦店
／ Warby Parker 社提供
（本文 72〜73 p 参照）

メガネ5セット、5日間、宅配で無料試着

Warby Parker 社 最初のCMビデオより／ Alia Penner 氏制作（本文 72 p 参照）

Jake のスマイル

Life is Good 創業者バート・ジェイコブス氏
フリスビーを飛ばしてメッセージ発信／NRF 提供（本文 104 p 参照）

High Style
(美・技)

132 5. ISSEY MIYAKE
株式会社 三宅デザイン事務所
Reality Lab. 提供
（本文 150 p 参照）

High Performance
(身体・機能)

Gap Inc. のブランド Athleta ／ニューヨーク チェルシー店のウインドー　筆者撮影（本文 154 p 参照）

High Devotion
(私・想い)

キティちゃんへの思い入れはダイアやルビー、カシミアセーターにまで／ Neiman Marcus ホームページより（本文 351 p 参照）

第3部　FBはどう変わる――テクノロジーが拓く近未来

タッチパネルでの〝ウインドー・ショッピング〟
Kate Spade Saturday Pop-Up店／Kate Spade 社提供（本文 214 p 参照）

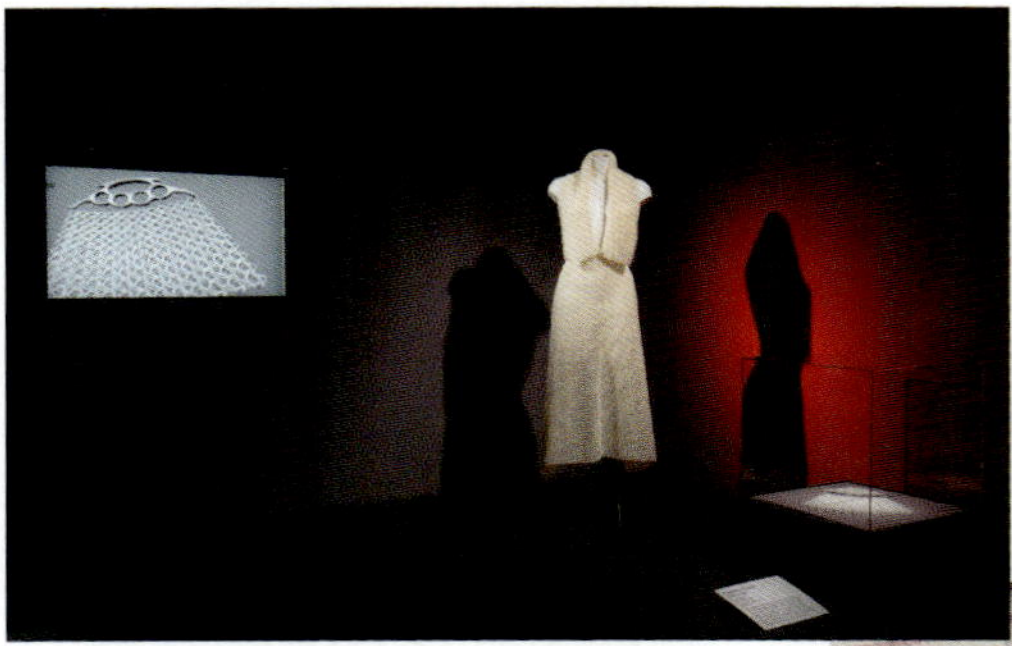

３D 印刷によるファッション制作
FIT 美術館　FASHION AND TECHNOLOGY 展（2013）
メッシュのドレスとバッグ
Freedom of Creation 社制作／FIT 美術館提供
（本文 178 p 参照）

デザイナー Iris van Herpen 制作の３D印刷ベスト
／NRF 2016 より 筆者撮影
（本文 179 p 参照）

Memomi　ビデオスクリーンのメモリー・ミラー
Neiman Marcus の売り場に設置／ Memomi 社提供（本文 211 p 参照）

Rebecca Minkoff 売り場に設置した多機能のタッチパネル3 か所でタップ可能／繊研新聞社提供（本文 210 p 参照）

第4部　グローバル時代の課題――日本のファッションを世界へ

FIT 美術館
JAPAN FASHION NOW 展
ポスターと小冊子表紙に
Hangry and Angry
／ FIT 美術館提供
（本文 365 p 参照）

JAPAN FASHION NOW 展 東京ファッション4 地区の街並みをコンテキストにした提示／ FIT 美術館提供
（本文 365 p 参照）

ユニクロ　初のニューヨーク旗艦店開店へ期待を盛り上げる事前キャンペーン
〝何かカラフルな商品の店が来る! 〟／筆者撮影（本文 328 p 参照）

無印良品　MUJI FIFTH AVENUE店（2015年11月開店）日本文化を自然体で表現／筆者撮影（本文 371 p 参照）

FBは　本質・ほんもの志向へ――オリジナリティーとロングテール

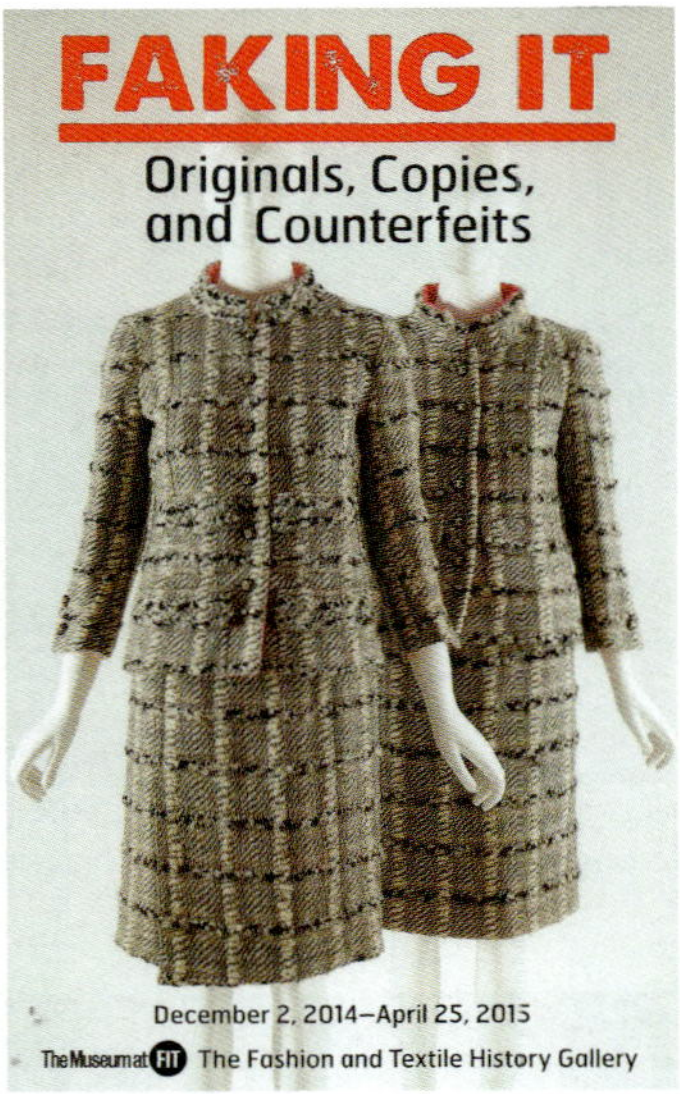

FIT 美術館の FAKING IT 展
「真似してしまう―オリジナル、コピーそして偽物」
パンフレットの表紙は、
シャネルのオリジナルとコピー品／ FIT 美術館提供
（本文 262 p 参照）

tambourine_dress　2014 -15 A/W
collection " 紋黄蝶" より（本文 279 p 参照）

ミナ・ペルホネンのタンバリン生地（繊細な刺繍柄）。
長期間にわたる〝ロングテール" 成功事例

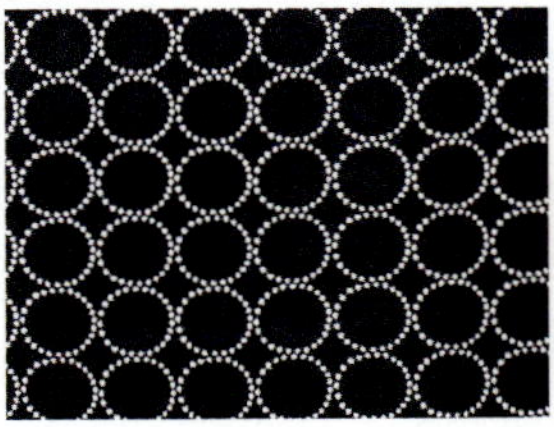

tambourine テキスタイル

椅子に tambourine の生地張り

はじめに

本書は、日本に初めて「ファッション・ビジネス」という言葉と概念を紹介した筆者の、半世紀にわたる実践と思索の集大成である。

「ファッション・ビジネス」という言葉は、米国ニューヨーク州立ファッション工科大学（以下ＦＩＴ）の〝Inside the Fashion Business〟という教科書に由来する。「ファッションは、ファッションであり、かつビジネスなのだ」。これがフルブライト留学生として筆者がＦＩＴで原著者のジャネット・ジャーナウ教授から直接学んだエッセンスであり、まさに〝目から鱗〟の感動であった。この本を１９６８年に翻訳、旭化成の記念事業として出版したのが『ファッション・ビジネスの世界』であり、日本に初めて「ファッション・ビジネス」（以下ＦＢ）の言葉と仕組みを紹介することとなった。Fashion Business を何という日本語にするかで長時間の議論をしたほど、当時の日本の繊維衣料品業界（当時はこう呼ばれていた）には、衝撃的な概念であった。

それから48年、日本のＦＢは急激な成長を遂げ、かつ急速に成熟し、そしていま、大きな壁にぶつかっている。ファッションが売れなくなった。ファッションの牽引力であった百貨店が苦戦し、大手アパレル企業が次々に再編やリストラを余儀なくされ、中国企業やファンドの傘下に入るなどしているのが象徴的だ。過去2年の間にアパレル大手4社で１６００店舗が閉鎖された。革新的ビジネスモデルと脚光を浴びたＳＰＡ（日本型製造小売業）も20年の間に制度疲労を起こしている。

かつて、流行を追うことに膨大なエネルギーとお金を費やした人々が、いまは、着心地の良い日常着と、自分にとって特別な価値をもつ服やアクセサリーを選んで購入する以外は、支出を抑えるようになり、アパレル（衣料品）の売り上げは、ピーク時の１９９１年から２０１３年の間に15・3兆円から3分の2の10・5兆円に減少した。ネット・ショッピングや海外ファストファッションなど、新たな仕組みも登場し、従来のビジネス手法の踏襲ではビジネスの発展が期待できなくなっている。にもかかわらずファッション関連企業側の危機感は残念ながらまだまだ乏しい。他方、消費者の価値観は変わり、経済大国としての日本のポジションも低下、明らかな人口減少も始まり、状況は悪化する一方である。

それでは、ＦＢに未来はないのか。

答えは、Yes and No だ。いま、私たちがこれまでの考え方と視座を１８０度転換し、これまでのＦＢに〝ディスラプション〟（秩序などを崩壊させるの意）を起こす、すなわち破壊的革新を起こすことができれば、答えは Yes になる。未来は過去の歴史と今日の決断・行動の延長線上にある。未来は予測するものではなく、つくるものであるからだ。

ディスラプションの象徴的事例は、ウーバーやエア・ビーアンドビーであろう。タクシーやホテルの機能を個人が提供する、オンディマンドのシェアリングあるいはマッチングビジネスだ。ネットとデジタルの申し子とも言うべきこれらが示唆するように、今後は、スマートフォン一つで、あらゆる情報の収集や比較検討、他人のアドバイスを得たり、購入したりもでき、商品や体験の評価を発信することも容易になる。それが、「当たり前」になるこれからの時代に、そういった利便性や合理性や効率を「当たり前」と期待する消費者に対し、ファッション製品の新たな一着を手にしてもらい満足してもらうには、新しいビジネスの創造が不可欠になっている。

もしこのまま、（一部の革新的企業をのぞいて）発想の大転換もなく、デジタル・テクノロジーの抜本的活用によるビジネスモデルの変革やグローバルなビジネス展開を進めることがなければ、日本のＦＢは「ゆで蛙」になる可能性が大である。蛙を、熱湯に放り込めば瞬発的に飛び出して火傷すらしないのに対し、水を張った器に入れ徐々に熱してゆくと「ゆで上がる」まで飛び出すこともしない、という、よく知られるたとえだ。現在日本のＦＢに迫っている危機は、１９７３年の石油ショックのような突然の外圧的危機で即対応に全力投入できたような危機ではなく、ジワジワとしのび寄り、内部をむしばむ危機である。

ＦＢの成長と成熟は、日本に限ったことではなく、先達としての米国もたどってきた道である。しかし米国では、絶えざる革新が行われ、それが産業を新たな方向へ動かす力になる。米国が「自由競争の世界」であり、「アントレプレナー精神による起業」が多く、新しいビジネスのコンセプトやビジネスモデルが次々に登場するからだ。テクノロジーのビジネスへの取り込みも早い。失敗も多いが、それが次なる試みにつながる。失敗した起業家も再挑戦により復活することも可能、などの社会経済環境がある。

本書は、米国の革新的なディスラプション事例の紹介を通じてヒントを得ていただきたいとの意図で書かれている。その理由は、米国で起こったビジネスの本質的な変化は、いずれさしたる時を経ずして日本でも必ず起こるというのが、筆者の長年の経験だからだ。これだけは日本では起こらないと考えていた老舗百貨店大手の合併や統合でさえ、１９８０年代から90年代にかけての米国百貨店再編に約20年遅れて、日本でも起こっている。ビジネスのやり方や産業構造の本質的な変化は、産業の成長・成熟と、消費者と消費市場の成熟、そして競合の激しさから生まれる、必然的な結果であるからだ。

その米国ではいま、「小売り革命」と呼ばれるものが進行中だ。ディスラプションによる旧態の破壊と新たな仕組みの構築だ。突き上げている力は、テクノロジーの爆発的発展、アマゾンという巨大パワーが次々に打ち出す革命的な施策、起業家精神旺盛な若者たち、そして、消費者の価値観と購買行動の変化である。その変化のスピードは加速し、いまや日本が許されるタイムラグは、かつての20年から10年はおろか、数か月ともいうべきものになっている。

ＦＢの中心は、長年にわたってものづくり（ファッション製品の企画や生産）にあったが、現在の苦境を解決するものは、モノの価値以上にサービス価値、つまり、消費者が求める価値にファッション商品をマッチングすることにあると考えることから、本書ではリテールあるいは流通に求められる変革を中心に論じている。モノの価値以上に、トータルとしてのサービス価値が問われる時代が来ているからだ。

変革の中核をなす戦略は、ビジネスの総合的なデジタル化、Ｅコマースとオムニチャネル、顧客、それも個客へのパーソナルな照準、そしてビジネスのサービス化である。それにより、革新的企業は、ＦＢの次のような潮流を、ビジネスチャンスにしようとしているのだ。

★ファッションは「デザインの流行」から「ライフスタイル」へ拡大
★消費者は、「消費するひと」から「生活者」に、さらに主体的な「自分物語の著者」に
★生活者は、「プロシューマー」や「セルシューマー」として、市民コマースの担い手に
★顧客は、選択肢の豊富さよりも、自分の好みやニーズに合った「パーソナル」な提案を期待
★価値創造は、企業内部より、企業と顧客との間で最大に。FBのサービス化へ
★モノの利用は、所有からシェアリングへ、個人財から社会財へ
★企業活動は、利潤追求中心から、社会善と幸福な人（顧客・社員）づくりへ

本書では、こういった変化を〝潮流〟としてとらえて、過去、現在から未来を見ようとしている。潮流のうねりは、時間をかけて盛り上がり、周りを巻き込んで、新たな潮流に流れ込んでゆく。潮流のなかには、後述する「4大潮流」に加えて、筆者が30年にわたって連続参加しているNRF（全米小売業）大会を通じて見た、ファッション流通にフォーカスした小潮流も含まれている。

本書の構成は、大きく次のようになっている。

第一部：「FBのパラダイム・シフト」
どんな変容が起きているのか？　米国におけるディスラプションの象徴的事例を見る
それらを生み出す潮流はなにか？　これからのFBの核となるコンセプトと事例

第二部：「FBにおける新たな価値創造」

日本のＦＢにおける価値創造の変遷と今後の方向――成長領域はどこに？
改めて考える――ファッションとは何か
流行のプッシュから真の価値創造へ――新たなファッション市場を生み出す３つの牽引力
第三部：「ＦＢはどう変わるのか――企業がなすべきこと」
未来へ向けたＦＢのイメージとビジネスモデル
ファッション企業がいますぐ取り組むべきこと
マーチャンダイジング、マーケティング、マニュファクチャリングの革新
第四部：「グローバル時代の、日本企業と個人の課題」
グローバル企業になる――視点、人材、ビジネス運営、ブランディング
ファッションの新しい形を日本から世界へ――日本文化が果たすべき役割
成功をめざす企業・個人に求められるものは――革新、ダイバーシティとリーダーシップ

本書を読んでいただきたい方はまず、これからのファッション産業を担う若者、および生活者としての感度の鋭い女性たちである。起業による新しいビジネスの発展に大いに期待したいからだ。もちろん、新しい時代のＦＢに脱皮しようとするファッション業界の関係者の方々に読んでいただくことを切望していることは言うまでもない。そして、生活のあらゆるものがファッション化しているいま、ファッション業界以外でも業種や職責、性別のいかんを問わず、人々の生活をワクワク・ドキドキ、豊かなものにする仕事をしたいと考えている方にもお読みいただければ、これに勝る喜

びはない。

本書の執筆の動機は、1968年に「ファッションを、流行を追うビジネスとして捉える」という当時の日本には全くなかった概念と仕組みを紹介した者として、いま、「ファッションは人々の生き方であり、それぞれの個人の心の中に生まれる価値がビジネスを生む」という、新たな時代への転換を提言しなければ、キャリアとしての私の役割は果たせない、との強い想いによるものである。

日本は、素晴らしい文化とその蓄積を持っている。美しいもの、とくに「用の美」を評価し、自然を愛で、自然との共生を重視するDNAをもっている。これらの貴重な資産あるいは資源に日本ほど恵まれた国はほかにないだろう。日本は『課題先進国』と言われるほど多くの問題を抱えているが、これらの資産や資源をフルに活用し、サステイナビリティも含むFBの課題を、日本人ならではの発想とイノベーションで解決し、新たな次元に向けて世界をリードしたいと念じている。〝欧米が生み出す流行〟を追うFBから脱皮したい、というのが私の強い想いである。

「FBは変化のビジネス」である。本書を書いている間にも、新たな変化やイノベーションが生まれている。変化を書き続け、ベストプラクティスを追い続けることは所詮無理である。したがって本書に書かれていることは、執筆時の最新情報ではあるが、それを情報としてだけではなく、今後の変化の潮流あるいは方向性として、とらえていただくようお願いしたい。次々に起こる変化を、

「未来の萌芽」としてマネージする考え方と行動、いわゆるチェンジ・マネジメントにお役に立てば、何よりの喜びである。

執筆に当たっては、筆者が半世紀余りにわたるファッション業界での経験から五感で感じとったファクツ（事象）をできるだけ具体的に記述するように努めた。〝神は細部に、そして具体的事象のなかに宿る〟からである。

本書が、日本のFBの未来を探り、革新的・創造的行動を起こすこと、あるいはそのための活発な議論のきっかけになることを、切に願っている。また読者の方からの、反論も含めたご意見、ご提案も期待している。

FIT留学から　奇しくも50年の節目の年に、本書を上梓することに、感慨無量である。

第3刷にあたって

ファッション・ビジネスの「新しい未来の創造」を念じて書き上げた450ページわたる当著が、1年半を経ずして第3刷に入ることは、筆者としてこの上ない喜びである。まさしくファッション・ビジネス関係者の危機感の表われであり、また更には新たな価値創造を目指す若者や、ファッション産業にとどまらず他の世界の方々も、日本の新たな方向の転換の模索へと動き出している、世の中の大きなうねりを感じている。改めて読者お一人おひとりへ深い感謝と敬意を捧げたい。

もくじ

第二部　FBにおける「新たな価値創造」

第三部　FBはどう変わるのか　163

第四部　グローバル時代 企業と個人の課題　309

第一部

FBのパラダイム・シフト

Future is Already Here

どんな変化が始まっているのか？ それらを生み出す潮流はなにか？

われわれはいま、「いままでと全く違う時代」の入口に立っている。これから10年、20年後のファッション・ビジネス（以下ＦＢ）は、現在とは大きく異なったものになるだろう。

巨大なパラダイム・シフトが起こっているからだ。パラダイム、つまり、「境界線を明確にし、この境界線のなかで成功するにはどう行動すればよいかのルール」が変換されてしまったのだ。ビジネスの境界線はあいまいになり、従来の「成功のルール」は役に立たなくなった。デジタル技術の急速な拡大が、これまでの秩序をディスラプト（破壊）し、全く想像できなかったような新ビジネスが境界線を超えて次々に生まれている。ビジネスの目的もルールも多種多様だ。

第一部では、ＦＢの変容を以下の３つの章に分けて考えたい。

第１章　変容を象徴するディスラプト（破壊）的ビジネスモデル――レント・ザ・ランウェイ
第２章　巨大潮流とＦＢへのインパクト
第３章　視点の１８０度転換とは？　核となるコンセプトと事例を米国にみる

ディスラプション（秩序の創造的破壊）が進行するなかで、ＦＢは、「ファッション商品」を売る、という「モノ売り」のビジネスから、「人々が魅力的な自分」あるいは「おしゃれなライフスタイル」を創ることを支援する「サービス・ビジネス」にシフトせねばならなくなった。第１章、２章で取り上げる具体的な事例で明らかなように、ＦＢの仕組みも、アパレル企業を中心とするファッション商品の企画・生産・販売のビジネスから、小売業あるいは消費者（＝個人）を巻き込む、さらには個人が主導するビジネスに拡大してゆく。これまで〝消費する人〟とされていた人々が、自分に自信を持ち独自の価値観を持つようになって、自分の生活づくりのために製品のデザインや制作、あるいは既存品のキューレーション（あるコンセプトにもとづき商品を編集して新たな価値を付加する）などを行い、販売までも担うようになる。いわゆるプロシューマー（プロデュース＋コンシューマー＝生産・消費者）、あるいはセルシューマー（販売・消費者）の台頭だ。急成長した情報テクノロジーの支援を得て、生活者もコマースの主体者となる。

中古品の売買も拡大中だ。中古品をスマホで手軽に売買できるメルカリのフリマ・アプリは、すでに２０００万以上ダウンロードされており、月の流通総額が１００億円超に達している。アパレルの再販市場も拡大中で、米国では２０２５年には２５０億ドル（２０１３年の83％アップ）になると予想されている。

ファッション商品のレンタルやシェアリングも一般化しはじめた。ファッション商品が、従来のように個人が購入し所有する「個人財」の形から、いわば市場が共有する「社会財」に移行する動きだ。

ネット販売の拡大は、単なる流通チャネルや消費者の買い物手法の変化にとどまらず、ビジネスの枠組みに巨大な変化を起こしている。人々はいまや、近隣の気に入った店（大型店・小型店を問わず）とネットの活用ですべての買い物をまかなうようになりつつある。

店舗の閉鎖も相次いでいる。そのなかには、旧態ビジネスから脱皮できないための敗北撤退もあるが、ビジネスの効果・効率からみて無意味となった店舗の閉鎖もある。次なるステージへの進化である。

それでは具体的にどんな革命的変化が起こっているのか？

革命的変化を、まずは米国の先行事例を見ながら考えたい。米国は、日本のFBにとって、先行指標となるものが多い国だ。その理由は第1に、米国が消費者と市場の成熟が他のどの国よりも進んでいることから、それにともなって必然的に起こる出来事やビジネスの変革が先行指標になることだ。第2は、米国には革新的・創造的な試みや起業を評価する風土があることから、新たな試みが常時行われており、その動きと結果を注視することで、時代の方向性、あるいは新規事業のヒントをつかむことができるからだ。

繊維ファッション産業での半世紀を超える経験を通じて、「米国で起こったことは、ほとんどが日本でも起こる」ことを筆者は実感している。たとえば、女性の社会進出によるファッションのありようの変化は米国に追従したし、国土が狭い日本にはニーズがないと言われたカタログによる通信販売も成長した。あるいは、日本人はブランドものをディスカウントでは買わない、という神話もアウトレットの成功で覆されている。端的に言えば、消費者と市場の成熟そして競争の激化がもたらす変化や変革は、歴史の必然なのだ。

ファッション・ブランドでも、同じことが起こっている。米国1960~80年代のアパレル企業主導によるファッション最盛期に成功物語であったボビーブルックス、エバン・ピコン、リズ・クレイボーン、エレン・トレーシーなどが消滅あるいは市場での存在感を失っている。デザイナー・ブランドと小売りがFBを主導する時代を経て、インターネットやソーシャル・メディア（SNS）を活用するオムニチャネル企業が主導権を持つ時代へと進展した米国。他方、急成長するアマゾンは、書籍のネット販売からスタートしたが扱い商品を拡大、2016年度のアパレル製品の売り上げは、全米売り上げの5％を占め、2017年にはファッション販売高が米国で最大のメイシー百貨店のファッション関連売上額を抜くといわれるまでに拡大。週1回ファッション番組を配信し、即日配達、1時間配達などで、小売業界にゆさぶりをかけている。

所得に占めるアパレル・靴の支出額は6％近くあった1960年代から減り続けて、2005年から2015年の間にはさらに0.5％減って、3％になった。最近の可処分所得は、ファッションよりもレストランやバカンス、ローン返済や貯蓄に回っている。

その米国ではいま、どのようなFBにおける変化が進み、あるいは新しいビジネスモデルの台頭が見られるだろうか。この変化を受けて「デジタル」とともに「ディスラプト」という言葉（Disrupt—制度や国家などを粉砕・崩壊する、の意）が飛び交うなかで、これまでの仕組みやビジネス手法を根底から覆すビジネスモデルが多く誕生しているのだ。

第1章では視点の180度転換の象徴的な事例として、レント・ザ・ランウェイを紹介したい。さらに、第3章では、FBを変革する6つの視点と事例を紹介する。

第1章　革新的モデル　レント・ザ・ランウェイ

1. コンセプトとビジネスモデル

人々は以前のようにファッションに憧れ、高価なものでも無理をして買う、ということが少なくなった。経済的余裕がなくなっている人も増え、ますます多忙で時間欠乏生活のなかでのファッションの購買行動が、スマホやソーシャル・メディア（日本でいうSNS）で、より簡便に欲しいものを探し出し、納得いく価格であれば、即購入し、すぐに着用したい、というものに変化している。シー・ナウ・バイ・ナウ（See Now Buy Now）だ。

レント・ザ・ランウェイ（Rent the Runway）は、パーティ用のドレスをネットでレンタルするビジネスとしてスタートし、現在では服種も広げ、試着店舗も展開している起業7年の会社である。これを変容の象徴として取り上げる理由は、これまでの常識であったFBを「ディスラプト」する多くの要素を包含しているからだ。

そのディスラプションの第1は、「高感度ファッションのレンタル」である。ファッション商品を楽しむのに、服を買うことなく、つまり所有しないで簡便にレンタルし、高い満足度を得る、という仕組みだ。日本でも婚礼衣装などのレンタルはあるし、また最近ではファッション衣料のレンタルも始まっている。しかしレント・ザ・ランウェイは、単なる〝レンタル・サービス〟を超えた社会的ミッションをもち、ビジネスの各専門機能を高いレベルで総合的に組み上げたモデルだ。ファッション衣料を「個人財から社会財へ」と発展させる、という考え方は、「服を作りそれを購入し所有してもらう」ことで成り立っているこれまでのFB業界にとっては、まさしく秩序を破壊するものである。また、〝専門的機能を総合的に組み上げたモデル〟の意味は、品揃えからロジスティックス、クリーニング技術、SNSネットワーク構築に至るすべての仕事を、優秀な人材を集めたエンタープライズとして有機的な活動に組み上げていることにある。

第2には、現代の消費者がかかえる問題の解決に、「当事者」の「女性」が、みずから取り組んでいることだ。タンスの中は服でいっぱいなのに「着るものがない！」と常に悩んでいる女性の心理を理解し、服の好みや、サイズ以上にフィットが重要な女性のファッションへの要求を、身をもって感じている女性ならではのオペレーションになっている。

新しいビジネスは、〝ここにニッチ市場がある〟とか、〝こんなシーズがある〟といったロジックあるいは机上のアイデアからスタートする場合が多いが、成功する起業は、とくに生活に密着した分野の起業では、切実なニーズを持っている人が自ら立ち上げるものに多い。

〝ネットのファッション・レンタルで感動的体験の提供〟を目的とする同社は、〝レント・ザ・ランウェイを、あなたより大きなワードローブを持っている親友、と思って下さい〟とホームページで唱えている。その社名、すなわち「ランウェイをレンタルする」も新しい時代を象徴する素晴らしいネーミングだ。「ランウェイ」という言葉は日本でも最近使われるようになったが、ファッション・ショーでモデルが歩くステージを意味する。単に「服を貸し出す」のではなく「ランウェイ」、すなわち「高級ファッションを着たモデルが華やかに歩くステージを貸し出す」イメージだ。〝モノ、すなわちドレス〟を貸し出すばかりでなく、「普通ならとても着用できない高価なデザイナー・ドレスを着て、モデルのように周りからの注目を浴びる、つかの間の〝シンデレラ体験〟」をレンタルする、というコンセプトなのである。

レント・ザ・ランウェイの設立は2009年。創業者は、ハーバード・ビジネススクールの学生であったジェニファー・ハイマンと同級生ジェニファー・フリースのふたりの女性。このアイディアを出したのは、現在CEOのハイマン氏だ。きっかけは、彼女の妹が、クローゼットは服で一杯なのに「結婚式に出席するのに着るものがない！」とドレスを探しまわっていたことだった。そして正式な「ビジネスプラン」もないまま、このコンセプトをデザイナーと顧客に売りこみ、2009年11月にはベンチャー・キャピタルから元手資本を得て、2010年初めにサイトをアップした。このコンセプトはすぐに大きな反響を呼び、翌2011年12月には、150万人の会員が登録している。

ビジネスモデルは次のようになっている。会員登録は無料。扱い商品はデザイナー・ブランドを中心とするカクテルやパーティなどの特別オケージョン用ドレスとアクセサリー（最近では仕事で着る服なども扱っている）。サイズはデザイナーにもよるが、サイズ0から16までを揃えている。

レンタル料は4日間で製品価格の10〜25%で最低料金は40ドル。クリーニング代、補修代は会社側が負担する。8日間のレンタルもできる。貸し出しの際には、必ず顧客にフィットする服が届くよう、バックアップサイズも無料で加えて発送する。2着目も25ドルの追加料金で借りられる。用済み後の返送は、同封されたアドレス付きのパッケージ（送料無料）に入れて送付。5ドルの事故保険に入ることもでき、気に入った服を買い取ることも可能だ。まさしく〝身近でオシャレなクローゼット〟のサービスなのだ。

さらに同社は、顧客の選択を容易に、かつ精度高くする検索ツールを開発した。このFind Women Like Me（私のような女性を探して！）は、自分と似たような体型の顧客が実際に着用した写真で服を検索することができるツールだ。顧客に、レンタルした服を着用した写真をサイトにアップしてもらうのだが、すでに何万枚の写真がアップされているという。まさしく「リアル・ピープルである顧客がファッション・モデル」なのだ。新たな顧客は、会員になり、自分のサイズを入力することで検索できる。入力するのは、①服のサイズ号数 ②年齢 ③身長 ④バストサイズ、だ。アップされている写真について、コメントしたり質問したりもできるようにしている。

社会的意義とビジネスの拡大

米国では、レセプションやダンスパーティなどのドレスアップの機会が多いが、ドレスは高額で、また何度も同じものを着るわけにはいかない。したがってレンタルは消費者にとっては、非常に今日的な「問題解決」ビジネスである。逆に既存の小売業、とくに百貨店への打撃は大きい。プロム（高校生にとって非常に重要なダンスパーティ）市場だけで、40億ドルと推測される米国のドレスやガウン（フォーマル・ドレス）はこれまで百貨店の重要なカテゴリーだったからだ。

しかしハイマンCEOのロジックには、説得力がある。

「私たちが扱う、特別オケージョン用のドレスやアクセサリーは、使用頻度が少ない。返品率も50％と高く、そのなかには一度着たものが返品されるケースも多い。高級百貨店には悩ましい存在だが、同じ顧客が他の高額品を購入してくれるのだから、文句も言えない。しかしながら、違う視点で見ると、レンタル・ビジネスの拡大が高級百貨店にとって脅威であっても、また、デザイナーにとってブランド棄損《きそん》のリスクであっても、新たな顧客の開発になる。ニーマン・マーカスやサックスなどの高級百貨店の顧客の平均年齢は50歳代。しかしレント・ザ・ランウェイ顧客の平均年齢は29歳だ。オシャレなデザイナー・ブランドには、欲しくても手が届かない顧客層。この人たちに、すぐれた感性と品質の服を手の届く価格で体験させることは、新たな顧客層を教育し開発していることになる。彼らをファストファッションの、低レベル商品の世界から解放するのだ」

実際に、デザイナーのダイアン・フォン・ファーステンバーグ（DVF）は、当初は「全く受け入れにくいアイディア」と拒否したが、この説明を聞いて、「たしかにDVFの顧客層は40～50歳代。若い人にアクセスしてもらえるなら」と取り組みを決定したという。

「女性は年間64点の服を買う。うち50％は2回以下しか着ないもの。何兆ドルもの服の在庫が女性のクローゼットに死蔵されている。もったいないし無駄なことだ。それを、個人ではなく、いわば社会の在庫として、共有するのだ」とハイマン氏は強調する。

ネットビジネスのみでスタートした同社は急成長し、２０１５年時点で６万５０００アイテムを在庫し、扱い額は小売上代換算で８・09億ドル、円にして８９０億円のビジネスになっている。テクノロジーのフル活用はもちろんだが、フルフィルメントも、１５０００㎡の自社ＤＣ物流センターから行っており、クリーニング工場も米国で最大の規模と匠の技術者を持つ企業に発展した。

店舗展開への取り組みは、２０１３年のホリディ・シーズンから、顧客がレンタルする前に試着できるよう、五番街の専門店ヘンリ・ベンデル内に期間限定店を開設。その後、ショールームも開設、スタイリストが顧客のためにドレスの選択からアクセサリーなどのコーディネートをアドバイスするようになった。化粧品のロレアル社とのコラボレーションによるメーキャップからネイルまでのトータル・サービスもある。

実店舗の展開は、店内店テストの成功により、２０１４年秋には米国３都市でスタート、現在は5店を運営している。ニューヨーク、マンハッタンのチェルシー地区にある店舗を週日の夕刻に訪問したが、店内も試着室も顧客であふれ、みな忙しそうに商品の選択や試着、バッグやアクセサリー、靴などのコーディネートをしていた。商品は同社の６万８０００点の在庫のうち１０００点を揃えており、スタイリストはアポイント制（45分25ドル、90分40ドル）で、顧客別に個人化されたアルゴリズムが入ったタブレットで対応し、靴やアクセサリーまでコーディネートしてくれる。

また、「サブスクリプション」（会費制サービス）も２０１４年7月のテスト後、開始した。〝アンリミテッド〟と呼ばれるプログラムで、月会費１３９ドルで、1回3着までレンタルできる。不要なものを返却すればその分だけ新しいものを選べる仕組みで、入れ替えが無制限に可能であることからUnlimited（制限なし）と呼ばれる。会費月額139ドルの根拠は、このプログラムの利用者の1回3点のレンタル額合計は平均1000ドル、月に平均数回の入れ替えが行われているので、年間平均3000ドル相当の服を利用することになる。よって利用料金は、商品の小売価格の約5％になるというものだ。

2. ディスラプションを象徴するポイント

同社が、ディスラプション・モデルの好例だと考えるポイントは次の4点である。

①ファッション商品を「ストックからフローへ」変容させるビジネスモデルである

シェアリング、あるいはレンタルという新ビジネスは、産業としてみれば、「個人が購入し所有」するのではなく、「社会（企業や個人）が共有し必要に応じて使用する」モデルといえる。共有により、商品は「個人のストック（在庫）」から「社会に流動するストック」になり、使用頻度を上げ、使用価値を高めることができる。エコロジーやサステイナビリティの観点からも、意義の大きいビジネスだ。

FBのこれまでの価値、あるいは利益の創出は、企画・生産・流通・販売という、モノづくりの流れに沿って達成されるものであった。それを前提にビジネスを行ってきた人たちからは、「服を買ってくれなくなる」という声が聞こえそうである。しかし、サステイナビリティ以外にも、現在のファッション産業がかかえる問題の解決につながるものがある。たとえば若者のファッション離れ、あるいは高級品に手が届かないため優れたデザインや仕立てに接する機会がない人たちの感性教育、さらには日本製の高価ではあるがクオリティの高い製品を愛着をもってシェアする、あるいは個性的デザインが評価されても販路を持たない若手デザイナーの登用の場、などに活用すれば、広い意味で産業の発展につながると考えるからだ。

②ファッションを核とする、新しいサービス・ビジネスである

レント・ザ・ランウェイは自らを、「ファッション企業ではあるが、ＦＢではない」と説明している。「わが社は、テクノロジーの魂を持ったファッション企業です」とする同社の次のメッセージは興味深い。

「私たちがやっているのは、ＦＢではありません。ファッション／テクノロジー／エンジニアリング／サプライチェーン・オペレーション／リバース・ロジスティックス／ドライクリーニング／アナレティックスのビジネスです」。また「〝所有〟の意味を変え、〝リテール（小売り）のプロセスに革命を起こす企業〟です」とも言っている。つまり、ファッション企業だが、従来の〝ＦＢ〟の概念を覆し、これまで考えられなかったレベルで最先端技術を駆使しながら、現代の顧客のニーズに応えるビジネスだ、ということだ。

ハイマンＣＥＯはいう。「コスト意識の強い顧客は、物的価値よりも体験価値にお金を払う。我々は経験経済の世界に住んでいる。ファストファッションにはない価値を提供したい」。「米国女性の

60％は、独立して、あるいは主たる働き手として家計を支えている。だからショッピングの決め手は、〝効率的〟であることだ」。

ファッション企業であるが、FBではないというレント・ザ・ランウェイは、ファッションを核にして、得難い体験をプロデュースする、新しい形のサービス・ビジネスなのだ。

③現代の消費者がかかえる問題を、「当事者」の「女性自身」が解決

環境の激変のなかで、女性自身が、みずからの問題解決に、大掛かりな資金調達をして立ち上がった、というのも、ディスラプションと言えるだろう。

ファッションに関して現代女性がかかえる問題は多様だ。おしゃれはしたいが、買いまわる時間はない。クローゼットには服があふれていても、個別のオケージョンにふさわしい服が見つからない。I have nothing to wear!（着るものがない）。無駄に使えるお金もない。高額品を買うときには、「なん回着られるだろうか？」を考え躊躇《ちゅうちょ》する。サイズ表示では着られると思ったがフィットが悪い、あるいは自分に似合わないため美しくない。着てみないと分からない、などなどだ。

現代の消費者、とくに働く女性は、シンプルな生活を求めている。買物の心理的、時間的、場所的制約から解放されて、好きな服を、必要なタイミングで利用でき、クリーニングや保管の煩わしさもない。クローゼットもミニマムで済む。とすれば、それはまさしく福音である。

これらの問題に、男性が取り組もうとしても、隔靴掻痒《かっかそうよう》、人手と時間ばかりかかってしまう。レント・ザ・ランウェイが、多額の資金調達ができたのも、ハイマン氏の情熱と、実体験に基づく説

得力あるコンセプトであったと思われる。

④エモーショナル価値の増幅

「体験」は持続する価値として、ファッションにおいて今後いっそう重要になる価値だ。なかでもパーティやウェディング・レセプションなどの特別オケージョンは、個人のライフイベントの最もエモーショナルな場面である。アクセサブル（手の届く）価格のシンデレラ体験で、華やかな自分を演出し、自分への自信を高めてキャリアのステージを進めていく、というのは、現代の女性たちにとって、またとない仕組みだといえる。

レント・ザ・ランウェイは、その価値を創造・増幅するために、テクノロジーをフル活用している。ネットやソーシャル・メディアをはじめ、サプライチェーンやリバース・ロジスティックス（返却されるものの物流）、クリーニングなど、背後で動いているシステムは膨大である。エモーショナルな感動を、デジタルが支えていることも、従来のFBモデルのディスラプションだと言える。

女性起業家育成への貢献

レント・ザ・ランウェイは、20代のふたりの女性が、消費者の抱える問題を、テクノロジーを活用した最新のビジネスモデルで解決するという起業をした事例である。２０１４年12月の調達を含めると総額１・16億ドルの資金調達をし、短期間で急成長。２０１５年には８０００万ドルの収入を見込んでおり、多くの賞も受賞している。

そのレント・ザ・ランウェイ社が女性の起業を支援に取り組むと発表した。米国でも女性の起業と成功事例は、男性に比して格段に少ない。50万ドル以上の収入のある企業で女性が所有するのは、わずかに4％のみだという。

ＵＢＳ（世界有数の金融持株会社）の社会貢献プロジェクトであるElevating Entrepreneursとタイアップするこのプログラムは、「起業コンペティション」を開催し、女性が市場で資金調達などに成功するための手段やアドバイスを授け、支援するものだ。２０１６年4月には、２００名のファイナリストがニューヨークに集まり、３名の受賞者は、各1万ドルの賞金と1週間の特別研修に参加するという。日本でも、類似のモデルが生まれてはいるが、ニーズを痛感する女性自身が起業し、個人財を社会財に変容させる意図をもつレント・ザ・ランウェイには遠くおよばない。また同社が２００におよぶデザイナー・ブランド（ヴェラ・ワング、カルバンクライン、カロライン・ヘレラなど）を扱い、年間収入も８０００万～1億ドルになると推測されていることも、この企業のもつ変革のパワーを示している。

第2章　巨大潮流とＦＢへのインパクト

ＦＢに、巨大な変化が起こっている。その事例としてレント・ザ・ランウェイを紹介した。この事例を生んだ変化の潮流は大きく2つ、「ファッションの意味の変化」と「テクノロジーの爆発的発展によるビジネスモデルの変化」である。

この第2章では、この2つを含む四大潮流を見定め、さらに「ファッション流通における潮流」で、小売り段階での変化の潮流も見てみたい。それらは第3章の、ＦＢの変容を見るベースとなる。

現在、ファッションに限らず消費財を扱うビジネスに巨大なインパクトを与えている変化の潮流は、大きく次の4つとして捉えることができる。

①人々の意識と行動の変化
②テクノロジー（とくにデジタル・テクノロジー）の膨脹
③ビジネスのグローバル化
④企業の社会的役割の増大

いずれも世界的な潮流であるが、それらを見きわめながら、日本のＦＢへの影響を考えたい。これらはそれぞれが、他の潮流と複合的に絡み合い、また増幅し増殖しながら、ダイナミックで新しいうねりを生み出しているからだ。

１．四つの巨大潮流とは何か

①人々の意識と行動の変化

２００８年の金融危機（いわゆるリーマンショック）と２０１１年に起こった東日本大震災は、それ以前から深く静かに進行していた人々の考え方や価値観の変化を目に見える形で表出した。生きることの再確認、人間性の回復、生き方の再考、コミュニティや人とのつながりの重要性などに人々が目覚めた。その結果、ファッションへの見方も大きく変化している。

過度の消費社会や身の丈を超えた『見栄消費』への反省により、かつてのファッションへの姿勢を変えた人が増えた。「新しい普通(New Normal)」への意識改革により、高価なラグジュアリー・ブランドを所有することに憧れた人が、「自分に本当に意味がある、価値があるものなら、高価でも購入する」が、日常的には「安価でも質の良いシンプルなもの」を志向する傾向も顕著になり、「ファッション」の意味の変化が起こっている。高所得者で引続きラグジュアリーを愛用する人は存在するが、〝アスピレーション（憧れ・願望）〟として背伸びをして購入をしていた人たちは、合理的な賢い消費へと復帰している。

人間らしく生きたい、との願望は、個人としての自身の自覚、個性ある生き方への欲求、自分が主体性を持った生き方を求める動きにつながり、自分にとって意味のないことは拒否。買い物でも、自分で選択できる（他に押し着せられるのではない）形態を求めるようになり、個人（個客）を大事にしないビジネスや企業、あるいは大量生産大量廃棄への反旗を翻すようにもなった。

シンプルで値の高い生活への願望も高まっている。本屋の店頭には、「シンプル・リスト」や「人生がときめく片づけの魔法」といったタイトルが並ぶ。近藤麻理恵著の後者は米国でもベストセラーになった。

個性ある生活をつくるために、自分のニーズに合わせてパーソナル化（カスタム化）した商品への欲求も高まり、「消費者」としての受け身の購買・着用から、自らが「デザイン」「生産」「編集」「キューレイト」「販売」などをする「主体的な生活者」を志向する人も台頭。テクノロジーの発達がそれを支援する。まさしく「個人が主役」の時代の到来だ。また店舗とネットの融合が進むなかで、顧客を真ん中に置くビジネスモデル（顧客セントリック）、言い換えれば、「市民コマース」のイニシエイターの誕生がみられる。これらは、ファッションと小売りに関わるビジネスの仕組みを大きく変化させる。アパレル企業主体の生産・流通による従来型の価値創造は、小売り、さらには個客の評価と行動のなかで、ファッションの価値が決定される時代に入りつつあるからだ。これについては第三部第2章で説明する。

環境や社会正義への目覚めも顕著になった。他人や社会に対して良いことをしたい、という意識。また、後述するように、ビジネスに、エシカル（倫理的）、あるいは地球にやさしくあることを求める傾向も強まっている。図1（35ページ）はこれらの傾向を端的にまとめたものだ。

かつてファッションのリーダーであった若者の変化も目立っている。何が何でもトップ・デザイナーのファッションを身に着けたい願望を持つかつての〝ファッショニスタ〟は激減しており、ファッション・トレンドには興味がない、と言い切る若者も増えた。限られた経済力のなかでスマホや通信費などの支出が増えていることもあるが、安価なファストファッションが豊富になり、古着や人とのシェアリングなどで十分、あるいはそのほうが意味がある、と考えているのだ。

②テクノロジーの膨張（とくにデジタル・テクノロジー）

4つの潮流のなかでもテクノロジーの急速な進展は、これからの企業活動の変革に不可欠であり、かつ大きなチャンスをもたらすものである。ICT、すなわち情報コミュニケーション技術からさらに膨張・拡大したデジタル・テクノロジーが、これまで不可能であった新しいビジネスモデルやシステムを可能にし、ファッションという感性価値の高いビジネスを、効果的かつ効率的に顧客につないで成功させることを可能にする。

テクノロジーがもたらした革新の最大のものは、Eコマースの劇的発展であろう。1995年にアマゾンが書籍のネット販売を開始し、楽天が1997年に創業した時点では、インターネットでファッションを売る時代が来るなど、全く考えられていなかった。2000年代中頃まで、業界人の多くが、「ファッション商品のデリケートな色や素材の風合い、サイズやフィットの確認は、店舗でなければ不可能」と考えていた。いま、BtoCのネット販売が16兆円（経済産業省発表

図１　大潮流：「消費者の変化」

消費者は変わった――金融バブル崩壊以降
起こった現象＝身の丈消費、本質志向

● 浪費	＜	倹約、みじめでなく誇り高く
● 過剰	＜	適量・ミニマル
● 虚飾	＜	実質・本質
● 複雑	＜	シンプル
● 間接	＜	直接・介在者排除
● マス商品	＜	手作り製品・カスタム製品
● 新品主義	＜	歴史的・古いものへの愛着

２０１６年６月）に達し、うちスマホ比率は30％と推測されている。ファッションのＥコマース市場も、繊研新聞社の１１４社調査によれば、２０１５年度で５６５７億円で前年比６・３％の伸び（ＥＣ化率６％）に達したとされている（繊研新聞２０１５年7月10日付）。

とくに重要なことは、ネットビジネスが大手寡占の世界に見えて、実は、ＢtoＣ（企業から消費者へ）においてもＣtoＣ（消費者から消費者へ）においても、中小企業や個人が消費者に直販するビジネスの累積であることだ。インターネットとデジタル技術の普及が、個人の起業を困難にしていた障壁を、コスト面でもインフラ作りの面でも、取り払った。

モバイル（スマートフォーン、タブレットなどを含む）の急拡大と中高年を含む一般人への浸透も、重要な潮流だ。モバイルの普及は、「テクノ装備の生活者」と筆者が呼んでいるパワフルな消費者を生み出した。グーグル検索や、どんどん開発が進む多様なアプリが日常生活に入りこんだことにより、彼らは、何時でも、どこでも、好きな場所で、自分がやりたい方法で、情報収集から商品やサービスの検索を行い、価格比較や友人の意見を聞き、クーポンやおまけなどを確かめ、買うかどうかを判断し、その場で発注のアクションを取る。配達は速いほど、また安いほど良く、使用結果は即時にラインやツイートでシェアされる。これらの行動を妨げるサイトは評価されない。まさしく「個人が主役」、「個人が運転席に」の時代が到来した。各社が競って開発しているアプリは、ますます多様になり、商品や情報の個客へのカストマイズ、来店客を位置情報で把握し特別お勧めをする、あるいは支払いなしの顔パス、などの普及も始まっている。ビッグデータやAI（人工知能）が、これらの動きを益々加速するだろう。

ソーシャル・メディア（日本で言うSNS）の拡大も、ビジネスのやり方やマーケティング・コミュニケーションを大きく変えつつある。Facebook や Twitter に加え、動画の YouTube や Vine、あるいは画像でのコミュニケーション・サイトの Instagram や Pinterest の拡大は、生活者が取得あるいは共有する情報、それも自分が興味を持つ情報の量を爆発的に増やしている。企業が発信する情報より、知り合い、とくにインフルエンサーの情報のほうが大きな影響力を持つのは、当然の動きだ。日本やアジアで利用者が多いLINEも月間ユーザーが2億人を超えファッション・ニュースの配信や、レコメンド・ビーコン事業の推進など、多様な展開を見せている。2016年7月には、東京とニューヨークで上場した。

これから急速な活用が始まるテクノロジーは多彩だ。ビッグデータ、クラウドから、AR（Augmented Reality 拡張現実）、AI（Artificial Intelligence、人工知能）、あるいは3Dプリンティングなどなど。革新的な活用の具体的成果も出てきた。ビッグデータ分析の進展は、顧客に対するパーソナル化された情報や働きかけを有効にし、スマート機器（AI技術）が、人の脳のように動いて顧客の心の動きをとらえて接客したり、売れ行きの予測をしたりするのも時間の問題とみえる。米国ＶＦコーポレーションのノースフェイスは、この技術を顧客との対話に活用し始めた。３Ｄ印刷は、モノづくりの革新であると同時に、企画・生産・物流に革新を起こすだろう。商品によっては、従来の、仕入れ・在庫・販売・配達のプロセスを経ることなく、小売店舗やネット通販会社の物流センターで制作し製品にしてしまえばよいのだから。そして、それは実際に始まっている。

ＩｏＴ（Internet of Things、モノのインターネット）と呼ばれる、パソコンやスマホなどの情報機器だけでなく、工場の設備や家電あるいは衣類などまでのモノをセンサーやＲＦＩＤでインターネットに接続し、得られるデータを活用することも始まった。ウェアラブル・コンピュータも、小型コンピュータを着装する段階から、メガネやリストバンド（腕時計型）の開発などへ。直近では、デザイナーのラルフ・ローレンが開発したウェアラブル〝テックシャツ〟も話題を呼んでいる。プレイヤーの血圧、発汗、精神・心理（ストレスレベル、使用エネルギー量など）をスマホやタブレットに送信する。

物流面では、急増する宅配と配達のスピード競争から、無人機「ドローン」による配達も注目される。商業利用としては各種の規制認可条件などへの取り組みが進行中だが、企業内ではすでに、物流センターでの在庫把握などに活用されている。

③ビジネスのグローバル化と巨大な新規市場の成長

先進諸国の成熟が進むなか、新興国の発展がグローバル市場のダイナミズムを大きく変えている。

いわゆる「フラット化する世界（低くなった国境の壁）」として国境を意識させないビジネスの展開が広がり、先進諸国は伸びが鈍化した自国の市場から海外への拡大をはかっている。いわゆる開発国も、アジア諸国を筆頭とする経済発展により、中間層が拡大し、大きなビジネス・チャンスを生み出しつつある。中国に加え、人口12億人強のインドも市場として浮上してきた。小売業に対する参入規制が緩和され、無印良品は２０１６年に日本企業としては初めてインドに出店した。

またＢＯＰ（Botton of the Pyranid）と呼ばれる約40億人の所得が非常に低い層も、市場としての可能性を持ち始めた。バングラデッシュのユヌス氏が主唱しているマイクロ・ファイナンシングで低所得層を経済活動に参画させる動き、あるいはフェアトレードやエシカル・ビジネスを主導する人たちが推進する、小規模だが社会性を帯びた使命感にあふれる活動なども、未来へ向けての新しい潮流を生んでいる。

新興国の経済発展の鈍化や英国のＥＣ離脱、世界的な所得格差の拡大など、政治経済・社会にかかわる世界的課題は多様かつ複雑であるが、日本のファッション業界にとってグローバル化は一層重要性を増している。

グローバル化の課題は、モノづくりの拠点と効果的サプライチェーン構築の問題と同時に、市場としての海外をどう攻略するかを総合的に組み上げる時代に入っている。Ｅコマースの発達で、いわゆる越境ＥＣは２０２０年には１３００億米ドルになると予想されている。先進国のファッション関連企業には、ショーケースとしての旗艦店設置とオンライン販売の相乗効果で、海外売上比率を高める会社も増えている。

グローバル化は、単に海外に出て行くことだけを意味しない。国内市場もグローバルになり、インバウンドの言葉も定着した。外国人観光客の増加は目に見えるグローバル化だが、ネット販売による日本市場の浸食は、見えにくい。欧米の有力企業、たとえばニーマン・マーカスやノードストロム、ザラ、J・クルーやアンソロポロジーなどが、ホームページで「ハロー、ジャパン」などのメッセージとともに、日本円や日本語を表示していることを意識している業界人がどれくらいおられるだろうか。これを単純に海外勢の日本向けPRだと考えてはならない。彼らは顧客データを集めて個客エンゲイジ（顧客と親しい関係になること）を進め、販売につなごうとしているのだ。彼らに対抗するために、日本企業はネット関連テクノロジーのレベルアップと、顧客との関係構築の体制作りを急がねばならない。それには企業幹部のITリテラシー向上も不可欠だ。

グローバル化の潮流は、日本のFBにとって大きなチャンスであると同時に、多くのこれまでにない課題を突き付けている。強力なブランドの確立が不可欠であること。また異質な文化や環境のなかへ積極的に入りこみ、現地の人や企業とのWin-Winの関係を築けるグローバル人材の開発・確保が、喫緊の課題である。グローバルに通用する企業経営も重要だ。これまで国内ビジネスではさほど重要視されてこなかった法律関連の問題（商標登録やライセンスや雇用契約など）も、ビジネスの一環として不可欠になる。海外、とくにアジアには、日本のファッションや日本製品を好む人々が多く存在するが、それぞれの地域と嗜好にフィットする商品の開発や、効果的な販売・流通インフラの構築など、多くの課題がある。〝クールジャパン〟と評価される日本の商品やライフスタイル、いわゆる〝コンテンツ〟を、どのような〝コンテキスト〟で提案・提供するのか、に関しては、これまでのマーケティング手法や発想をゼロベースで変革する必要がある。これらについては、グローバル・ビジネスを含め第四部で述べたい。

④企業の社会的役割の増大

「企業の目的は何か？　それは収益を上げることだけではない」というのが「企業の社会的責任」の潮流だ。ＣＳＲ（Corporate Social Responsibility）という言葉はかなり浸透してきたが、まだ一般的には、いわゆるチャリティへの寄付など、自社の事業と切り離した「社会貢献」が多い。しかし21世紀の潮流としての「企業の社会的責任」は、企業が「事業性と社会性を同時に達成」する方向に動いている。「企業の成長」と「社会福祉（社会の幸福）」とは対立するゼロサムゲームではなく、互いに相互依存しているものである。ハーバード・ビジネススクールのマイケル・ポーター教授のいうＣＳＶ（Creating Shared Value ＝共有価値の創造）のコンセプトだ。たとえばトヨタのプリウスが、排ガス削減をめざしハイブリッド車を開発したのは、低公害という社会の要請に応えると同時に、ハイブリッド分野の戦略的優位性を獲得した、という好例だ。

「ソーシャル・ビジネス」という概念も重要になってきた。世の中には環境問題や健康問題、飢餓、障害者雇用など様々な社会問題がある。こういった社会問題を、ビジネスの手法で解決することだ。慈善事業でもなく、営利のみを目的とする企業でもない。グラミン銀行のマイクロ・ファイナンシングなどでノーベル平和賞を受賞したムハマド・ユヌス氏が提唱する定義がよく知られている。「投資家は投資額のみを回収できる。投資の元本を超える配当は行われない」というものだ（『ソーシャル・ビジネス革命』（早川書房）より）。彼は、「他者の役に立つという喜び以外、所有者は何の報酬も得ない。…つまり、人間の利他心に基づくビジネスだ」とも言っている。

「ソーシャル・ビジネス」は、注目され出してからまだ日が浅いが、最近とみに重要視されてきた「エシカル（倫理的・道徳的）」も、ソーシャル・ビジネスの重要な視点だ。エシカルには2つの意味合いがある。1つは、フェアネス（公平さ）で、人が生きることに関わる全てにおいて、つまり社会的にも、経済的にも、肉体的にも、精神的にも、フェア（公平）であることを志向する。フェアトレードへの取り組みや低賃金と過酷な労働を強いられている低開発国の労働条件改善も重要課題だ。2013年にバングラディシュの首都ダッカの近郊で、縫製工場も入居するビルが崩落し、1127名もの犠牲者を出した事故は世界中のビジネス関係者の目を開かせた。劣悪な労働環境や低賃金の労働力に依存している先進諸国は、これを機に、チャイルド・レイバーも含む問題への取り組みを始めた。マイクロ・ファイナンスによる自立の推進、さらには自然災害の被災者への支援、なども重要だ。

もう1つは、資源の活用においてエコロジカルあるいはサステイナブルな考え方を志向する方向だ。たとえば、資源や環境問題に関するものでは、営利と社会貢献の両立を狙うものも含め、省エネ・省資源、リユース、リメイク、リサイクルといった再利用、あるいはRe-purpose（異なる用途を開発）やUp-cycle（より価値の高いものに変身）などが挙げられる。資源の有効利用への取り組みは、たとえば、時とともに価値が減少する「流行」商品を、レンタルやシェアリングによって価値を増幅することも、エコ／サステイナブルな動きといえよう。先に挙げたレント・ザ・ランナウェイや、世界2万都市でアパートや個人の部屋を提供する人を旅行者とマッチングさせるプラットフォームのAirbnb（エア・ビーアンドビー）などは、その好例だ。

日本企業によるソーシャル・ビジネスも始まっている。ファーストリテイリング社がバングラデシュで展開する「グラミンユニクロ」は、バングラデシュの貧困、教育、衛生、ジェンダー、環境など、社会的課題をビジネスの手法で解決することを目的に、２０１０年に設立された。よい服をバングラデシュで企画・生産し、貧困層の人たちが購入可能な価格で販売。その利益はすべてソーシャル・ビジネスへ再投資する。このビジネス・サイクルを現地の人々の手でまわしていくことで、貧困・衛生・教育など社会的課題の解決を目指す仕組みだ。

マザーハウスは、「途上国から世界に通用するブランドをつくる」をミッションとする高級バッグの生産販売会社だ。デザイナーの創業者（山口絵里子氏）が大学時代に世界の最貧国バングラデシュを訪問。途上国の実態に触れ、現地の大学院に入学。現地の人や資源を生かしたジュート（麻）素材の高品質の製品の製造販売を始めた。貧しい人たちが「援助を受ける」のではなく「ビジネスで自立する」ことを狙った起業である。エシカル・ファッションのビジネスとして注目されているＨＡＳＵＮＡも、大学時代にインドやアフリカのジュエリー原料発掘の鉱山を訪問し、その貧しさと過酷な労働条件に接した白木夏子氏がスタートさせた、ジュエリーの生産販売会社だ。ビジネスを通じて社会問題の解決の一助となりたい、の想いがある。

ビジネスの社会的責任のなかでもＦＢにとくに重要なのは、サステイナビリティだろう。ＦＢは、豊かさを享受する「ワクワクどきどき」の価値を創造するビジネスであるが、視点を変えれば、地球環境に対しては大きなダメージを与えるビジネスでもある。まず原料のコットンやウールは、育てるのに広大な土地を要する。世界人口が爆発的に増加するなかで、食料を生み出す土地資源をファッションの原料作りに使っているのだ。また、ファッション製品のモノづくりの工程が非常に長く、その過程で多量なエネルギーや水資源を消費していること。また、加工処理にもグリーン（エコ）とはいい難いものがあることも問題だ。さらにサプライチェーンの長さ、つまり開発国での生産から消費地へ、場合によっては先進国の高級素材が海外生産拠点を数か所移動して製品で戻ってくる輸送も、CO_2排出を大きくしている。

この問題に取り組むため、サステイナブル・アパレル連合（Sustainable Apparel Coalition＝SAC）という世界的な連合体が２０１１年に設立された。アパレル・靴製品を主対象に、素材から小売り、業界団体、政府機関、NGO（非政府組織）など、現在１１０以上の企業や団体が加盟。目的は、環境への負荷を最小限に抑えるサプライチェーンの構築と労働環境改善を目指し、エコとエシカルを合わせたサステイナビリティを志向する。物を作るという行為は必ず環境に負荷がかかる。そのうちの不必要な負荷を可能な限り減らすため、「ヒグ・インデックス」（製品の環境負荷を測定・評価するツール）という共通の評価指標を作り、製造の各段階ごとに負荷を計測することに取り組み、その活用により、クリアで具体的な目標を定めることができるようにしている。

欧米の繊維アパレル業界で、未来へ向けての重要課題とされて対応策への努力がなされているこの問題が、日本ではまだ広く認識されていない。先のサスティナブル・アパレル連合に日本から加入しているのも5社にとどまっている。これからのFBにとって、避けて通れない問題であり、逆にサステイナビリティを評価する顧客に対しては戦略的意義を持つこの課題に、取り組む企業の拡大が望まれる。

2. ファッション流通における潮流——全米小売業大会からのメッセージ

世界的な視点から四大潮流をみてきたが、ファッション流通にフォーカスした潮流も見てみたい。

全米小売業協会（National Retail Federation）が毎年1月に開催するコンベンションがある。〝ビッグ・ショー〟の呼称で親しまれている業界イベントで、対象はファッションや生活関連ソフトグッズの流通にかかわる企業のトップやマネジャー層。参加する企業は、小売業を中心に、アパレルやテキスタイルやホーム関連企業、コンピュータ機器やソリューションのベンダー、コンサルタントや学者・教育者、金融業界など、3万5000人（2016年）、それも世界中から集まる大コンベンションである。

このイベントに、筆者は、30年間一度も休むことなく参加してきた。厳寒のニューヨークで4日間、150を超えるセミナーや、500社を超える機器やソフトウェアの展示のなかから、時代の先端をゆくものを選んで集中的に学習する。かなりの重労働であるが、30年も続けられたのは、ここで得られるビジネスの変化、イノベーションの方向性や事例が、エキサイティングで示唆に富むものであること。また変化を潮流としてとらえるためには、断片的ではなく定点的な継続参加が欠かせない、との思いからである。

ＮＲＦ大会のメッセージを、２０００年から２０１６年までを表にしたのが、左記である。これは、筆者が毎回「ＮＲＦリポート」として繊研新聞に寄稿している記事の見出しをリストにしたものだ。

詳細の説明は省くが、見ていただきたいのは、時代の潮流は、早い段階で見えている、ということだ。

たとえば、２０００年の「〝クリック＆モルタル〟の台頭」は、それまで注目の焦点であったピュア・プレイヤー（店舗を持たないネットだけのビジネス）に対する、実店舗を合わせたビジネスの重要性の指摘であった。また、『顧客セントリック』の概念が初めて登場したのは２００１年であったが、その実現に不可欠であるデジタル技術がフルに活用できるようになる２０１０年過ぎまで、つまりオムニチャネルが台頭するまで、この言葉は〝お蔵入り〟していた感があった。

２００５年の「成長領域はウェルカーブへ」は、第三部の「ベルカーブとウェルカーブ」項で紹介するように、安価な日常的ファッションと、専門的な特別なファッションの二極が、新たな収益領域だ、と指摘するものであった。

小売り革命、ソーシャル・ネットワーク、モバイル、オムニチャネル、デジタル、はこの本のテーマである最新の潮流であり、すでに始動しているものである。

〈ＮＲＦ大会：　過去17年のメッセージから見える潮流〉

２０００年　「広がる消費者向け電子商取引」――〟クリック&モルタル〟の台頭：ネットの始動
２００１年　「真の『顧客セントリック』に向けて」――発想転換、生活者の論理で
２００２年　「顧客満足から顧客熱中へ」―　９・11で消費者は変わった　心／体験／エモーション
２００３年　「イノベーション、さもなくば死――未来は顧客の中に」　リスク回避が最大のリスク
２００４年　「進む二極化、グローバル化」――ハイテク×ハイタッチ　ソリューションの提供
２００５年　「成長領域はウェルカーブへ」――二極化時代：差別化、ブランド、人材
２００６年　「消費者の願望と欲求を『鳥の目』『虫の目』でみる」――消費者の購買心理分析
２００７年　「企業戦略はユニークさ追求と買上率向上」――情報ネットはＣtoＢ、ＣtoＣへ
２００８年　「巨大潮流『サステイナビリティ』」――人・地球に優しいＦＢ企業とは?
２００９年　「歴史的『地殻変動』が進むＦＢ」――購買動機は様変わり　「経済的」「倫理的」「環境」
２０１０年　「逆境は最大の教師」――前向きに未来を探る：ソーシャル・ネットワークの台頭
２０１１年　「モバイルとソーシャル・メディアがもたらす小売革命」――「クリック&モバイルへ」
２０１２年　「小売業の次なる進化：ストア3.0™へむけて」――店舗とデジタルの結合とは
２０１３年　「オムニチャネル時代の到来とリテーリング」――顧客は『情報・ソーシャル装備』
２０１４年　「21世紀の繁栄にビジネス・リセットを」――〟リアル〟の感動を〟デジタル〟が支援
〟アマゾンはハグ出来ない〟
２０１５年　「〟リアル店舗〟は　新しい黒字源」―ディスラプト&イノベートで未来を
２０１６年　「進むデジタル化とディスラプション(破壊的革新)」――あなたの会社はどう対応する

第3章　視点の180度転換とは？ コンセプトと事例

前章で見たような巨大な変化が起こっているなかで、ＦＢの未来を拓くためには、あるいは、企業の将来を考えるためには、これまでの視座、立ち位置を、１８０度転換する必要がある、と冒頭に述べた。本章ではその意味をより具体的に考えるため、筆者がいま注目している5つの革新的視点について述べ、それを実現している企業を事例として具体的に紹介してヒントを得ていただくことにしたい。

視点1　ライフスタイル化——「アパレル製品を売るビジネス」からの脱皮

ＦＢはいまや、「アパレル製品を売る」だけのビジネスでは、成長が望めなくなった。またモノを売るだけのビジネスでもなくなった。たしかに、商材として扱っているのは、ドレスやジャケットであったり、ジーンズやバッグであったりするだろう。しかし消費者が買っているのは、そのアイテムがもたらしてくれる新しいルックスやライフスタイルであり、自分が求める生き方の表現手段であり、ライフスタイルをつくっていく体験である。「体験」と言うと、「モノからコトへ」などと、表面的なお題目で説明されることが多いのは残念なことだ。快適な買い物体験や楽しいイベントへの参画も「体験」ではあるが、「ライフスタイル＝自分の価値観に基づいたライフ（生活）づくり」の体験とは、一時的な楽しみだけではなく、それらの積み重ねが、「ありたい自分」をつくっていく持続的体験なのである。ＦＢはそのための、重要な、また新しい役割を担っている。

これまでの、「アパレル製品を売るビジネス」としてのＦＢは、旬の服、端的に言えば今シーズンの「流行」を売るビジネスであった。しかし「ライフスタイル」を買ってもらうということは、その人の価値観に合った商品を提示し、その人が求めている「ライフスタイル」をつくる、あるいは体験し自分のものにして行く過程を、支援することである。つまり、私たちが慣れ親しんできた「ファッション製品を売るビジネス」は、「個人のライフ（生活・人生）つくりを支援する」ビジネスに進化せねばならない。そのビジネスでは、モノに付随するサービス（満足感や使用価値の増幅につながる、モノでないソフトの価値）も重要になる。第１章でみた、レント・ザ・ランウェイ「ランウェイをレンタルする」コンセプトも、まさしく新しいライフスタイル・ビジネスのあり方の１つだろう。

「消費者は、『自分物語』の著者」である。この考え方を、ＩＦＩビジネススクール時代にニューヨーク研修で、アーバン・アウトフィッターのコンセプトづくりに関わっていた建築家ロン・ポンペイ氏から聞いた時には感動した。「人生は『旅』。未来へ向けて一歩ずつ歩を進めていくもの。ある目標を設定して、それを達成するために懸命になった20世紀型の生き方は終わった。日々、たえず成長・進化して、より良い自分、より良いライフを作って行く旅を続けるのが21世紀だ」というのだ。ライフスタイル小売業として人気の高いアーバン・アウトフィッターや同グループのアンソロポロジーが、いつもワクワクどきどきする売り場を作っていることのバックボーンに触れた気がした。まさしく、「個人のライフ（生活・人生）づくりを支援する」ビジネスになっているからだ。この意味で、商品やブランドにも一貫した価値観や美意識、あるいは核となる哲学（考え方や信念）が求められるようになることは、言うまでもない。

個人が「自分物語＝自分のストーリー」をつくるのを助けるのは、ストーリーを持った店である。ニューヨークのチェルシー地区に、その名もStoryという店がある。6〜8週ごとに、テーマすなわちStoryが変化する。毎月違ったテーマを展開する雑誌のようで、美術館のように美しいもの・楽しいものが並べられている。仕入れはアーティストや工芸品をつくるクリエーターから。バイイングは期間を決めた委託で、利益は売り手と店側で折半する、というシンプルなモデルだが、いつも、自分の欲しいもの探しをする顧客が絶えない店だ。

また、自分の生活を作る「個客」にとって、大量の情報や商品から、自分のライフスタイル／価値観に合ったものを選ぶ作業は大変な労力をともなう仕事だ。「情報疲労」していると言われる生活者に対して、それをいかに容易に、楽しいものにするかが、ライフスタイル・ビジネスのポイントであろう。生活者の視点に立ってみれば、流行追従時代に次々と新しい服を買っていった「足し算」の買い物から、本当に自分らしい生活のコアを作るために余分なものをこそぎ落しながら次の意味ある買い物をする、という「引き算」の買い方でもある。顧客に対して、そのためのキューレーションが非常に重要になることも、強調したい。

「個人のライフ（生活・人生）づくりを支援する」ビジネスは、その意味で、アパレル卸より小売企業、あるいは消費者に直結するビジネスのほうが有利な位置にあるといえる。「ライフスタイル」の価値創造は、アイテムとしてファッション商品を売るビジネスよりも、もっと多面的でダイナミックなビジネスであるからだ。最新のテクノロジーが容易にかつ安価に活用できる今後は、多くの新しいビジネスモデルを生むものとなるだろう。

キーワードは、**ライフスタイル**、**エクスペリエンス（体験）**、**個人の成長**、**コミュニティ**、**個人のライフスタイルづくり支援**、**自分物語の著者**、などである。

事例① ルルレモン・アスレチカ（Lululemon Athletica Inc.）——ライフスタイル・ブランドの新境地

ＦＢが、「アパレル」ビジネスではなくなった。またモノを売るだけのビジネスではなく、サービスや体験を提供するビジネスになっている、という格好の事例はルルレモン社だ。カナダのバンクーバーを本拠地とする、おしゃれなヨガウェアの元祖であり、直販の小売店が、ヨガ道場に早変わりする体験型ビジネスモデルなど、アスレジャー市場の開拓者であり、多くの追従企業が生まれたモデルだ。

社名、Lululemon Athletica Inc. で分かるように、アスレティック要素を取り込んだビジネスだ。またビジネスが社会的役割を持って、個人の成長や心豊かなライフづくりに貢献する、あるいは、コミュニティとの連携やコミュニティに貢献する事例でもある。扱っている商品は、ヨガやランニング用ウェアが中心であるが、それを単なる小売店舗での物販の形ではなく、ヨガの精神を、ヨガ教室や健康で楽しく生きるためのコミュニティ活動のなかで、広めていく、というビジネスだ。扱い商品も、単なる機能ウェアではなく、カラフルでおしゃれ、サイズも揃っているファッションである。事実ルルレモン社は、〝Function is Fashion〟(機能はファッション)のスローガンを掲げている。

●ルルレモン社のコンセプト――設立の経緯

ルルレモン社は、１９９８年バンクーバーで創業した、ヨガやランニングおよびダンス用ウェアなどを販売する、いわゆるライフスタイル小売業である。創業者のチップ・ウィルソン氏は、20余年にわたってサーフィンやスノーボードなどの販売をやっていたが、初めてヨガ教室に参加して、ヨガの後の爽快感がサーフィンと同じであることに驚き、自然な流れとしてヨガに取り組むことになった。当初から、ヨガウェアの素材に関して強い想いを持っていたウィルソン氏は、ヨガが汗をかくエクササイズだからといって、吸汗性の良いコットンがベスト、という当時一般的であった考え方を採らなかった。そして合織テクノロジーを活用したスポーツ素材にこだわり、そのために早期にデザイン室を設置。実はヨガ教室は、その家賃を賄うために、オフィスとして使用しない時間を使って始めたものであった。製品開発には力を入れ、インストラクターに着用してもらって、着心地がよく運動しやすく同時におしゃれなウェアの開発に力を入れた。この考え方は、現在でも、継続している。

初めての店舗を開店したのは2000年で、その時点での考え方は次のようなものであった。「店舗はコミュニティのハブ（中心）であり、人々が、ヨガや食事の取り方、ランニングやサイクリングから得られる肉体的なもの、健康的な生活の仕方、また可能性に富んだパワフルな生活で得られる精神的ベネフィットなどを、学び、かつディスカッションする場になるべきだ」。

しかし実際に店を開けてみると、余りに多くの人が集まってきたため、この考えで商品の販売や顧客をリードすることもできなくなり、この活動の対象を、社員と同社が〝エデュケーター＝教育者〟と呼ぶインストラクターに限ることにした。これらの社員や教育者が、それぞれの家族やコミュニティや、来店する顧客にポジティブな影響を与えるようにする、という考え方に変えたのである。ホームページにある「設立の狙い」は、「世界を、中庸から、素晴らしいものに変える」である。

同社のミッション・ステイトメント「人々が、より長寿で、健康で、楽しいライフを送るためのコンポーネント（構成要素、部品）を作る」も、この考え方をよく示している。

●ルルレモン・アスレチカのビジネスモデル

ルルレモン・アスレチカのビジネスモデルがユニークな点を挙げよう。

①心身ともに健康で幸せなライフの追求を目標とする、顧客参画型ビジネス
②事業性は、差別性あるウェアやギアの販売で達成し、社会性をボランティアのインストラクターやコミュニティ貢献で達成
③店舗をエクササイズの場としても活用する、固定資産の効果的活用
④ソーシャル・メディアのフル活用

ビジネスは自社店舗での直販が中心で店舗は北米、オーストラリア、アジア、ヨーロッパにまたがる３６０店舗以上で、売上額は約21億ドル（２０１６年1月期）。２０２０年には40億ドルを見込んでおり、そのユニークなビジネスは、成長市場であるアスレティック・ウェアに進出しようとする大手企業の買収ターゲットとして、話題にのぼったことも多い。２０１３年のＮＲＦ（米国小売業協会）大会では国際賞を受賞している。

業態としては、Ivivva Athletica（ダンスと体操のインスピレーションによる4～14才女児向け）も開店。カナダと米国で34店になっている。店舗は、路面店あるいはライフスタイル・モールでの立地が多い。

この会社がとくにユニークなのは、単なる物販の小売りビジネスではなく、顧客に優れた体験と心身ともに成長する機会を与えると同時に、コミュニティ（地域社会）へ貢献することをミッションにしていることだ。具体的な活動では各種の研修プログラムに加え、無料のヨガ教室が開催される。店舗が教室だ。開店していない時間（たとえばニューヨークのソーホー店では日曜日の11時開店前の時間）を使ってレッスンをする。店舗のデザインは、簡単にヨガ教室に早変わりするように設計

されている。レジ台を除く什器をすべてキャスター付きにし、売り場の端によせて、真ん中にマットを引いて、ヨガ道場として使う。

ヨガ教室のインストラクターや指導者には〝アンバサダー（大使）〟の肩書きが与えられるが、金銭的には無報酬、地域に住むヨガのプロフェッショナルたちだ。自分のヨガ教室を持っている人、他のヨガ・スタジオで教えている人などが、インストラクターとして招かれる。特典としては、最新のヨガウェアが与えられること、そして自分の道場やスタジオあるいはイベントをパンフレットなどでPRすることができること、である。彼らはみな、ルルレモンの考え方に共感する人たちだ。参加者が成長し幸せな人生を送ることを支援し、いいコミュニティをつくり、それによって地域社会に貢献することを意気に感じる人たちであり、彼らの善意がルルレモンの目標と合致し、顧客も含めて、Win-Win-Winの関係が築かれているのである。

地域コミュニティとの強い絆を大事にする活動としては、各店舗がその地域にフォーカスしたイベントや研修プログラムを提供。参加者は提示されているスケジュールにより、興味のあるものに参加する。護身術のクラスから、個人の成長のための「目標設定のワークショップ」などの幅広い研修もある。ランニングも定期的に開催されるイベントだ。

社員あるいはヨガのインストラクターなど関係者の人間的成長（目標を持って成長すること）を支援する活動も興味深い。各自がそれぞれ自分の目標を書き店舗に貼りだし、専門の指導者やコミュニティの人々がその実現を支援する。店内のボードに張ってある目標記載書を見ると、たとえば「わたしは10年後には俳優になっていたい。そのためには、5年後には俳優養成所をいい成績で卒業する。そのために1年後に達成したいこととして…」といった具合だ。

情報テクノロジーの活用も同社の特徴だ。ＥＣ関連のコンサルタントのＬ２社は、同社をモバイル戦略のトップ企業と評価している。とくにソーシャル・メディアの積極的活用が、ルルレモンらしい。いわゆるＳＮＳの一つで画像に強いピンタレストでは、２０１３年ですでに、ルルレモンのボードが27種類あり、１８００万人強のフォロワーを持っていた。ユーチューブのビデオでは、ルルレモンの第1回 Wanderlust（旅行熱）ヨガ大会が１４０万回以上視聴された。ソーシャル・メディアでのコミュニケーションは、顧客をインスパイアーし、教育し、そして挑戦したいという気持ちになるように設計されている。健康的なライフスタイルを推進し、新しい目標に向かうように促し、コミュニティで新しい会話が始まるように、などが目的だ。ポストされる写真は、参加者に課題を与えるものや、おもしろいグラフィティや引用、またはヨガのポーズなど、同社のミッションに関わるものである。ソーシャル・メディアはルルレモン社が重視していることを、口コミやインフルエンサーであるヨガ・インストラクターを通じて普及させる手段として効果を発揮している。

ユニークな素材の開発にも力を入れ、〝機能はファッション〟のスローガン通り、自社独自の素材をいくつも持っている。主力素材の Luon™ は、87％ナイロン、13％ポリウレタン使いのものだ。汗などを吸収し水分を放出する機能、4方向ストレッチ、コットンのソフトさ、呼吸する、縮まない、などの特徴をもつことから、同社製品の17％を占めると言われるものである。しかしその素材を使った黒色のパンツが、「透ける」問題が起き、２０１３年に大量の製品を回収したこともある。

近年、ギャップ社の Athleta を始め、多くの企業が参入しているヨガ、アスレティック市場だが、競争が激化しても、ルルレモン・アスレチカは依然として多くのファンを引き付けている。「ルルレモン中毒」の名前でブログを書き続けているファンに象徴されるように、時代の潮流、すなわち、心身ともに健康でありたい、コミュニティの一員として行動したい、コミュニティに貢献したい、といった主義に共感する人は多い。

新しい時代のFBへの多くの示唆に富んでいるブランドである。2016年8月には、日本にも再進出した。

視点2　ビジネスの主体者は企業から個人(生活者)へ——「顧客コマンド」の時代へ

先の『4大潮流』でみたように、「消費者の意識と行動の変化」は、自分を大切にし個性的に生きたい生活者を生み出した。そして「テクノロジーの膨張」は、彼らが主体性をもって行動するための知恵と手段をもたらした。「テクノ装備の個客」が自分のルールで商品・企業を操る（動かす）時代が始まっている。消費者は「消費するだけの人」から、みずからが「創り手、作り手」になり、「仕入れ手」になり、あるいは「語り手、売り手」になって、ビジネスを展開するケースが増えている。

個人主導のEコマースは、ネット・オークションなどから始まったものだが、現在ではCtoCビジネスとして多様な展開を見せている。ハンドメイド、クラフト作品などを販売あるいは購入できる巨大なマーケットプレイスを構築している米国のEtsy（エッツィー）がその代表例である。後ほど事例として紹介するが、他にもデザイナーによる製品を扱うFabなどがある。日本でもiichi(いいち）など類似のものが出はじめているが、エッツィーのスケールの大きさ、扱い製品の多様性と完成度の高さ、そして何よりもコミュニティー・ベースの創造&ビジネスプラットフォームであることに注目したい。米国で始まったスマホ決済や、スマホやiPadなどに小型読み取り装置を差し込むだけで、店舗ばかりでなくバザーや蚤の市などでも、個人が商品を販売する際のクレジット決済を可能にしたスクエアやコイニーなどの小型読み取り装置もCtoCビジネスの拡大を支援している。これらを総称して、「市民コマース」などの言葉も生まれている。

買い手である消費者個人が、ネットの上で商品の価格を交渉する価格ネゴ・モデルも興味深い。ボストンのメンズウェア専門店で有名人やスポーツのプロ・プレイヤーのカスタム服などを得意とするハリスは、２０１１年に「価格ネゴ」のサイト、Nyopolyを立ち上げた。ネオポリーは顧客にリスト価格を提示し、顧客には3回のオファーチャンスがある。価格はアルゴリズム（コンピュータの計算システム）により、自社の在庫と市場需要などを考慮して提示される。顧客の価格が「受け入れられる価格」より上なら、そのまま承認するし、そうでなければ、アルゴリズムがカウンターオファーを出す。たとえば、ネオポリーが$１００と提示しているものに対し「1ドル」とオファーすれば、カウンターは「97・99ドル」。しかし「60ドル」のオファーなら、『買う気がある顧客』とみなして「72・99」でカウンターする、といった具合だ。3回の往復で合意に達しなければ、交渉は終わり、元の価格にもどる。

このモデルを〝顧客エンゲイジのプラインシング〟、と名づけたハリスのオーナーは、実はこれを紳士服のプラットホームとして提供することを考えていた。しかし現在は、その発展系として「世界のラグジュアリーを指し値方式で買う」ビジネスとしてネオポリーを運営している。対象品はデザイナーやラグジュアリーのバッグや靴で顧客が欲しいものを提示すると同社の参考価格が表示され、顧客はこれに対してオファーを出し、3回まで往復ができる。1回目のオファーで決めれば20%のリワードも得られるという仕組みだ。

売り手と買い手が1対1で価格交渉をする手法は、古くから存在する商売の基本的形だ。それが、量産・量販の20世紀型システムを経て、いま、テクノロジーのお陰で原形をとり戻しているのは興味深いことだ。これまでわれわれが必死にマスターしようとしてきた「マーチャンダイジングの5適」。その1つである〈適価〉は小売りにとって最も重要で基本的な問題だ。しかし、〈適価〉と考える価格を付けて、大きな値下げ処分を余儀なくされるよりは、1対1の交渉でかなりの譲歩をしても、無駄を削減できるなら、それに越したことはないだろう。そもそも全ての顧客が〈適価〉と認める価格はありえないからだ。テクノロジーが、「売り買い」のビジネスを原点に戻すことも可能にしつつある。価格ネゴは、ビジネスモデルとしてはまだマイナー的存在だが、「顧客コマンド」という大きな潮流に乗った動きとして注目する必要がある。

個人がウェブ上から集めた製品をキューレートして、自分の名前（あるいはブランド名）でパネル的に提示できるサイト、Polyvoreも米国で人気を集めている。元はと言えば、自分のキューレーションのセンスや能力を見せたい、という趣味的な提示の場であったものが、プロのバイヤーも注目するサイトとなり、そのまま仕入れに採用されるケースもでてきた。その場合には、採用した小売企業から、一定の報酬が支払われるようになっている。

社会やファッションの成熟度が高まるとともに、素人の感性レベル、クリエーションのレベルも高まる。キューレーションが、単なる「センスのいい人のコーディネート案」にとどまらず、ユーザーの視点も加わったものになれば、専門家にない個性と説得力ある商品ラインができ上がることは、容易に理解できる。さらに今後、３Ｄ印刷が発達し、機械やテクノロジーあるいは使用可能な原材料を拡大し、さらに機器の価格が低下すれば、個人の創作活動を活性化することも間違いないであろう。

生産ロットが小さくなったとはいえ、量産が当たり前であったファッション業界に、自ら「デザイン」「生産」「編集」「キューレイト」「販売」などを行う「主体的な生活者」がビジネスの担い手として登場してくることで、ＦＢは新たな活力を見出だすことになると考える。

キーワードは、**個客**、**プロシューマー**、**セルシューマー**、**顧客コマンド**、**ＣtoＣ**、**市民コマース**、**コミュニティ**、**ピープル・パワード**、**３Ｄ印刷**、などである。

事例①　エッツィー(Etsy)――個人主体、コミュニティ重視のＣtoＣマーケットプレイス

「個人が主導するビジネス」を象徴する事例としてEtsyを紹介したい。これはまた、次項の「ビジネスのシンプル化、水平化」にも、第5項の「企業活動は『利益追求』から『社会貢献』へ」にも当てはまる事例である。

「エッツィー」は、ハンドメイドの雑貨や衣類、ビンテージなどを専門的に扱う、いわゆるマーケットプレイスのCtoCビジネスとして、２００５年に創業した。２０１５年4月現在、５４００万人の会員、１４０万人のセラー（売り手）、４８０万人のバイヤーをもつ世界最大のCtoCマーケットプレイスだ。出品料と売り上げの3・5％の手数料の合計は、２０１４年１・96億ドル。商品の総売上額は19・3億ドルにも達している。起業から10年の２０１５年には上場して話題を呼んだ。

そのエッツィーが、２０１４年から卸売りビジネスを開始した。個人が手作りやビンテージの製品をサイトにアップし、気に入った人がそれを買うCtoCのプラットフォームから、1年間のテストを経て、個人や小規模の会社が、ノードストロムなどの大手向けにも販売できるプラットフォームになった。また Etsy mamufacturing も立ち上げ、創造的作品を小規模の工場生産につなぐことも始めた。いずれも厳格な基準をクリアした場合のみであるが。これらによりエッツィーは、まさしく、「水平化するビジネス」、小売りビジネスのフラット化、民主化の先駆者となったともいえる。

エッツィーの特徴は、売り手も買い手も会員で、さらに彼らが作る数多くのコミュニティやイベントやワークショップが、創造性や技術やビジネス面での切磋琢磨になるというユニークな形をとっていることにある。会員の一人が言うように「エッツィーはマーケットプレイスにとどまらない。われわれはアーティストや、クリエイター、コレクター、考える人、行動する人、のコミュニティ」だ（ホームページより）。このモデルは、ビジネスであると同時に個人の自己実現に貢献し、社会の経済メカニズムを簡素化し、未来へ向けての合理的効果的ビジネスの本質に迫るものを持っている。

●設立の経緯と事業

エッツィー創業のきっかけは、絵画や家具などを制作するアーティストのロブ・カリン氏が、自分の作品を eBay などのネットオークションに出品していたが、巨大サイトでは自分の作品に目を向けてもらうのが難しくて苦労したことであった。そこでハンドメイド品に特化したサイトを思いつき、アーティストやクリエイターなどの制作品のみを取り扱う会員制サイトを友人とブルックリンのアパートで立ち上げた。２００５年のことである。その後、扱い商品のカテゴリーは拡大し、現在ではアパレル、ジュエリー、ビンテージ、ウェディング、バス&ビューティ、キッズ&おもちゃ、アート、ホーム&リビング、オフィス用品、紙製品などになっている。最近アップされた「自家製醸造ビール」の物語もユニークで感動的だ。創業者カリン氏は、ＣＥＯのポストを譲ったいまも、同サイトの最も多作なパトロンであり、ユニークな創作物をアップしている。

ビジネスの仕組みはシンプルだ。まず売り手、買い手、ともに会員登録（無料）を行う。売り手は出品する際に1件につき20セントを支払い、商品が売れた場合、その販売価格の３・５％を手数料としてエッツィーに支払う。個人の間の売買については、一般の商品取引サイトで通常支払わねばならない月決めの出店料などは不要で、売り手にかかる費用は出品料と取引完了後の売買手数料のみ、という低コストの仕組みだ。

卸ビジネスの場合は、一律１００ドルのエントリー料金と、売上成立オーダーに対する３・５％の手数料をとる。米国における卸売りのマークアップは通常35％だが、エッツィーが、安価でしかも固定の手数料を変更しないのは、出品者が他のサイトに行かないように、とカーソンＣＥＯは言う。

エッツィーの成長は目覚ましい。市販の量産品に飽き足らずクリエイティブなあるいは手作りのものを求める消費者の増加、ネットでの購入の容易な仕組み、ソーシャルメディアによる口コミなどに加え、売り手であるクリエイターたちが、みずからアイディアをシェアしたり、ワークショップやビデオ・ラボで色々な手法やノウハウを学んだりすることにより、売り手と買い手とエッツィー社が協働して魅力あるサイトを作っているからだ。利用者は世界150以上の国々に広がっており、セレブも活用。シンガーソングライターのビヨンセが着用したアフリカ調のデザインがネットを湧かせて、デザイナーが一躍有名になった例もある。

●ミッションとビジネス・コンセプト

このビジネスモデルで、とくに画期的であると筆者が考える最大のものは、同社の理念である。

ホームページに掲げられたミッション（使命）を紹介する。

「われわれのミッションは、世界経済の仕組みを変えるためのパワーを人々に与えることだ。われわれが描いている世界は、小さな小さなビジネスが、もっともっと大きな振動で経済を形づくり、地域の生きた経済がどこでも繁栄し、そして人々が著作者と製品の由来を、価格や利便性と同様に価値あるものと評価する、そんな世界だ。われわれはコマース（商売）に心（ハート）を持ちこみ、世界をよりフェアで、よりサステイナブルで、より楽しいものにしようとしている」

「卸と小売りのサプライチェーンの改革」も、ＣＥＯのディッカーソン氏が好んで使う言葉だ。英国の The Guardian 紙は、現地で講演したディッカーソンＣＥＯのメッセージ、「(われわれが目指すのは) 世界中で、仕入れも販売も、ローカルな人によって行われるイメージだ。われわれは、コミュニティで売買がなされる『ピープル・パワード（人力が突き動かす）経済』を創造しつつある」を、〝やや博愛主義的なトーン〟としながらも、好意的に報道している（2013年6月5日）。

エッツィーを「これからのFBの核となるコンセプト」の事例として取り上げた理由は、ほかにもある。

①CtoCの直販モデルを、手作りのユニークなものを求める今日の社会と個客にフィットする形で構築していること。その際、ビジネスの透明性と会員間の信頼をベースにしていること。

②売り買いのコストが非常に安価でシンプル。ICTとソーシャルメディアの活用、そして信頼に基づくコミュニティ的運営がそれを可能にしていること。

③単純な取引に終らず、デザインやモノづくりや提示の仕方に関する学びや体験の場であり、会員の成長を助けるコミュニティとなっていること。

④卸ビジネスをスタートさせ、小売業のバイヤーが見つけにくいクリエイターやアーティスト等と小売業をコネクトし始めたこと。

手づくりの一品ものを、CtoCで売るサイトが、卸売りや少量生産を認めたり、また株式公開をしたりすることで、本来の〝手づくりサイト〟の特質を崩すのではないか、との心配もされたが、この壮大な挑戦はうまく動いているようだ。

●エッツィーから学べること

エッツィーのビジネスモデルで再度強調したいのは、同社が形成する様々なコミュニティが会員相互の刺激や教育、ビジネスチャンス拡大などに大きく貢献していることだ。とくに、ネットビジネスでありながら、心をこめて創作に当たる「作り手」と、クリエイティブな製品に心を寄せる「買い手」あるいは「使い手」が出会ったり、コミュニケーションしたりするリアルな仕組みがあることは重要な点だ。地元の農家をサポートする趣旨で会社がスポンサーになるEtsyと名づけられた食事会が毎週催されたり、オフィスの備品や装飾品はほとんどがエッツィー商品を購入したものであったり、スタッフは自分のデスクをエッツィーの商品で飾るよう100ドルを与えられるなど、社もスタッフも売り手も買い手も、コミュニティとしての一体感を持って動いている。

クリエーターの育成や支援にも力を入れている。Etsy Labと呼ばれるワークショップは、ニューヨークのブルックリン地区にあるエッツィー本社のオフィスで適宜開催されるし、それらの一部はビデオで公開もされている。作品や製品の販売支援では、会員登録した出品者（ビジネスが不慣れなことが多い製作者）に、製品の作り方、商品ラインの組み立て、作品のプレゼンテーションや配送に至るまで、きめ細かなアドバイスもする。分野やテーマ別のネットのコミュニティは、製作者同士のコミュニケーションをはかり、お互いの作品で刺激し合ったり各種の技術や情報を交換することで、よりよい作品づくりと個人の成長をはかる意図がある。エッツィーとしてもセラーのニーズを把握するため、2014年には同社の管理者250人がセラーの職場を戸別訪問しニーズや課題をヒアリングしたことも報道されている。

エッツィーが目指す、「世界中で、仕入れも販売も、ローカルな人によって行われる『ピープル・パワード経済』」が創造されれば、日本のFBも、苦戦するクリエイティブなデザイナーたちにも、大きな展望が開かれるものと期待する。

視点3　シンプル化・合理化・透明化モデル
――「卸型」モデルから「垂直型」「水平型」「直販」に進化

未来へ向けてＦＢを発展させるために不可欠な視点の転換は、20世紀型の「卸」モデルからの転換である。

これまでに見てきたように、これからのＦＢの主要プレイヤーは、「プロシューマー（自分の生活をつくる人）としての顧客」と、「生活をつくる手段を提示（提供）する企業ないしは個人」の二者である。「生活を作る手段」とは、製品・情報・サービスなどだ。もちろんファッション商品をつくるためには素材や加工の取り扱い業者も不可欠だが、「買い手（使い手）」としての顧客が相手にするのは、「自分が求めるものを提示（提供）してくれる企業（あるいは個人）」だけである。そして「買い手（使い手）」にとっては、相手として対峙する企業や個人の背後に存在するものは、できるだけ無駄がなく、シンプルで、スピーディで、コストがかからないほうが良い、というのが買い手の論理である。したがって製品提供者の背後にある素材や加工機能は、提供者と一体的になっているのが効果的・効率的だ。それを端的に実現している動きが、「卸型」モデルから「垂直型」モデル「水平型」モデルへの進化だ。

ＦＢに関して最近の米国では、「チャネルというものはもはや存在しない」という言葉をよく聞くようになった。新たなビジネスモデルの台頭とテクノロジーの進展が、流通の仕組みを変容させているからだ。米国のファッション百貨店として著名なブルーミングデールズのＣＥＯを長年務めたマイケル・グルド氏に、退任にあたって質問した。「ＣＥＯのポストにあった22年間で、最大の変化は何か？」という筆者の問いに対する氏の答えは、「メーカーがコンペチター―になったことだ」であった。インターネットなどテクノロジーの変化はもちろん巨大だが、「メーカーが〝直接〟消費者にリーチするようになったことが、最大の変化」というグルド氏の言葉は、〝作り手〟と使い手（買い手）が直につながる全く新しい時代の到来を示唆するものである。

「垂直型」を代表するものは、いわゆるＳＰＡ型であろう。ＳＰＡというのは、１９８０年代後半に、当時、圧倒的成功をおさめていた米国カジュアル・ファッション小売業であるギャップの創業者ドナルド・フィシャー氏が、自らのオペレーションをSpecialty Retailer of Private-Label Apparelと呼んだことから、そのなかの3文字を取って造った日本語英語（日本人による造語）である。このＳＰＡが新たなビジネスモデルとして、日本の90年代を通じて急速に支持を得るようになった。バブル崩壊と「価格破壊」に対処すべく、ビジネス・プロセスのリエンジニアリング（企業活動や業務の流れを分析し最適化すること）としてワールドのオゾックやファーストリテイリングのユニクロなどの成功モデルが生まれたことによる。

しかしFBの将来へ向けての「垂直化」では、テクノロジーを駆使してゼロベースで組み上げるモデルが多く台頭するであろう。後述するワービー・パーカーが好例だ。700ドルのメガネをなくした友人の「問題解決」のため、知恵を絞り、必要最低限の機能だけ残し、デザインからモノづくり､販売からマーケティングまでを一元的に組み上げたモデルだ。2014年6月(20日)にニューヨークで開催された〝Disrupters VS Disruptees〟(壊す者、壊される者)と題するシンポジウムがある。このモデレーターを務めた、ポール・シャロン氏(最盛期のリズ・クレイボーンCEO)のワービー・パーカーについてのコメントは非常に意味がある。「一人の人間の問題解決からスタートしたワービー・パーカーは、ブランド・ライセンス中心のメガネ業界、大手が支配して価格が高止まりしているイノベーションが少ないメガネ業界を、抜本的に変革した。」彼はまた「私は、そんなことが起こるとは、全く考えてもいなかった」との正直な感想を述べている。わがFBも同様に、「ブランド・ライセンス中心のイノベーションが少ない業界」と言って間違いはない。

ワービー・パーカーと同様の垂直型モデルのボノボス(Bonobos)を開業したアンディ・ダン氏はこのモデルをDNVB(デジタリー・ネイティブ垂直型ブランド)と呼ぶ。「インターネットから生まれ、インターネットによって小売りとブランドのマージンを合体した垂直モデル」の意味だが、まさしくその通りだ。

「垂直化」では、ファッションの「提供側」と「受け手」が直接に繋がる多様なモデルが試みられている。ブティク・カー(ファッションの巡回販売)、や、定期購入(サブスクリプション)モデル、あるいは街中に、タッチパネルで、まさしくウインドー・ショッピングができる期間限定店を開いた、Kate Spade Saturdayなど、ファッションを作っている会社や個人が、顧客に直接コンタクトをするものだ（巻頭カラー4ページ参照）。

「水平型」は、前項で述べたエッツィーが代表例であろう。ここでは、デザインやモノづくりや提示が垂直な流れとして行われる代わりに、マーケットプレイスやクラウド・ソーシングなどにより、「デザインする者（企業や人）」「生産する者」「顧客に向けてパーソナル化する者」あるいは「友人たち」などなどが、水平的に、ネットのプラットフォーム上で、コミュニケーションして、売買が成立する。〝小売りの民主化〟（だれでも小売り機能を持つことができる）という言葉もよく聞くようになった。

「水平型」のビジネスモデルでは、もうすでに多様な受注生産も始まっている。たとえば「こんなものが欲しい」という声を集約しデザイン提案を募集し、つくり手（工場）を募り見積もりを出させて、一番良い条件の者に仕事を依頼する、といったものだ。「水平化」はクラウド・ソーシングを活用できる、ファッション分野では多様な展開が楽しみな世界だ。

キーワードは、**直取引**、**垂直総合型ＳＰＡ**、**Market Place**、**市民コマース**、などである。

事例① ワービー・パーカー（Warby Parker）——ネットベースの垂直型革新モデル

ワービー・パーカーは　高品質でオシャレな眼鏡を、顧客の処方に合わせて製作し、安価でネット販売する会社だ。２０１０年の起業以来、爆発的な成長を遂げ、２０１３年4月にはニューヨークのソーホーに旗艦店をオープンし、その後店舗数も37に増え、成長を続けている。２０１５年の米国小売業大会（通称ＮＲＦ）で、アントレプレナー賞を受賞した。

●ワービー・パーカーの設立の経緯とコンセプト

ワービー・パーカーのコンセプトは、「ブティック品質の、伝統工芸品的メガネを、革命的価格で売る」である。

ペンシルバニア大学ウォートン校のＭＢＡに在学する若者４名が２０１０年にスタートアップ（起業）した会社だ。

そもそものきっかけは、〝問題解決〟であったと、創業者の一人、ニール・ブルメンサル氏は語る。７００ドルで買ったメガネを紛失した学生が、新しいメガネを買う金がない。彼は、１学期の間メガネなしで勉強していた。しかし考えてみれば、「メガネがiPhoneより高いなんて信じられない！」と友人たちは義憤に駆られた。「世の中のメガネが高すぎる」との問題意識から、眼鏡の製造プロセスや中間業者の存在、デザイナーブランドなどへのライセンス契約の仕組みなどを徹底的に勉強。その結果、生産やマーケティングの手法を抜本的に変革し、中間業者を完全に排除するビジネスモデルを確立。普通、市場価格が６００ドルから７００ドルするPrescription Glasses（眼科医の処方箋通りのレンズを作る、いわゆる度入りのメガネ）を、95ドルを中心に１５０～１９５ドルでネット販売することを可能にした。２５００ドルの資金でスタートした当初は店舗を持つ経費も人手もないので、自分たちのアパートを使っての、ネット販売であった。その後２０１１年にヴォーグ誌やＧＱ誌が、〝メガネ業界のNetflix〟（ネットフリックス＝ＤＶＤなどのネット・レンタル会社）とその革新性をフィーチャーしたことで、２５０万ドル、さらにその後１２５０万ドル、３７００万ドルの資金調達を得て、業態拡大が進んだ。

ビジネスは急成長し、1年目の目標を3週間で達成。実際には、作りためた最初の在庫は、3日間で売り切れてしまってあわてたという逸話もある。そのビジネスが4年足らずで350人の社員をもつ企業になり、年率150％の伸びを続けて、今日に到っている。

●ワービー・パーカーのビジネスモデル

ワービー・パーカーのビジネスのポイントは、次の5点にある。
①ネット販売で、度入りのメガネを、高品質で安く提供する。
そのために
②中間業者を徹底排除し、デザインから生産・販売まで、自らマネージする
③ソーシャル・メディアをフル活用する先端的マーケティングを行っている
④顧客のニーズと利便性を基本に考えた顧客セントリックのビジネス、オムニチャネルである
⑤社会貢献（貧しくてメガネが買えない人にメガネを贈る）を重視する

「ブティック品質の、伝統工芸品的メガネを、革命的価格で売る」。しかも「〝度入りの処方メガネ〟をネットで売る」。このビジネス・コンセプトを実現するために、4人の、それも米国でもトップ・グループのビジネススクールの大学院生は、まさしくMBAでの学びを、ビジネス立ち上げに実践した。

彼らはまず、ゼロベースのイノベーション（革新）のために、メガネ・ビジネスのコスト構造を

徹底分析した。そして、メガネ製造現場でそのコストがいかに低いかを知った。また、ファッションというイメージのために、デザイナーや有名ブランドとのライセンス提携が広く行われ、高いロイヤルティが支払われていること。デザインから、フレームやレンズの生産、販売・流通にからむ中間業者が多いこと。そのために高価格になっているが、製品やデザインの質は価格に見合うモノになってはいないこと。長いサプライチェーンのため、商品企画や生産流通に顧客のニーズや欲求が反映されにくいこと。などの問題を明らかにした。

その結果、デザインも、生産も、海外を含むトップ級のプロを起用し、自社の責任でやるという、中間業者排除のシンプルな垂直オペレーションを組み上げた。仕入れも直、販売も消費者ダイレクトのビジネスである。SKUの極小化にも注力し、一般のメガネ店の700～1000SKUに対して、300SKUに絞り込んでいると聞く。スタート当初から、顧客の声を丁寧に聞くことを実践。起業当初は、興味を持った顧客予備軍の問い合わせに対して、オフィス代わりのアパートのキッチンに招いて説明したという。ユニークなコンセプトのビジネスを、顧客に対してオープンに、透明性を高くして見てもらい、意見を聞いてビジネスに反映させるというスタンスだ。ニューヨークのソーホーに開いた初めてのオフィス兼ショールームを筆者が訪問した時も、消費者向けショールームとオフィスの間に壁がなく、同社のオフィスや社員の働く様子も目の当たりにでき、顧客が社員と親しく会話を交わす、フラットでオープンな雰囲気に感銘を受けた。

「ネットで」、「度入りのメガネを売る」という前例のないビジネスを、どうしたらうまくやれるか？若手起業家たちは知恵を結集し、ホームページとソーシャル・メディアの活用に力を入れた。ホームページにアップされた「目玉が眼鏡を欲している（〝Eyeballs Looking for Glasses〟）」と題する最初のCMビデオは、30秒の非常にユーモラスでクリエイティブなもので、現在でもホームページやユーチューブで見ることができる（巻頭カラー1ページ参照。中間業者がハサミで切り刻まれている）。

また、ネット販売では着装ができないため、ウェブでのバーチャル試着（顧客が自分の顔写真にメガネを装着）や、眼鏡フレームのお試しキット「5種類、5日間、100％無料」というアイディアも、大きな反響と支持を得た（巻頭カラー1ページ参照）。ホームページでは、メガネのフレームやどのように作られるかをビデオで紹介し、高質のモノづくりにかかわるデザインのインスピレーションからフレームを手で磨く技術までを見せている。

ソーシャル・メディアの活用では、たとえばメガネかけた自分の写真をフェースブック・ページにアップし、どのメガネが一番似合うかのフィードバックを友人から貰えるようにした。「メガネを選ぶことはとても個人的な買い物で、だれでも他人の意見を聞きたいものだ」からだという。

また、ソーシャル・メディアは、ブランディングと顧客エンゲイジ（顧客への個別対応）のツールとしても重要視している。フェースブックのウォールにはだれでもポストでき、会社はポストをした顧客全員とコンタクトをし、すべての質問に対して解答を提供する、という丁寧な取り組みをした。また会社がどのような考えで、何を、なぜしているのか、も詳細にわたってシェアした。そのなかには、同社の社会貢献活動である、「Buy a Pair, Give a Pair」（1つ買っていただければ、1つを寄付します）、「メガネが必要なのにもかかわらず、貧しくて買えない人が、世界に10億人いる。この人たちにメガネをあげよう」の運動も入っている。口コミ効果は大きく、売り上げの50％以上が口コミによるものだという。

マーケティング手法もユニークだ。たとえばスクールバスを図書館風ショップに改造して各地を巡回販売したり、顧客の要請で期間限定の店を作ったり、ニューヨーク市立図書館でメガネをかけ本を読むＣＭのビデオ撮影をする、などだ。

初めての旗艦店はソーホーの中心に開店。ギャップをグローバル企業に押し上げた伝説的ＣＥＯのミラード・ドレクスラー氏（現在は J.Crew の CEO）が、店舗の重要性をアドバイスしたことによるという。メガネ店としてはかなりの広さとゆとりをもった店舗で、壁面には各種のメガネと、眼鏡とは切り離せない「書物」を美しくディスプレイ。本は装飾用以外にも近隣の著者のものやユニークな書物もある。アポイントで検眼もでき、奥に設置された検眼コーナーには、空港の発着案内を思わせるデジタル・スケジュール表を上げ、その後ろは植木とソファを置いたラウンジ風コーナーを設置するなど、高感度の環境ですぐれた買い物体験になるよう努めている。中央に2列に並んだ平面ショーケースには、ワービー・パーカーの創設から今日までの発展の経緯を、ウイットに富んだコピーとイラストなどで紹介し、企業の理念やコンセプトを分かりやすく、しっかりと発信。情報テクノロジーをフル活用した、それでいてハイタッチの顧客体験を提供する垂直型、オムニチャネルリテーラーだ（巻頭カラー1ページ参照）。

●日本のＦＢ企業が学べる点

ワービー・パーカーには、われわれが学ぶべき多くのヒントがある。

まず、カスタマイズした商品を、ネットで、快適に購入できる仕組みを構築したことが挙げられる。

そのベースには、ハイクオリティの商品、ワービー・パーカーのコンセプトと哲学を分かりやすく伝えるすぐれたマーケティング、ソーシャル・メディアの効果的活用がある。

そして何よりも、イノベーションと起業家精神だ。ゼロベース（業界の常識に惑わされない）で、顧客の視点やニーズを特定し、サプライチェーンを再点検・再評価し、直販モデルを構築する。また仕事を進めるうえでは、手に入るベストのモノ・手段（人材、テクノロジー、先輩のアドバイスなど）の活用。米国人が好きな〝キッチンテーブルからのスタート〟の言葉通り、アパートのキッチンを作業場とオフィスとしてスタートしたビジネスの成功例である。

またイノベーションの少ないブランド・ライセンス主導のビジネス、大企業支配・高価格のビジネスを、学生を含む一般消費者が、共感を持って楽しく買い物するビジネスに変容させたことは、日本のファッション業界への大きな示唆を与えてくれるものと考える。

事例②　リアルタイム・プライシングのEコマース、Jet.com
――高度なアルゴリズムで価格の無駄を徹底排除

アマゾンが圧倒的力を持っているEコマース分野に、大胆に挑戦するのが、Jet.comだ。徹底した合理性をもって、商品が内蔵するフルフィルメントや宅配のコストを搾りだし、売価を安くする、という透明性あるビジネスモデルである。

そもそもは、会員制ディスカウントストアCostco（コストコ）のデジタル版、そして〝打倒アマゾン〟のスピリットに燃える新興企業としてスタートした。小売りの進化の過程で必ず登場する「よりコストを削減した」業態がEコマースでも登場したといえる。ところが、

2015年7月のサイト公開から10週後に、ビジネスモデルの主要部分、〝会員制―会費50ドル〟を変更し、〝無料の会員制〟に切り替えたことで、さらに話題を呼んでいる。スタートアップ企業が短期間でビジネスモデルを変更することは多いが、わずか10週で、だ。

ビジネスモデルの核は、Real Time Pricing Algorism（リアルタイム価格決定アルゴリズム）だ。顧客が購入した商品を入れる〝スマートカート〟の価格チェック技術により、出荷元が同一の商品であったり、顧客宅に近い立地からの配送などを、割引の対象にする。さらに、買い上げ点数が増えたり、35ドル以上購入（で無料配達）なども、値引き対象となる。Smartcartと表示のあるアイテムはさらに節約できるし、値引き額を大きくするために、返品の権利を放棄することもできる、といった仕組みだ。

会費を無料にしたのは、この独自開発のスマートカート技術が顧客から予想以上の好評を得たことによる。会費を収入源とし、商品はマージンなしで取引するモデルよりは、会費を無料にして会員を増やす方が戦略的に有利、とかじを切ったという。

取り扱い商品は、食品、家電製品、家庭用品、雑貨や衣料品などで、マーケットプレイスに参加する小売業が提供する商品だ。1点からでも購入可能だが、購入量が増えれば、その分安くなる。ビジネス開始からまだ1年たっていないが、扱い商品点数は1100万点（ジーンズからおむつまで）、参加小売業1800社の規模になっている。

創業者のマーク・ロア氏は、このビジネスモデルを、「消費者をエンパワーし、より賢い方法で買い物できる、新タイプのマーケットプレイス」と考え、ショッパーの買い物行動を変えたいとする。ロア氏は、以前にもいくつもの起業をしている。とくに、2005年に立ち上げたQuidsi社のサイトはベビー用おむつで急成長したが、アマゾンに〝価格3分の1〟の安値戦争を仕掛けられ、ビジネスをアマゾンに5・45億ドルで売却する結果になった。それ以来、このジェット・コムの構想を温めていたという。赤・青・黄のカラフルなボックスで届けられる商品や優れたサービスで顧客の支持を得ていたQuidsi社の喪失を、違う形でジェット・コムでよみがえらせたいとの想いがある。「アマゾン・プライム（年会費99ドル）のモデルは、無料高速配達を提供するが、システムに非効率的な負担をかける。ジェット・コムの考え方は、大きくなるほどより多くのコストをシステムから絞り出すことができ、より大きな節約ができる」である。「われわれは、システムからロジスティクスのコストを搾り取っている。出荷とフルフィルメントのコストは、小売りの収入の20％以上になる。100ドルのものを売れば、平均20ドルが出荷とフルフィルメントのコストだ」。また「ケチャップ瓶1本を、大陸横断で調達すると20％の損失だが、近隣メーカーからなら20％の利益、になるといった実態を参加小売業に明示し、注文の発生場所による競争をさせたい」ともいう。

USA TODAY紙はアマゾンと同一商品の比較購買したところ、ジェット・コムが30％安かった、と報道している（2015年7月19日付）。

ジェット・コムのビジネスは、ECサイトというより、リアルタイム・トレーディング的なモデルだ。従来の小売りビジネスでは当たり前、と考えられていたあらゆる場面での経費をスマートカート・テクノロジーにより削減する、という、まさしくデジタル・テクノロジーで初めて可能になったビジネスだ。

アマゾンに正面から挑戦するのか？との質問に対してロア氏は、「とくにだれを、ということではない。オンラインでは、アマゾンが最大のプレイヤーであるが、私たちは、巨大なナンバーツーが存在する余地があると考えている。1兆ドル市場の10％を10年で獲得したい。それができれば、素晴らしい」と答えている。

同社では、10部門の社員全員が同一給与だ。「われわれがやろうとしているのは、『人々、社員から顧客までを幸せにするには、何をせねばならないか』を学ぶことへの挑戦である」、というロア氏に期待を寄せたい。

ところが、本稿執筆のさ中（2016年8月）、このジェット・コムを、ウォルマートが33億ドル（約3300億円）で買収するというニュースが飛び込んできた。ネット販売でアマゾンに大きく水をあけられているウォルマートが同社をシステム丸ごと傘下に収め、ロア氏をネット部門の責任者にしてネット販売を強化する考えだ。経営の合理性とコストの徹底排除をDNAに持つウォルマートで、この仕組みがどのように展開されるか、非常に期待される。

視点4　ビジネスの運営はオムニチャネルへ

ＦＢのマネジメントを「180度転換」する考え方のなかでもとくに重要なのが、オムニチャネルである。「オムニチャネル」は2010年ごろから注目されるようになった米国生まれの概念だ。

アマゾンに代表されるネット通販企業の急成長に対抗せざるをえなくなった店舗小売業、なかでも百貨店などが、店舗を持つ強みを生かしながら、ネット販売の市場と効率の両方を取り込むために、顧客を全方位で囲い込む戦略として登場したものである。とくにモバイル（スマホ）の急激な普及を利用し、「顧客セントリック（顧客を中心に置く）ビジネス」という、未来型のビジネスコンセプトで展開する点に、ディスラプションの意義がある。

「オムニチャネル」は、その重要性はだれもが認めるものになっているが、実際の運用は米国でもまだ試行中であり、完全に軌道に乗るにはまだ5年はかかる、と見る人もいる。しかしオムニチャネルが明らかに有効な戦略であることは、ノードストロムやメイシー百貨店の業績をさかのぼれば明らかである。ある報告によれば、ノードストロムは２００８年後半、メイシーズは２００９年後半にそれぞれオムニチャネル（と当時は呼んではいなかったにせよ）に取り組んでいるが、この時点を転換点として、それまでは他の百貨店と大差なかった成長率が他を大きく引き離している。四半期ごとの成長率で見ると、ノードストロムは9％～22％、メイシーズは３～10％高くなっているのだ。現在の米国では、小売業の３分の2以上が、オムニチャネルに取り組む意向を示している。

小売りばかりでなく、ファッションのメーカーも、消費者と直接の接点を持つ企業、たとえば後述するＶＦコーポレーションなどもこれに力を入れ始めた。日本でも、セブン＆アイグループが、２０１３年秋の米国オムニチャネル視察団派遣を期に、オムニチャネル戦略を推進している。またオムニチャネルは、大手企業だけの問題ではなく、中小でも戦略的に取り組む価値があることは、ワービー・パーカーなどをみても明らかである。

「オムニチャネル」とは何か?

「オムニチャネル」は単に商品を複数のチャネルで扱うことを意味するものではない。あるいは、日本で強調されるO2O（ネットから店舗へ、あるいは店舗からネットへの送客）の仕組みづくりだけでもない。O2Oはリアル店舗とネット販売をつなぐ手法としては有効だが、いぜんとして企業側の論理で構築されているもので、「顧客セントリック」の戦略ではないからだ。

「オムニ」とは「あまねく」「全部の」といった意味で、オムニチャネルとは「全方位チャネル」の意味で使われていると考えてよい。「オムニチャネル」が革命的と捉えられるようになった最大の要因は、「モバイル」（スマートフォンやタブレット）の急速な普及だ。消費者がスマホなどを常に身辺に置くようになったことで、自宅や会社のパソコンを使わなくても、ありとあらゆる「場所」から、どんな「時間」にでも、あらゆるチャネルにアクセスし、必要な情報検索はもとより、商品や価格の比較、他人の評価などの入手、買うかどうかの判断、購買アクションをとり、その体験を発信する、といったことが可能になったからだ。

モバイルを使いこなす「テクノ装備の顧客」にはチャネルの概念はなく、店舗もウェブも、カタログも、店内やSCに設置されたタッチパネルの端末も、友人とのソーシャル・ネットワークも、テレビなどからのオンディマンド購入もみな、「情報・コミュニケーション手段」にすぎない。消費者はいまや「チャネル」を意識して行動してはいない。どのチャネルで、どの情報を得て、どのチャネルで比較検討し、どのチャネルで最終的な買い物をするか、の意識はないのだ。それらの間を、全方位に、気の向くままにサーフィンしている、と言ってよい。

そして企業側にとっては、この消費者に対して、シームレス、つまり境界やつなぎ目を感じさせることなく、スムースでイラつかない買い物体験を提供することが、厳しい競争に勝つ重要な戦略になった。

「オムニチャネル」のイメージ

「オムニチャネル」は、「マルチチャネル」の進化概念として、２０１１年の米国小売協会（ＮＲＦ）大会で初めて大々的に紹介された。左の図は筆者が、その進化をＮＲＦの概念図をもとにイメージ的に描いたものである。

顧客と小売店との関わり合いは、店舗と顧客をつなぐ、「シングルチャネル」から始まった。それがだんだんに「マルチチャネル」、つまり店舗以外にカタログやネットなど、複数のチャネルでビジネスを行うことに発展した。ここでは顧客は、小売業と複数の接点を持つが、顧客の体験は、それぞれのチャネルで異なっている。たとえば扱い商品が同一ではないとか、店舗のサービスは素晴らしいがネットのサイトは複雑で使いにくくイライラする、などだ。また小売業側の顧客理解の広さ・深さも進化している。図の下部に書きこんだように「シングルチャネル」では、個々の店が顧客を理解するにとどまるが、「マルチチャネル」になると、顧客の理解は、部門内で共有される。しかし顧客の体験（得られる情報やサービスレベル）は、チャネルにより個別、つまりマチマチである。

図2　顧客とのコミュニケーション・チャネルの進化

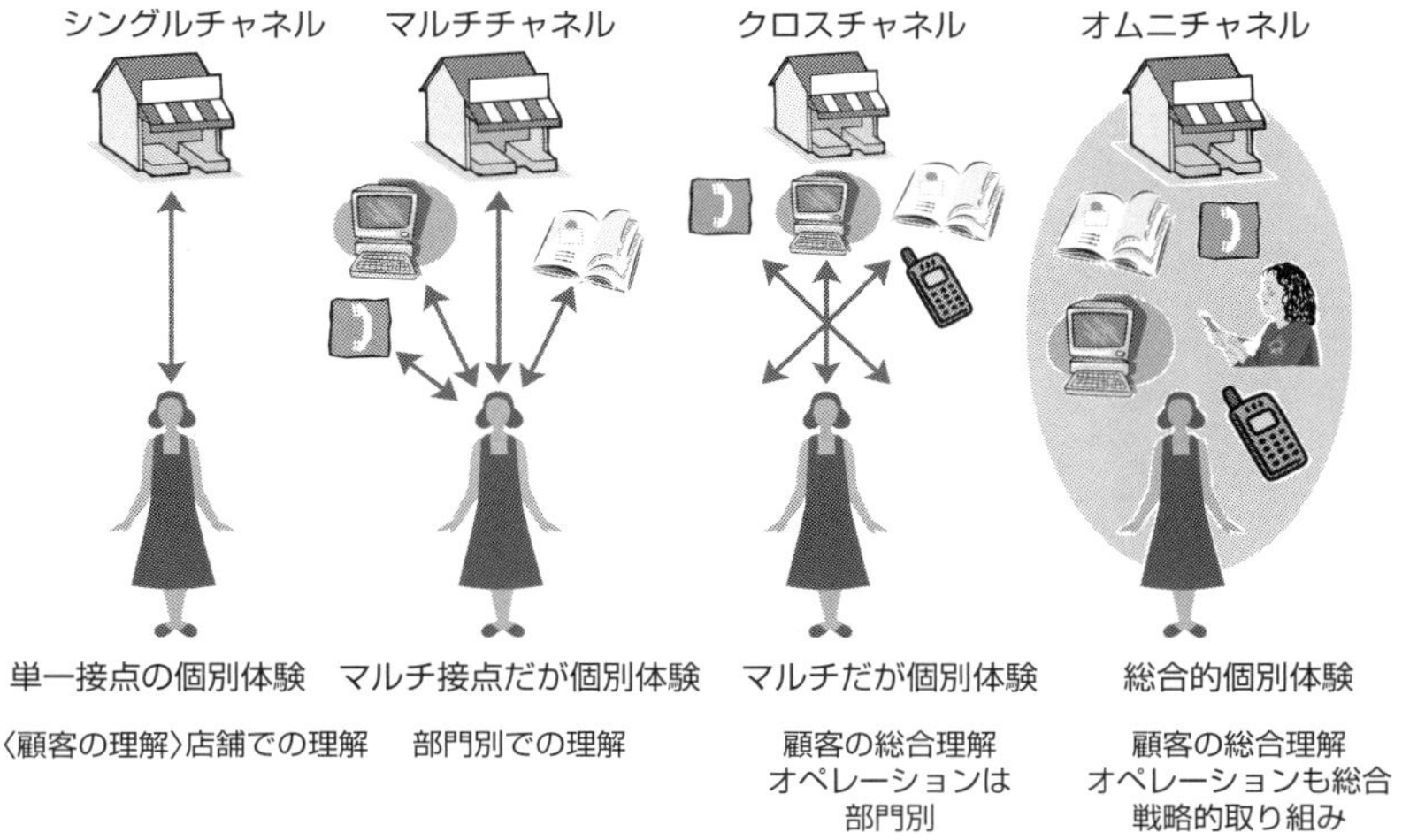

「オムニチャネル」に進化する前の段階として、「クロスチャネル」という概念が米国では登場した。ここでは、ネットで注文したものを店舗でピックアップできる、などのチャネルの交差が可能になる。しかし企業側の顧客理解は、データとしては総合的に把握されるが、オペレーションとしては部門別に別々、という状態にとどまっている。したがって、ここでも消費者(個客)は、マルチチャネルの場合と同じく、チャネルごとに違う体験をしている。ちなみに現在の日本で、オムニチャネルへの取り組みを進めている企業の多くは、この段階にあると言えるだろう。

「オムニチャネル」の段階は、図ではチャネルというよりも〝コミュニケーションの場〟のイメージに描いている。つまり顧客はその〝コミュニケーションの場〟のなかにいて、あらゆる（オムニ）手段を使って自分の目的を達するのだ。ここでは顧客体験は、全てのコミュニケーションや買物手段（チャネル）を通じて、一貫性のある総合的体験を得る。また、企業側は、顧客を、一人の〝個客〟として総合的に理解し、ビジネスのオペレーションも〝個客〟にカスタマイズし、各手段（チャネル）が連動した、総合的なものになる。オムニチャネルでは、個客は、企業の在庫を、チャネルを超えて知ることができたり、自分にカスタマイズされた情報や提案を得ることができる。

オムニチャネル体制を作り上げるには、各事業部門（店舗、ネット販売などの組織）間の壁を取り払うこと、在庫の一元管理、フルフィルメント（受注に対する商品を引き当て、顧客の手に渡るようにする）体制の確立、宅配など、多くの改革と整備が不可欠である。これが整った米国の小売店では、たとえば、顧客が出向いた店に在庫がない場合、対応した販売員が他の店舗の商品を販売し、商品は他の店から直接宅配することも一般的になっている。顧客にとっては非常に便利だ。

「オムニチャネル」実現のステップ

オムニチャネルの実現には、トップのリードのもとに、重要な業務の段階的推進が必要である。たとえば米国のベルク百貨店では5つの段階に分けたロードマップ（行程表）を作成。27か月にわたって、次のように進めているという。

①Eコマース基盤の確立――ネットビジネスの基盤整備

②ＰＯＳの入れ替え――従来のレジスターをモバイルＰＯＳに切り替える
③モバイル対応の拡大――モバイルからの受注・モバイルへの発信の体制を整える
④顧客データの統合――顧客情報の一元管理
⑤在庫の一元管理――全てのチャネル共通に在庫データが確認できるシステム

同社ＣＥＯのトーマス・ベルク氏はこの改革プロジェクトについて「偉大なる挑戦だ。住みながらキッチンを改装するような事業」と述べ、そのスケールの巨大さと実施の複雑さを強調している。

アパレルでオムニチャネルに取り組んでいる企業にＶＦコーポレーションがある。傘下のThe North Faceブランドで取り組んでいる先端技術のＡＩ（人工知能）を活用した顧客との親密な関係づくり（第三部で紹介）もオムニチャネルの一環であるが、ここでは彼らがオムニチャネル・プロジェクトの戦術的部分として挙げている、３つの領域を紹介しよう。

①シームレス体験――顧客が、自分の気に入っている、いかなる方法、いかなる場所、いかなるデバイス（情報機器）を使っても、一貫したブランディングと明確なストーリーが得られる。
②シームレス在庫――顧客および店舗の販売スタッフが、顧客が欲しいものを探せる。そのアイテムが自店にある場合はもちろん、他店にある場合も、ネットにある場合も、あるいは卸チャネルで売られているものであっても、探せる。
③シームレス・データ――オンライン体験のベスト部分を店舗に、また売り場でのリアル体験のベスト部分をオンラインにもたらす。

さらに同ブランドのEコマース・ディレクターが強調するのは、「これらのナイスでニートな考え方と企画の先にある課題は、企業文化だ。成功するか否かを決める本質的要因は、企業文化づくりだ」。さらに「店舗スタッフと本部オフィスの全ての人がオムニチャネルの実現にコミットし、売り上げがどの部に上がるのか、などを気にしないようにならねばいけない」と付け加えている。

「オムニチャネル」は顧客セントリックのビジネス

再度強調するが、重要なことは、オムニチャネルをコマンドするのは企業ではなく、消費者であることだ。企業が中心になってビジネスをリードするのではなく、顧客が、企業や商品に関する情報や商品のなかから選択・購買することでビジネスをリードする、という仕組みである。言い換れば、オムニチャネルは、顧客主導のコミュニケーション、行動方式であるとも言える。

メイシーズのオムニチャネルの定義が、まさしくそのことを、良く言い表わしている。メイシーズCEOのテリー・ラングレン氏がある業界イベントで述べた言葉だ。

「We are not a "department store" any more. We are a "24/7 Macy's".」

つまり「わが社はもはや〝百貨店〟ではない。週7日/24時間営業の〝いつでもどこでもメイシーズ〟だ」。メイシーズが、特定の顧客（ターゲット顧客）を、全ての施策の『真ん中』に置き、戦略、計画、マーチャンダイジング、チャネル運営、そしてメッセージ発信を行っている、というのだ。

オムニチャネルの課題は多い。既存の縦割り組織を越えた、在庫の一元化。顧客にとって一貫した質とレベルの顧客体験の提供、個客にパーソナル化したコミュニケーション、宅配やスピード配達、返品の扱い、これらを実現するための、フルフィルメントや情報システムなどなど。オムニチャネルは一朝一夕に完成するものではなく、戦略的に、資源を投じて取り組まねば達成できないものだ。とくに肥大化した組織を持つ企業、あるいはプッシュのマーケティングによる成功体験が身についてしまった企業にとっては、ビジネスと顧客に対する考え方の１８０度転換と、新しい企業文化の醸成が最大の課題だろう。

キーワードは、**オムニチャネル**、**モバイル**、**ソーシャル**、**「テクノ装備顧客」**、**顧客セントリック**、**パーソナル化**、**カスタム化**、などである。

事例①　メイシーズ百貨店（Macy's Inc.）――個客指向とオムニチャネルで旧態を脱した百貨店

オムニチャネルをコア戦略の１つとして取組み、大転換をとげた百貨店として、メイシーズ百貨店が注目されている。オムニチャネルで成功している大手小売企業には、ノードストロム社も挙げられるが、ノードストロムのオムニチャネル展開については、第三部でとりあげることとし、ここではメイシーの事例を紹介しよう。メイシー社のオムニチャネルは、その売り上げ規模、抜本的改革の大きさが、米国業界に与えたインパクトが大きいからだ。

メイシーは伝統的百貨店であった。１９７０年代後半からすでに、「生きた化石」などと揶揄《やゆ》されてきた百貨店の業界は、日本に20年以上先立って成熟、過剰店舗、業界再編、生き残り戦争に陥った。そのなかで革新的発想と戦略を押し進め、今日の抜きんでたポジションを獲得したメイシーズ社。その根底には「顧客中心主義」があり、オムニチャネル戦略も、ビジネスの〝個客へのフォーカス〟や〝売り場での優れた体験〟などを合わせた、総合的戦略として展開していることに、とくに注目したい。それらはMOM戦略と呼ばれ、後述する、My Macy's（個人化、ローカル化）とOmnichannel、そしてMAGIC Selling（販売スタッフのシステム的能力開発）の3戦略からなっている。

また、強力なブランド・ポジショニングを確立するために、多くの異なる名称で営業していた百貨店を、メイシーとブルーミングデールズの2つに統合した。ディビジョンの再編とやや強引ともいえる名称変更もあったが、そのうえで、巨額を投じてブランディングを達成し、激化する競争のなかで、顧客主導の時代の競争優位への地歩も固めている。

さらに、百貨店のオムニチャネル戦略にとって不可欠な、差別性ある商品政策にも、抜きん出たものを持っている。かねてから注力していたプライベート・ブランド（PB）に加え、プライベート・レイベル（PL）も強化した（PBとは、自社の独自ブランドで全国的広告やマーケティングによりブランドとして確立し、売り場でもブランドとして扱うもの。PLとは、カテゴリーの隙間を埋めるために開発したエクスクルーシブ商品などで独自ラベルを付けたもの、とメイシーズ社は説明している）。これらは、メイシーズの売り上げの40％を占めるという。これは単に商品の差別化で自社の独自性確立を狙うだけでなく、価格比較等が容易になったネット時代に、他社の商品と比較購買されないための有効な手段であることは言うまでもない。

商品の企画や展開でのセレブの起用や2016年のレディ・ガガとエルトン・ジョンとのコラボによるファッションと雑貨のライン展開など、革新的企画も多い。

また台頭するミレニアム顧客にも照準を当て、ニューヨークの旗艦店の地下一階を完全改装し、One Belowと名づけたアスレジャーや3D印刷コーナーなどを設置している。

日本でもオムニチャネルのかけ声が高まっているが、オムニチャネルを成功させるためには、単にシステムとしてそれを構築するだけではなく、顧客との強いきずなの構築と、すぐれた店舗体験、魅力ある商品、そして企業としてのブランディングが不可欠であり、メイシーズ百貨店の事例は、これらに総合的に取り組むことで成功している点で、日本の小売業に多くの示唆を与えてくれる。

●メイシーズ社の概要

同社のMOM戦略に入る前に、企業としてのメイシーズを紹介しよう。

メイシーズは、創業から数えれば約150年の歴史を持つ百貨店で、2015年度の米国売上額が271億ドル（約3兆円）、2016年4月現在、従業員は約15万8000人の、米国最大の百貨店チェーンである。傘下には、メイシーズとブルーミングデールズの名称で約728店舗（2016年8月現在）を米国45州に、海外ではコロンビア、グアム、プエルトリコに展開。他にネット部門としてMacys.com、Bloomingdales.com、Bluemercuey.com、さらに2015年スタートしたアウトレット店Backstageや以前からあるブルーミングデールズ・アウトレットを運営している。2012年には中東のドバイにもライセンス提携でブルーミングデールズを開店した。

企業ビジョンとして同社が掲げるのは、「メイシーズは、全国展開をするオムニチャネル小売業のトップクラスの企業であり、すぐれたアイコン的ブランドにより、卓越した店舗とダイナミックなオンライン・サイトを通じて、顧客にサービスを提供する」ことである。

メイシーズ社が抜本的な企業改革に取り組んだ背景を、百貨店業界の再編の歴史を含めて、見てみよう。1970年代以降、米国小売業界では何度かの大規模な業界再編が起こっているが、とくにファッション小売りの中心であった百貨店の栄光と挫折の歴史は劇的であり、メイシーズ百貨店も、数多くのM&Aや統合を経験した。1988年、同社はFederated買収をめぐって、カナダの不動産会社カンポー社に競り負け、ブルーミングデールズなどの有名百貨店を傘下に持つFederatedはカンポーの手に渡った。その後にFederatedは破産し、1992年に立ち直った後、1994年にはR.H. Macy 社を買収。ここで現在のメイシーズの母体となる巨大百貨店グループのフェデレイテッドが誕生した。歴史に残る業界大再編であった。

その後2005年にフェデレイテッドは、May 社を買収。全国に展開するグループ傘下の百貨店(マーシャルフィールドなど地元に根強いファンを持つ伝統的老舗も多かった)を、メイシーズとブルーミングデールズのいずれかの名前に統一し、全国同一展開の百貨店にすることを開始。一部では、永年の顧客の大反発も受けながらも、2007年には社名をFederated Department Stores, Inc.からMacy's, Inc. に変えて、統合を完了した。現在の会長・社長兼CEOであるテリー・ラングレン氏がそのポストに就任したのは2004年であるが、2007年に東京で開催されたアジア小売業大会で講演した内容が、強く印象に残っている。ラングレン氏は、統合したばかりのメイシーズ社の迫力あるテレビCMを2、3本映写して、「ブランドの統合が実現していなかったら、このようなハリウッド映画レベルの高質コンテンツのCMは制作できなかった。メイシーズの強力な統一ブランド・イメージがこれで確立できる」とその成果を強調したのである。

●My Macy's（マイ・メイシーズ）戦略

コア戦略のMOMのうち、第一の戦略は〝マイ・メイシーズ〟プロジェクト、顧客に対するパーソナル化と地域に対するローカル化、だ。旧フェデレイテッドと旧メイ・グループの百貨店を、Macy's Inc. ののもとに、全店メイシーズまたはブルーミングデールズにしてしまうという大決断を成功させるため、ラングレンCEOは、全米各地に広がる800を超え、気候も顧客構成も異なる各地の店舗や顧客に対して、画一的でなく、きめ細かに対応することが必要不可欠と判断した。2008年に同社は、全国を3部門に統合し、新たなローカル化の試みであるMy Macy's戦略を21地域でスタートさせた。2009年にはその全国展開により、合計69のローカル地域が設定され、各地域や店舗のマーチャンダイジングや店舗運営のローカル化には、ITをフル活用したシステムや高度なデータ分析に基づく対応が行われている。各店舗の品揃えと買い物体験も、顧客の属性（サイズや好みの特徴、購買パターンなど）に合わせて編集された。以前は各店で完結させていた在庫管理は、全店規模の管理に切り換えられた。

顧客に関しては、既存顧客とのより深い関係づくりに照準を当て、個客とのエンゲイジに力を入れることとした。「顧客エンゲイジ」とは、顧客との関係性を一段と深め、顧客との間に心情的にパーソナルな絆を築くことである。これには全社が一丸となって取り組むことが不可欠であり、そのためにラングレンCEOは、「顧客セントリック」すなわち「すべての中心に顧客を置く（Put the customer at the center of everything)」、をスローガンにし、新設したCCO（Chief Customer

Officer ＝顧客最高責任者）のポストを自らが担当して、陣頭指揮に当たった。

顧客対応のパーソナル化（個人化）に関して、同社のトップが２０１２年の米国小売業大会（ＮＲＦ）で講演した際、たとえば同一趣旨のＤＭ（Directmail Book）でも50万バージョン作成し配信する、あるいはＰＯＳで個客対応割引を提示する、などの話に、米国の小売業からも驚きの声が上がったことを、筆者は鮮明に記憶している。ビッグデータ分析などが静かに進められ、すでに個客の把握は進んでいたといえる。

その後さらに、全国60都市で、その地域の顧客の買い物行動を、ファッション商品の生地のウエイト（重さ・軽さ）や色・スタイルで把握して指導する者がおり、さらに商圏としてだけではなく個人レベルの嗜好にまで掘りこみつつあると発表している（２０１４年9月16日付ＷＷＷ紙）。それにより、多量のＥメールを送って顧客を煩わせることなく、その個客が最も興味を持つ情報やオファーを提供する事ができる。

●オムニチャネル戦略の実行

「顧客セントリック」を経営の基本哲学として徹底しようとする同社のオムニチャネル戦略は、顧客との全ての接点をシームレスにつなぐことを目標にしている。

オムニ（＝すべての）チャネル、すなわち、店舗、オンライン、モバイル、ソーシャル・メディア、広告、マーケティング、顧客サービスなどの接点を通じて、顧客が、いつでも、どこでも、好きなやり方で、情報収集やコミュニケーションを行いながら、商品を購入する、快適な手法と環境を提供して、顧客との深い関係を構築することだ。ソーシャル・メディアも早くから手がけ、

２０１０年ですでに、フェイスブックで１２０万人のファンを獲得している。現在では、Twitter、Instagram、Youtube、Pinterest、Macy's Blog なども活用している。

メイシーズ社のオムニチャネル宣言は、２０１２年度アニュアルレポートによく表われている。「われわれは、もはや伝統的な意味での〝百貨店〟ではない。それを超えて動いている。メイシーズのブランドは、今や急速に〝オムニチャネル・ストア〟と呼ぶべきものになっている」。

さらに、オムニチャネルを推進しながらも、年次報告書では店舗の重要性を強調し、「われわれの根幹はリアル店舗にある。顧客が友人や家族と楽しさやアイディアを求めて来店し、商品に触れたり、知識豊富な店のスタッフと交流する場である。これこそわが社のメイシーズとブルーミングデールズが、他のネット専門小売業に対して持っている大きな優位性なのだ」と述べている。

オムニチャネル・リテーリングの基本的考え方は、「今日のベスト顧客は、店舗で買っていただき、自宅からネットでも買っていただき、そしてタブレットやモバイルでも買っていただくお客様」だ。〝かれらの90％は事前にネット検索をしてから来店〟する。〝商品情報の検索やの在庫状況チェックのために店頭とオンラインの間を行き来している〟顧客に、快適ですぐれた体験を提供することが肝要である。

オムニチャネル実行のために不可欠な条件は、顧客データと商品データの整備である。２００９年に本格的にオムニチャネルに取り組んだメイシーズは、それ以前から取り組んでいた顧客管理と商品管理を、全国レベルで一元化する方向に拍車をかけた。先に挙げた顧客とのコミュニケーション手段の開発もふくめ、これらのテクノロジーに関わる投資は膨大なものであり、２０１０年だけでオンライン関連投資は１・６億ドル（設備投資総額8億ドルの20％）に上ったと報道されている。

とくにテクノロジー関連の人的体制は巨大だ。2013年には、ウェブ関連のスタッフは1150人、うち650人がニューヨーク（マンハッタン）に在籍する。2009年2月、国内部門をニューヨークに集結させた際にも、IT関係の300人は、ICTテクノロジー重視企業の象徴としてシリコンバレーに残し、その後も400人の増員をしたという。これらの有能なスタッフが、ソーシャル・メディア、ビッグデータ分析、AIなどの高度な分析に取り組むベースとなっている。

メイシーズ百貨店がオムニチャネルを成功させるために取り組んでいる具体的なシステムや手法をいくつか挙げよう。とくにモバイルが顧客の重要な、コミュニケーションと行動の手段になっていることを踏まえ、モバイル関連のテクノロジーや多様なアプリの開発が進んでいる。

＊売り場でのモバイル機器の活用――顧客体験の向上のために販売スタッフが携帯。

2012年秋大改装をしたマンハッタン旗艦店の靴売り場（4000㎡）でスタート。レジ機能をそなえたiPadを販売スタッフが使用し、顧客の傍を離れることなく商品詳細確認やレジ処理もできる。商品には無線タグ（RFID、いわゆるICタグ）を付け、在庫確認も容易にしている。

＊ビーコン技術の活用――モバイル顧客に、最新のプロモーションや「お得情報」を提供。

モバイル顧客の接近を感知し、店舗のなかでも至近の売り場の特別情報を発信する。Shopkick社のShopBeacon（モバイル位置技術）と連携し、2013年にニューヨークとサンフランシスコの旗艦店でテスト。2014年秋以降、多くの売り場で展開した。顧客はよりパーソナル化されたプロモーションや割引、レコメン、リワード（報酬）を得ることができる。

＊新モバイル支払いシステム――メイシー、ブルーミングデイルズともに、2014年秋に、アップルペイの利用を開始。また新しい〝モバイル財布〟は多様な機能をもち、顧客が各種のプロモーショ

ン（割引やお得キャンペーンなど）やクーポンにモバイルでのアクセスを可能にしている。

＊店舗からの配送――店舗を配送センターにする。

２０１１年から一部の店舗でスタートし、現在では全ての店舗に拡大。販売スタッフが、ネット在庫あるいは他店の在庫商品も販売できるようにし、顧客の要請により自店舗レジで発注。ピッキングは、店舗の販売スタッフが行う（専任スタッフ配置を試みたが、販売スタッフのほうが、商品を知っている、場所が分かる、などの理由で効率が良い）。オンライン在庫あるいは他店舗からの出荷実績は、２０１２年1月時点で、すでにオンライン購入の約10％が、店舗からデリバリーされたという。

＊ＲＦＩＤ（電子タグ、日本でいうＩＣタグ）の推進――在庫管理の精度向上のため。

ＲＦＩＤは、全体的な在庫管理のほか、とくに〝最後の一点〟を販売するのに貢献している。在庫をアイテムとロケーションで見ることができることからP2LU（Pick to the Last Unit）のプログラムにより、10億ドルの在庫を減らすことができたという（ＷＷＤ２０１6年1月22日）。一般に小売業は、最後の一点は在庫管理の精度に自信がないため引き当てしないが、店舗を倉庫扱いにしたメイシーでは、これが可能になった。

＊その他の試み

クリック&コレクト（Click & Collect）――ネットで発注したものを指定の店舗でピックアップ。２０１３年開始し、全ての店舗に拡大した。　この種の売り上げは最高だ、と幹部は考えている。「顧客は来店前に購入を決めていて、店のどの売り場に行けばいいかも知っている。そこに行くとほとんどの場合、追加の買い物をしてくれる。もともとの買い物価格の１２５％を使ってくれることが分かった。宅配の手配も料金不要だ。」という。

ショールーミング――まだテスト段階だが、水着でトライしている。売り場にはサンプルのみ提示、顧客はスマホで欲しいサイズなどを要求。試着室にはシュートで商品が送りこまれるので、外に出ることなく試着を続けられる。スタートアップのホインター社との協業だ。

即日配達――アマゾンの、「翌日」、「即日」あるいは「一時間」配達は、小売業に大きなインパクトを与えおり、それに対抗すべく、同日配達を開始。２０１４年９月では、メイシーズとブルーミングデールズの50店舗およびウェブサイトでの買い物が対象。配達地域は限定されるが、配達は、クラウド・ベースの全国配達ネットワークであるDelivを起用している。

店内キヨスクの設置――店内に、顧客が自ら操作できるタッチパネルの端末を設置。顧客が自ら、商品の情報や使い方、自分に合わせたパーソナルな提案などを見られるようにしている。店頭でのショッピングがオンライン体験と似たものになるよう、つまりネット操作に慣れた顧客が、店舗でも自分の好きなように情報を引き出し購買を決定できるように、との狙いだ。

スマート試着室の設置――試着室の壁に取り付けられたタブレット

ブルーミングデールズが、２０１４年から一部の店舗で展開。販売員と顧客が、商品をスキャンし、さらなる情報を得たりできる。販売員を呼ぶこともできる。テクノロジーは在庫確認と「ルックづくり」に有効。店舗の優位性を、テクノロジーで支援する手法の1つだ。

画像検索「Macy's Image Search」の開発――服をイメージにより検索する新テクノロジーをサンフランシスコにあるIdea Labで開発。顧客が気に入った服（たとえば他人が着ている）の画像をアプリを使って検索し、メイシーで扱う類似の商品を見つけるシステム。

オムニチャネル戦略はいまや、店持ち小売業にとって成長の重要なドライバーとなっているが、すぐに効果が出るものではない。またオムニチャネル・リテーリングのための仕組みは、ネットやデジタル技術活用だけでは達成できない。顧客を起点とする優れた商品の感度とマーチャンダイジング、店舗の優れた運営、がうまく連動することが不可欠である。またそのための、組織の再編、「顧客セントリック」の企業文化を醸成すること。さらにCMO(Chief Marketing Officer)とCIO(Chief Information Officer)の関係が、従来のCIO上位から、同じレベルの企業トップとして、互いに連携を取って戦略に実行に当たることが重要だ。そして、絶えず革新に取り組み、PDCAサイクルを回してゆくことが不可欠である。

●MAGIC Selling（マジック・セリング戦略）

オムニチャネルの成功のためには、店舗での顧客体験が優れたものであることが欠かせない。そのためにメイシーズ百貨店が推進しているのが、〝マジック・セリング〟プロジェクトである。これは販売スタッフのシステム的能力開発で、MAGICは、5つの能力の頭文字を取ったものだ。すなわち、Meet（Meet and Make the Connection＝お客様にお会いして、快適なつながりを作る)、Ask（Ask Questions and Listen＝お客様に適切な質問をし、その話に耳を傾ける)、Give（Give Options, Give Advices＝お客様に選択肢を提示し、ヘルプやアドバイスを差し上げる)、Inspire（Inspire to Buy and Sell More＝買いたい気持ちになるようインスパイアし、たくさん買っていただく)、Celebrate（Celebrate the Purchase＝お買い上げいただいたことを祝福する）である。

米国百貨店のサービス、とくに販売員の態度や不親切な接客は、日本人訪問者に長年不評を買っていたものだ。その最たる百貨店としてよく話題になったメイシーズが、この顧客対応と販売能力開発プロジェクトで大きく変わったことは、評価に値する。Magic Sellingは、顧客エンゲイジにも売り上げアップにも、大きく貢献していると聞く。

以上、メイシーズ社が、従来の百貨店を超えた新しいコンセプトと、独自の戦略によって、オムニチャネル・リテーリングという新しい時代の小売りビジネスを確立しつつある事例を紹介した。今日の、スマホの便利さを〝ウーバー〟などで体験し、それが当たり前となった顧客にとって、オムニチャネルとは、「欲しいものがすぐに見つかり」、「買う気になればすぐ手に入る」こと。そしてそれが、様々な手段（チャネル）を自由に移動しながら、いらつかない快適な体験で達成できることである。

百貨店の生き残りをかけたメイシー百貨店のオムニチャネルへの挑戦は、今後とも多くの課題と闘うものになるだろう。メイシー社のラングレンCEOは10年前、ネットビジネスへの巨額投資を懸念する声を振り切って「われわれがやらねば、だれかがやる」と断行したと、２０１６年のNRF大会で語った。

これまで、本章視点4で見てきたように、全社を挙げて革新の努力を積み重ねているメイシー社といえども、成功への道は決して容易ではあるまい。

視点5　企業活動は「利益追求」から「社会貢献」「社会的問題の解決」へ

ビジネス活動は「利益を上げる」だけではなく、「世の中のためになる」ことを両立させるのが、新パラダイムの考え方だ。「事業活動により、人を雇用し、適切な商品やサービスを提供し、利益を上げて、税金を払う」。これまでは、これで企業の役目は終わっていた。そのうえで、利益から、あるいは売り上げから一定額を寄付したり、社員がボランティア活動などをする企業は「優れた企業」と見なされてきた。

しかしこれからは、事業そのものが「良い事業」であることはもちろん、「それが世の中のためになる」ことが重要な時代になる。

社会に存在する問題の解決を、利潤追求を旨とする大手企業が真っ向から取り組み大きなインパクトを与えたのは、米国のウォルマートであった。２００６年11月、電球型のＬＥＤ製品を開発し、1年半で1億９０００万個の家庭用電球を販売したが、これは消費者にとって６０００億円以上の電気代の、また企業にとって火力発電所3基分の電力節約に貢献、という実績を上げた。当時のウォルマートＣＥＯのリー・スコット氏はまた、２００８年の米国小売業大会（ＮＲＦ）の基調講演で「サステイナビリティ」の重要性を強調し、ウォルマートが同社のスローガンである〝Save Money, Live Better〟（節約をして、よりよい生活を）のもとに展開している「成人病治療用のジェネリック薬」を紹介。成人病治療に「店頭で（つまり医者の処方箋なしに）」しかも「4ドルという安価」

で薬を提供できるようにした事業の意義を強調した。このプロジェクトの実現は、医療制度や各種の規制に風穴をあける行政や政治との戦いの成果でもあった。国民保険制度のない米国では、高額な健康保険をかけられない人が多い。したがって医者の処方が必要な薬を自前で購入することは、低所得層には不可能に近かった。スコットCEOは、「この事業によりアメリカの医薬品業界と医療サービスのあり方を、根本的に変革した」と述べている。

ファッションの世界では、どのような社会的問題、あるいは生活者の個人的問題があるだろうか？社会的問題の最たるものは、第2章でのべたエシカル（倫理）に絡む、人道的問題とエコロジーの問題である。人道的な視点で、貧困や過酷労働を強いられている人が自立できるビジネスの開発。あるいは地球環境に負荷をかける、つまりダメージを与える活動を必要最低限にする動きについては一部の事例も、紹介した。

レンタルやシェアリングも、資源の有効活用という、社会的な活動である。レント・ザ・ランウェイの事例を冒頭に紹介したが、米国ではミレニアル世代を筆頭に、シェアリング実行者が増えている。生活のシンプル化に始まったミニマリズムやシェアリングは、いまやソーシャル化し、一過性ではなく継続発展の勢いだ。シェアリングの支持は、「お金の節約もあるが、過剰商品への危惧、コミュニティ／サステイナビリティ志向、が強い」ことをニールセンの調査結果は示している。服には限らないが、「プロシューマー（自ら制作し消費する人）の75%がシェアリングをしている」という結果も出たという。

品質の良いものを、長く丁寧に使用する動きも、欧米では顕著だ。そのために、一枚で色々な着方ができる服のデザインや、リメイクがしやすい構造やデザインにしてあるもの。あるいは虫に食われたセーターなどを補修するオシャレなキットが開発されたりしているが、これも生活者の問題解決、という社会的役割を果たしている。

ユニバーサル・デザインも、社会に役立つ重要な領域だ。身体的にハンディキャップのある人、あるいは障害がなくても身体が動きにくくなった高齢者のために心を用いたデザインや縫製は、健常者顧客も含めた意義のある事業である。そもそも日本のファッションで非常に問題なのは、「標準型」体型の女性にはおしゃれな服の選択肢が多いが、「体型が標準ではない」顧客むけのファッション商品が少ないことだ。これを社会問題と言えるかどうかは個人の判断だが、そもそもいまどき、「標準」という考え方がおかしい。ましてや「標準サイズ」でないものを「イレギュラー・サイズ」などと呼ぶのは日本だけだ。企業の顧客は「個客の集合体」であり、「個客」はその名の通り、体型も好みもお財布の中身も、多様なのだ。この「個客」に真剣に向かい合い、無駄なく「これが欲しかった」といわれるものを提供するのが、これからのＦＢの責任であろう。

ファッションの社会的役割をフル活用した事例に、ドレス・フォー・サクセス・ワールドワイド（Dress for Success Worldwide 略称ＤＳＷ）がある。ニューヨークに本部を持つ、「就職面接に適切なスーツを持っていない人を支援する」ＮＰＯである。経済的に困窮する女性は仕事に就いて収入を得たい。しかし、面接をパスするための、職業人として適切な衣服を買うお金がない。このジレンマ状態にある女性に、面接用スーツとコーディネートした靴やバッグを貸し出し、化粧や面接の指南もして、無事仕事を獲得させる。さらに就職後も1週間を限度に、職場へ着てゆく衣服を貸し出してくれる。衣服は寄付によるもので、運営資金は個人や企業、団体からの寄付と自らのファンド・レイジングによって賄っている、世界75都市に展開する団体である。

また、ファッションは「モノ」よりも「体験」の時代に入りつつあることを利用し、ファッションによるセラピー（心理的治療）やSelf Esteem（自分に対する誇り）づくりも社会的価値を持つだろう。寝たきりの病人が、髪をきれいに整えたり、化粧を施したりしてあげると、生気が出て元気になる、という実験結果もある。最貧国支援ばかりでなく、成熟国での社会的活動だ。コンシャス（人や社会への思いやり）あるFBの新しい活動が、社会を変え、企業を変える時代に入っていると考えることで、広がる世界は大きい。

ファッションがオシャレであり、自己主張、あるいはコミュニケーションの手段であることをフル活用したユニークな会社もある。オシャレなロゴいりTシャツを製造販売する「Life is Good」を事例として取り上げたい。

キーワードは、**ソーシャル・エンタープライズ**、**コンシャス**、**コミュニティ**、**コネクテッド**、**エシカル**、**トラスト**、**サステイナビリティ**、**アップサイクル**、などである。

事例① ライフ・イズ・グッド（Life is Good）

ライフ・イズ・グッドは、「小売りは、エンタテイメントであり、教育であり、社会的役割を担っている」をモットーとする会社だ。1994年に米国ニューイングランドで、バートとジョンという2人のジェイコブス兄弟が〝楽観主義的Tシャツ〟の販売会社として創業した。「アパレルやアクセサリーの販売で、前向き思考を推進する」ことをねらってである。

その後の発展で、現在ではTシャツやキャップ（帽子）などの雑貨を含む14カテゴリーで900以上のアイテムを扱う会社になった。そもそもはトラックによる行商からスタートしたが、現在は、オンラインおよび30か国に広がる4500の小売店を通じて販売している。売り上げは1億ドルを越え、利益の10％は恵まれない人たちのために寄付をする。

2014年1月に開催されたNRF大会（米国小売業協会の年次イベント）では、創業者のバート・ジェイコブスが基調講演者の一人に選ばれ、「〝楽観主義〟、〝思いやり〟、〝喜び〟、がブランドを成長させる」のテーマで講演した。Life is Good の信条である「人生はいいものだ」で1500人を超える聴衆を魅了した。

●設立経緯とビジネスのコンセプト

ライフ・イズ・グッドのビジネス・コンセプトが生まれたきっかけには、非常に興味深いものがある。バート・ジェイコブス氏は、ヴィラノバ大学を1987年に卒業。その2年後に、Tシャツをトラックで巡回販売する会社をスタートさせたが、なかなかうまくいかない。そして疲れ果てながら、弟のジョンと考えた。「なぜ、メディアは、うまくいってないことだけを取り上げ、うまくいっていることは取り上げないのか？　そのネガティブ（否定的）エネルギーの影響はどのようなものなのか？」さらに「ポジティブ（肯定的・前向き）なエネルギーだけを伝播するブランドをクリエートできないものか？」」。その時、部屋の壁に貼ってあった落書き的な絵、ベレー帽をきた笑顔のイラストに心を打たれ、ひらめきを得た。そしてビジネスの経験もないまま、このイラスト画を「Jake のスマイル」と名付け、そこに Life is Good の３語を、絵心のある弟が描き加えたTシャツをつくった。たった78ドルの資金で始めたビジネスだ。

「Jake のスマイル」（巻頭カラー１ページ参照）はライフ・イズ・グッドのアイコンとなり、「人にいい気分を伝播するスマイルを持ったジェイク」としてビジネスの核となった。初期の段階からトラックで巡回販売をしていたが、やがて地域のユニークなイベントに参画したり、新規にクリエイティブなアイディアのイベントを企画・開催して各地を巡回。そしてそれぞれの土地で趣旨に賛同するボランティアを巻き込み、多くの人を動員し、メッセージの伝播と、ファンド・レイジング（寄付金集め）を成功させている。

ファンド・レイジングのイベントで最も話題になったものに、２００６年ボストン・コモンでの「かぼちゃ彫刻」がある。ハロウイーンでおなじみの、オレンジ色に熟したかぼちゃを、何万個もあつめたイベントで、一か所に集められたかぼちゃの数で、ギネスの世界記録を更新し、10万ドルの寄付を集めたという。

ＮＲＦ大会で講演したバート・ジェイコブス氏のプレゼンテーションには、人を鼓舞・鼓吹する強烈なパワーとインスピレーションがあった。企業経営者というよりは、まさしく「Life is Good（人生はいいものだ）」の伝道師とみえた。テーマの「〝楽観主義〟、〝思いやり〟、〝喜び〟――適切なマインドを売ることが、いかにブランドを成長させるか」を熱っぽく語る様は、バート流のブランド論でもあり、また、未来を示唆する「ソーシャル・ビジネス」の実践例である。ビジネスは、「金儲け」だけではなく、「社会のためになる、人のためになる、人がそれにより成長し幸せになる」ものでなければならない、という同社の考え方だ。これは、NRF大会ではすでに2012年以来、〝意識ある資本主義〟などのテーマで、ホールフーズ（オーガニック食材を扱うグロッサリー小売業）やスターバックスの創業者が、熱っぽく語った新しい企業理念である〝ソーシャル（社会的役割）〟重視につながる。

●ライフ・イズ・グッドのメッセージ

Tシャツに描かれたメッセージの例を挙げよう。メッセージはすべて、前向きで楽天的、楽しくなる、元気が出る、といった人の生き方に関わるものだ。

「子供は偉大なる楽観論者」「楽観的でなければ、革新的なことはできない」「良い価値観は伝染する」「一人ではできない。Stick Together!（みんなくっつけ）」「簡素化せよ！」「祝福せよ。Celebrate!」「仕事と遊びの境界線を消せ！」。なかでも筆者がとくに気に入っているものは、「〝テイク〟する者は、〝食〟には困らないかも。しかし、〝ギブ〟する者は、よく寝られる」。

ライフ・イズ・グッドの社会貢献は、彼らの信条、すなわち「子供が、究極のインスピレーション源」にもとづき、子供を対象に行われている。全国のフェスティバル・イベントで生みだした資金の100%、またライフ・イズ・グッドの商品の販売で得た利益の10%がハンディキャップのある子供の基金に提供されており、最近では、この考え方に賛同する企業との連携も拡大し、コーヒーチェーンの大手やカード・文房具のホールマーク社もグループに入った。

バート・ジェイコブスCEOは、自らを、CEO＝Chief Executive Optimist（楽観主義最高責任者）と呼び、〝楽観主義が、あなたを望む場所に導く〟をスローガンに、全てクチコミ、広告なしで4500の小売業、30か国への販売を推進している。

●伝道師としてのバート・ジェイコブス社長のプレゼンテーション

NRF大会で、〝Champion of Optimism〟（楽観主義のチャンピオン）と大きく描かれたTシャツにジーンズというカジュアルなスタイルで、フリスビーを片手に壇上に上がったジェイコブス氏が強調したのは「子供は楽天的。〝悲観的な人〟が革新的になったり、殻を打ち破ることはできない！」だった。そして、1500人を超える聴衆に対して、講演の間、強調したいメッセージがあるたびに、〝○○はスーパーパワーだ！　高く飛べ！〟と唱え、フリスビーを客席の最後部へ向けて投げる。それを、講演に鼓吹されて興奮気味の聴衆が、飛び上がってわれがちに捕まえようとする光景は、感動的であった。たとえば、

Fun is SUPER POWER! Let it fly!（楽しさは、スーパーパワーだ！　高く飛べ！）
Love is SUPER POWER! Let it fly!（愛は、スーパーパワーだ！　高く飛べ！）
Courage is SUPER POWER! Let it fly!（勇気は、スーパーパワーだ！　高く飛べ！）

その言葉は、Authenticity（信頼、真正）は……Compashion（情け、慈悲心）は……と、止まるところがなかった（巻頭カラー1ページ参照。ステージからフリスビーを飛ばすジェイコブス氏）。「〝物を売る〟のが小売業であった時代は終わった――小売りは、エンタテイメントであり、教育であり、人を成長させる社会的役割をもっている。」のジェイコブ氏のメッセージは、まさしく小売りビジネスの新しい時代の到来と、価値創造の新たな領域を、示唆するものである。

第二部

FBにおける「新たな価値創造」

FBは価値創造ビジネス

ファッションはビジネスである。そしてそのビジネスの核になるのは「新しい価値」だ。それではこれからの時代に、何がビジネスの、また顧客（生活者）を動機づけるエンジン、あるいは「新しい価値」になるのか？

第二部では、「FBにおける、新たな価値の創造」について考えたい。

FBは「価値創造」のビジネスである。とくに、これまでの「流行のトレンド」を価値とし、これを捉え、他社より早くそれを商品化し、より多くの利益を得て売り切るというビジネスが壁にぶつかっているならば、私たちはどのような考え方で「新しい価値」の創造に取り組めばよいのか？

第1章では、まず、日本におけるFBでの「価値創造」の変遷をみることにより、このビジネスがどのような方向をめざして変化しているかを考える。

第2章では「ファッションとは何か」を改めて考えてみたい。

第3章は、ファッションの新しい発展領域あるいは価値創造の領域はどこにあるのかを、筆者が考えるこれからのファッションを牽引する3つの力として説明したい。

第1章　ＦＢでの価値創造の変遷と新たな方向

この章では、ファッション産業全体の視点から「価値創造」を考え、その変遷を振り返ると同時に、いまどのような段階に来ているのか。そしてどのような方向に進もうとしているのかを、確認したい。それによりわれわれが直面する「これまでとは違う価値創造」がどのようなものであり、それを達成するには、何が必要なのかを考えたい。

ＦＢが、衣服とかハンドバッグや靴などの身に着けるものを製造し販売することで利益を上げ、産業として発展して来たのは、その活動が、それぞれの時代の消費者（生活者）が求める「新たな価値の創造」を行うことに成功してきたからである。いま、そのビジネスがうまくいかなくなってきたのは、今日の生活者が求める価値を提供できていないからにほかならない。競争が激しくなったとか、海外からの日本市場参入が増えているため利幅が少なくなった、などの環境変化は確かにあるが、基本的に、顧客の期待、とくに成熟し物量だけでは満足できないレベルに達している顧客の期待に、応えることができていないのだ。

1．FBにおいて「価値創造」はどう進化してきたか

既製服の誕生から、それがFBとして成熟し、今日に至る「価値創造」の過程を表に作成したのが、図3（110ページ）である。

図は、変遷を分かりやすくするため、縦軸をあえて10年刻みで区切り、それぞれの段階で、価値創造の主要プレイヤーがどのように入れ替わってきたかを示した。横軸にはFBを取り巻く環境を「産業の背景」として、社会的・経済的背景や技術の進展の特記すべきものを挙げている。縦・横が交差する欄には、その時代に「創造された価値」の象徴的なものを表記した。この「創造された価値」は、登場した時には「新しい価値」（新しい付加価値）として注目されるが、まもなく「当たり前の価値」になってしまう。逆に言えば、「当たり前」として定着し、次なる「新たな価値」にステージを譲る、あるいはその土台になるのである。

図によって、各ステージで「創造された価値」を見てみよう。

第1の1960年代で「創造された価値」は「オシャレな既製服」であった。「高度経済成長と生活のゆとり」を産業背景として、戦後の荒廃から立ち直った環境で少しばかり余裕が出てきた人々に対して、それまでは家庭洋裁か洋装店でのお仕立てでしか手に入らなかった「オシャレな服」が既製品として登場したのである。その主たるプレイヤーは、製造業であった。とくに初期段階では、最先端のニッティング機械が欧米から輸入されたこともあり、ニット・メーカーの貢献が大きかっ

た。ニットは伸縮性を持つため、サイズが未確立の段階での既製服として重宝されたからでもある。

第2の1970年代は、FBの概念が1968年に紹介されたことをきっかけに、FBが急成長する時期である。ここでは、アパレル流通業（いわゆるアパレル企業、アパレル製造卸とも言われる）が価値創造の主導者となった。彼らは欧米で成功しているブランドをライセンス契約などで取り込み、ビジネスの先端手法も含めて導入し、「流行」という新たな価値を生み出し、さらにそれを増幅するビジネスで一時代を画した。

第3の1980年代には、デザイナーなどの個性的企業が創造力とブランドをアッピールするビジネスを開発し、デザイナー・ブランドやキャラクター・ブランドが多様に展開する時代をつくった。ここでの新たな価値創造は、「ブランド」の「個性」がもつ訴求力により、流行現象の拡大に貢献したと言える。

第4の1990年代は、80年代後半の円高による輸入品ブームの後、不動産バブルの崩壊で不況期に突入したことから、「価格破壊」などと呼ばれる「安値志向、安値の徹底」の時代であった。ここで創造された価値は、「価値ある価格」。主たるプレイヤーは、企画・生産・販売の垂直化を進めたいわゆるSPA（垂直型製造小売業）である。サプライチェーンの合理化・効率化によるコストダウンが主流となった。

2000年代に入ると、価値創造の質と主たるプレイヤーが、大きく変化する。その理由は、まず「創造される価値」がだれの目にも分かりやすい「既製服」とか「流行」「ブランド」「価格」といったものでなく、「利便性」や「体験」「感情」といった個人的要素が大きなものになったことである。またインターネットの普及により成長したネット・ビジネスは、顧客、それも個客が自分の意思で検索し、情報を集め、自分の好みやニーズに合うものを探して、自らクリックすることで購入することを可能にした。当初は戸惑った、あるいは完成度の低いサイトでイライラした人も多かったが、時とともにそれが如何に便利で効率的であるかを実感するようになった。

２０００年代の、新たな価値創造の中心的プレイヤーは、こういった観点から、ネット企業とラグジュアリー企業であったといえる。そして創造された新たな価値は「利便性」と「体験」である。ラグジュアリー・ビジネスは、80年代半ばの円高以来の相対的価格ダウンとその後のラグジュアリー企業の強力なグローバル戦略により、成熟市場の生活者とくに富裕層を中心に、大きく拡大し

バブル崩壊と流通革新	ネット普及 グローバル化	デジタル ソーシャル モバイル	
→	→	→	企業（売り手）の論理
→	→	→	
（→定着）	→	→	
価値ある価格	（→定着）	→	
	利便性／体験	（→定着）	個客（買い手）の論理
		社会善／感情	

（尾原蓉子執筆）2008 年 12 月 28 日付に加筆

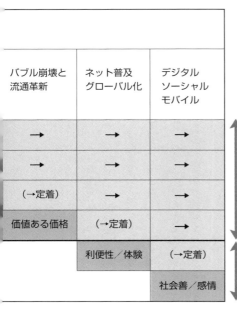

図３　ファッション・ビジネスにおける価値創造の進化

～高度化する消費者のニーズと主要プレイヤーの変化～

		産業の背景と創造された価値		
年　代	価値創造の主要プレイヤー	高度経済成長 生活にゆとり	ファッション 市場の急拡大	日本人デザイナー 円高、個性化
1960 年代	製造業	おしゃれな既製服	（→定着）	→
1970 年代	アパレル流通業		流　行	（→定着）
1980 年代	デザイナー／ブランド企業			ブランド／個性
1990 年代	垂直型（製造小売業）			
2000 年代	ネット／ラグジュアリー企業			
2010 年代	生活者／社会意識企業			

日本経済新聞「経済教室」

た。２００８年のリーマンショックでその勢いは衰えたとはいえ、ラグジュアリーと呼ばれる製品がもつ優れた職人芸や感性、あるいは歴史や伝統の物語は、これに触れた人々に「新たな体験」をもたらし、それは心の内に持続する価値となった。このステージでは海外からのファスト・ファッションの日本上陸も、安価なファッションと利便性で拡大した。

　そして現在進行中の２０１０年代の「新しい価値創造」の中心は「社

会に対する善」と「エモーション＝感情・心情」にあると筆者は考えている。社会・経済環境としては、テクノロジーの爆発的発展、すなわちソーシャル・メディアやモバイルの普及、あらゆる面でのデジタル化の進展、ビッグデータの活用や、ロボットやＡＩやＡＲ、３Ｄ印刷などのテクノロジーが、新しい未知の世界を拓きつつある時代だ。しかしここで明確なことは、人は、これまで以上に人間らしい生活・生涯を送りたいと望んでおり、社会の一員として人のため、あるいはコミュニティのために役立ちたいと考えるようになっていることだ。世の中に役に立つことで得られる心の満足や喜びの感情。そういったものを価値として創造あるいはシェア（共有）させてくれる「モノ」や「コト」（活動や行動）、あるいは「理念」や「コーズ（cause）＝社会や環境などに貢献する大義や信念」などが新たな価値の源泉になる。コミュニティは、こういった価値観や心情を共有できる場として非常に重要になっている。

ここでの価値創造の主たるプレイヤーは、「生活者」と「社会意識の強い企業」だ。「生活者」はすでに２０００年代のインターネットの普及とネット利用の購買により、主体性を持ち始めていた。それが２０１０年代には、自らが製品の作り手や売り手になり、自らサイトを運営したり既存のプラットフォームを活用して、ＣtoＣ（個人から消費者向けの販売）やＣtoＢ（個人から企業向けの販売）等を手がけるようになった。これらの生活者が生み出す価値は、それまでになかったもので、それぞれが「自分が欲しい」あるいは「自分が不便を感じている」という草の根的ニーズやウォンツあるいはフラストレーションに根差すものである。

「社会意識の強い企業」とは、単なる利潤追求だけではなく、企業の社会的責任を全うするべく、エコロジーやエシカル（人道的、倫理的）課題に取り組み、社会をより良いものにする努力をする企業。善意とポジティブな姿勢を持って、社会の問題解決に取り組み、社会的価値を生み出す企業だ。

この「価値創造の進化」のチャートで強調したい点が2つある。第1は、価値創造の場が、産業構造的にみると、いわゆる川上から川下、具体的には製造業から小売業、さらには小売業と生活者との接点および生活者自身に移動していることだ。

第2には、ビジネスが、企業（売り手）の論理で展開されるものから、個客（買い手）の論理で進められるものに転換したことである。この転換は、20世紀から21世紀に移行する時期を挟んで進んだと考えられる。「個客（買い手）の論理」とは、個客が、その人の価値観や好みで評価や判断をするということである。そこでは買い物に絡む体験（情報収集や買い物、プロセスの快適さ、接客やアドバイス、購入・着用の体験の満足感）、その会社やブランドに対する信頼なども、自分の理屈・尺度で評価する対象になる。

言い換えれば、「価値を決定するのは、企業側ではなく、生活者、すなわち個客」だということだ。企業が「あらかじめ企画した（盛り込んだ）」と考える「付加価値」は、個客がそれと認めて初めて「価値になる」。しかし、企業がどんなに商品企画や開発・生産に注力しても、極度に成熟し多様化している個客のニーズに完全に応えることは、困難であり非効率になってきている。他方、個客は、自分の価値観や判断基準を持つようになったばかりか、インターネットや各種テクノロジーが提供する新たな手段を使って、自ら主体性を持って情報収集や自分のニーズや好みの発信を行い、必要なものをピンポイントで見つけて購入することができるようになった。それをうまく運営するほうが、無駄が少なく効果的だという時代に入ったのだ。

これはまさしく、パラダイムの転換である。

2. マズローの欲求段階論とファッションの価値創造

ＦＢの発展と人々の欲求の変化との関係は、非常に興味深い。米国の心理学者で経営領域も深く洞察していたアブラハム・マズローの「欲求段階説」は非常に示唆に富むものである。よく知られている「欲求の5段階説」は、図4、5（115、116ページ）に見るように、人間の欲求は生活レベルの上昇とともに、段階的に上がっていくとするものだ。これは人と社会の発展で考えてもいいし、また戦後日本が荒廃のなかから立ち上がって段々に豊かになるにつれ発展していった欲求の階段と考えてもいい。またひとりの個人の成長と発展の段階に照らして考えることもできる。

第1段階の「生理的欲求」とは、人間の本能的欲求、肉体的欲求で、水や食べ物、雨風を避け暖がとれる場所などの、生存に不可欠の欲求である。

第2段階は「安全の欲求」で、本能的・肉体的欲求が満たされると次に求める、生命を脅かす危険を回避する欲求である。

第3段階は、より社会的な欲求である「所属と愛の欲求」。仕事仲間や家族など周りのグループに所属する、あるいは受け入れられることへの欲求だ。安全が確保できると自分以外に目を向ける

図４　「マズロー欲求５段階論」—個性的生活者は「自己実現」へ

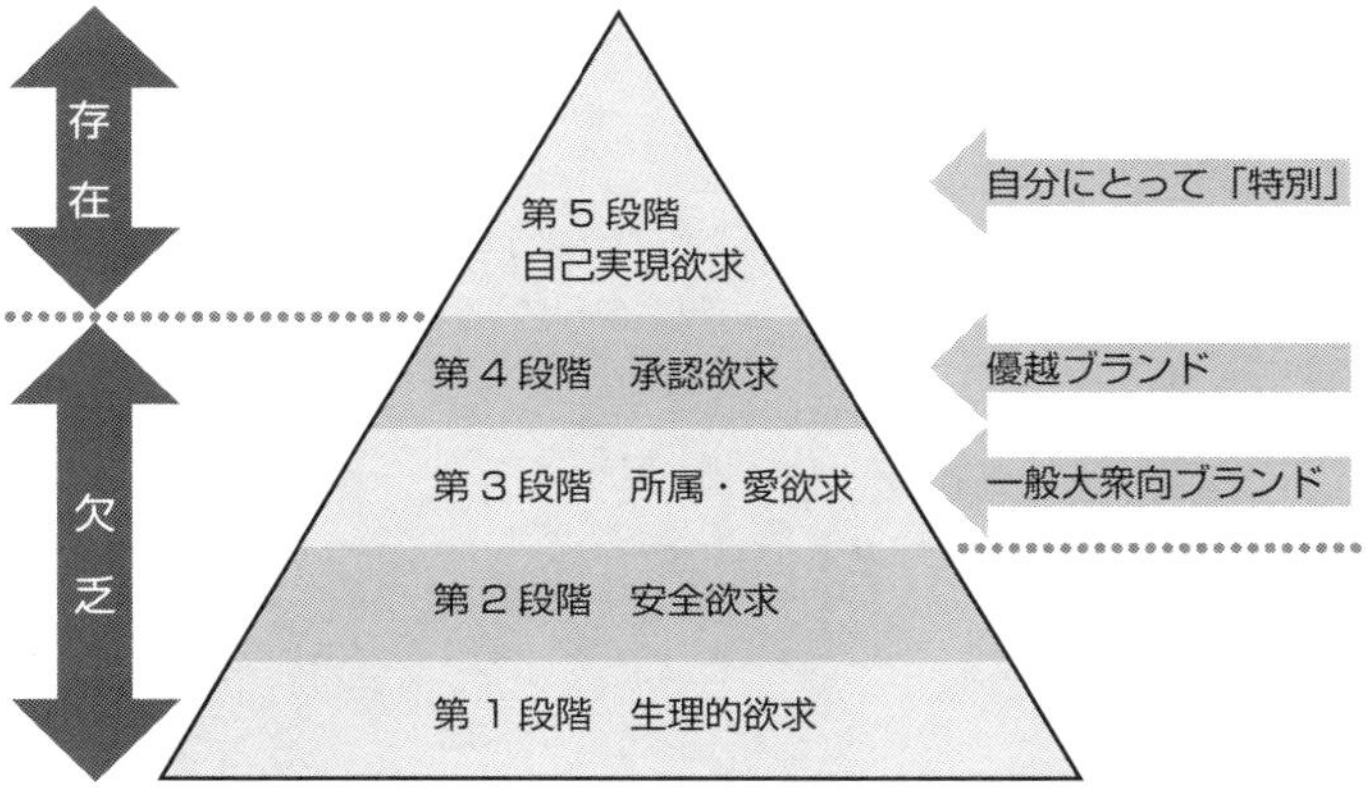

（マズローの理論のFBへの応用—尾原作成）

余裕が生まれ、他者とのコミュニケーションや他者と同様な行動をとりたいといった欲求が出てくる。ファッションでは、「流行」という価値が重要になるのがこの段階である。流行の、また知名度が高いブランドを身に着け、ファッションの世界の仲間入りをしていることを見せたいという欲求だ。

第４段階は、「承認の欲求」「自尊の欲求」とも呼ばれる、他人に認められたい、評価されたい、という欲求だ。マズローは「自尊（Esteem）」にも、低位のものと上位のものがあるとする。低位の自尊とは、他人からの尊敬、たとえばステイタスとかプレステージを求めるものだ。これに対して上位の自尊とは、能力や強さをもち自分に自信を持つ、というレベルである。

この第４段階までは、「欠乏の欲求」と言える。〝それを持っていないから〟欲しいのだ。第４段階でも、自分が尊敬されているという自信がない

図5　5段階の「自己実現」が包含するもの

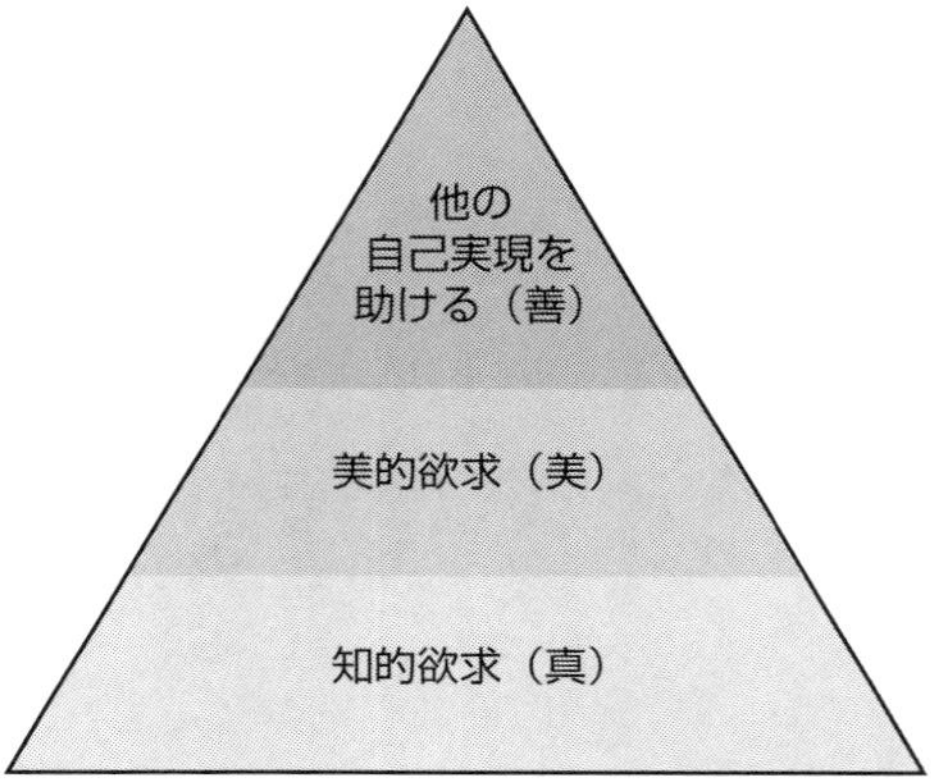

から尊敬されたい。だから有名ブランドバッグを持ちたい。有名ブランドのなかでも、私は一格上のこのブランドでなくっちゃ、という欠乏の欲求だ。ラグジュアリー・ブランドを所有することで優越を誇示するのは、この例であろう。

第5段階の欲求は「自己実現」。個人的な成長や理想の実現に対する欲求である。自分自身が持つ可能性を認識し、それをフルに具現・実現することへの欲求。ここでは他人よりは自分の存在そのものが重要になる。ファッションにおいては、自分の価値観に合うものであれば、ブランドとして有名であってもなくてもよい、ということだ。ファッションよりももっと重要なものがある、と考える人も増える。

このマズローの「欲求5段階説」は1954年に出版された〝Motivation and Personality〟で公にされたものである。そこで彼は5つの欲求のステージを、ヒエラルキー（段階）的に発展するものとしてはいたが、5段階のピラミッドとしては描いていなかった。しかしこの「欲求5段階説」は心理学のみならず教育学や社会学、経営学の分野で現在でも引用される、古典的評価を得るものになった。

さらに非常に興味深いことは、実はマズロー博士が晩年に、欲求5段階にさらにつけ加えるものを考えていたことが、彼に師事していた人たちや研究者によって明らかにされている。それらは、「知識欲求（Cognitive needs）」「美的欲求（Aesthetic Needs）」であり、これらが第5段階の「自己実現欲求」に含まれるものだと考える人たちがいる。一方、第6段階として「コミュニティ発展欲求（Community Development）」を考えていたとする研究者もいる。「コミュニティ発展欲求」とは、他人の自己実現を助ける欲求だというのだ。

いずれにせよ、これまで見てきたFBにおける「価値創造の変遷」は、人々の生活や欲求や考え方が、マズローの段階論をなぞるように発展してきたことを示唆するものである。そしていま、社会への貢献や、人や社会に対して「善」を行うことの価値が、ファッションの世界でも重要になりつつあることには、大いに考えさせられる。

3．生活者の視点から見た「新たな価値の創造」

ファッションが、「流行」から個人的価値にシフトするにつれ、人々は消費の二極化を進めている。主体性を持ち、賢明になり、そして自分の価値観により「断《だん》・捨《しゃ》・離《り》」などを経て高質の生活を求めるようになった生活者は、市場にあふれる商品を、「日常生活をより快適にするもの」と「特別な喜びをもたらすもの」の2つの基準で選択するようになってきた。これは俗に言われる格差社会の二極化ではなく、一人の個人のなかでの消費心理の二極化だ。二極化というより、二分化と呼ぶほうが適切かもしれない。

「日常生活をより快適にするもの」とは「生活の基本ニーズを満たす適性品質・安価な製品」、すなわち日用的基本品であり、個人の生活ベース（コア）の質を上げる普遍的価値（多くの人に共有される価値）をもつ製品あるいはサービスである。この領域の新しい価値創造は、生活の様々な今日的問題へのソリューション（問題解決）にある。これを筆者は「ソリューション価値」と名付けた。

一方、「特別な喜びをもたらすもの」とは「自分にとって何か特別な意味をもたらすもの、理屈抜きで欲しいもの」、すなわち個人的嗜好に依存する価値である。これはエモーション（感覚・感情・情感）に関わるものであり、「エモーション価値」と呼びたい。

次ページの図6は「生活者の視点から見た『新しい価値』」の傾向が、二分化してきたことを示したものだ。

中央にあるのは、従来の「流行（トレンド）価値」である。これまで企業は、人々の「流行を身に着けたい」「カッコイイ外観で魅力的になりたい」という欲求を満たす「時流のファッション」を価値として提供してきた。この「トレンド価値」は今後ともなくなることはないが、そのパワーは先進国では徐々に衰え、左右のソリューション、エモーション価値の領域に、より大きなビジネス・チャンスが生まれている。「トレンド価値」追求のビジネスは、不特定多数を対象とし、扱う商品

図６　これからのファッション：主要価値の二分化
～成長領域はソリューション／エモーション～

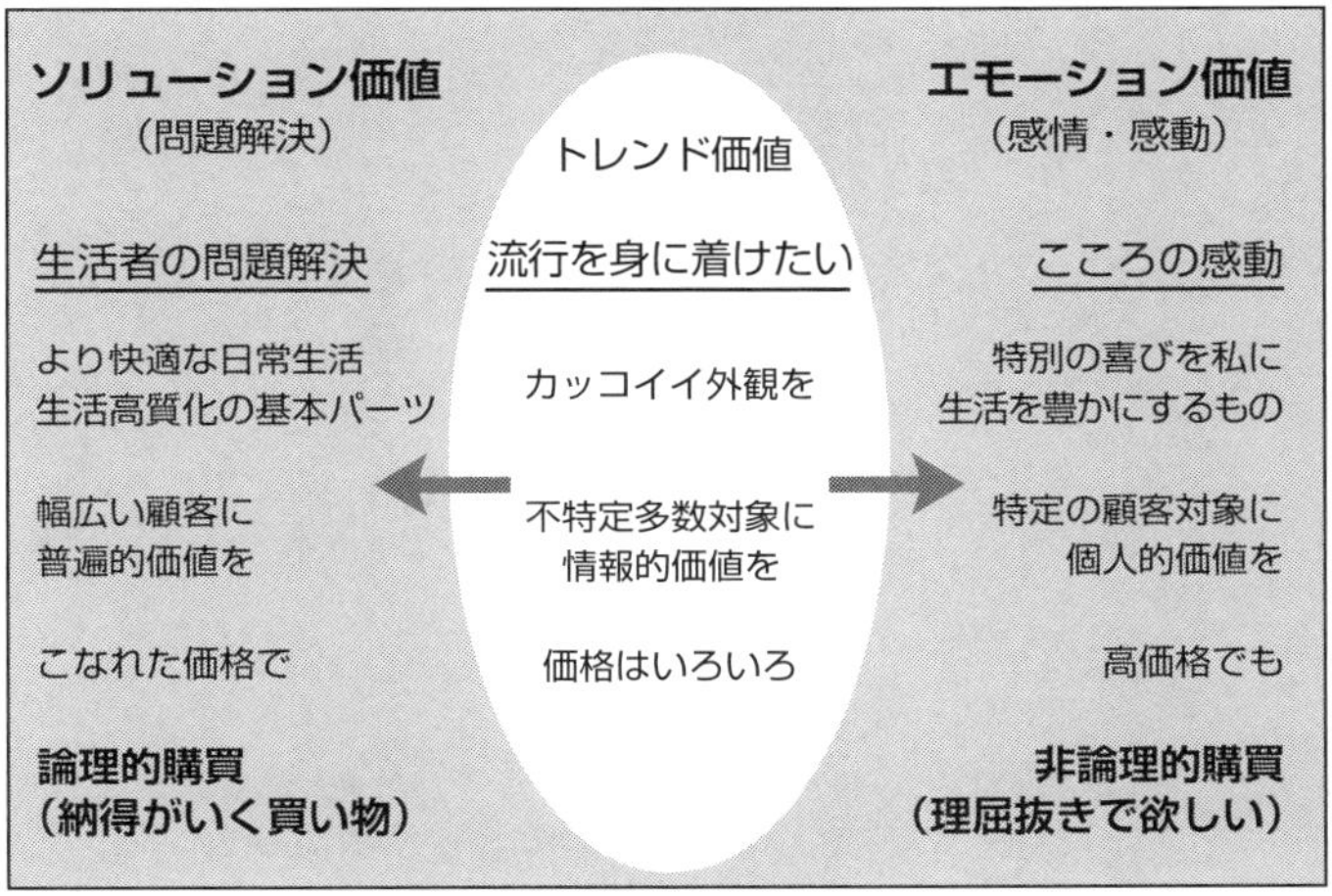

の価格も様々である。顧客対象をＯＬとかミセスといったセグメントはしていても、基本的に塊としての市場対応であり、個客にフォーカスするものではない。情報価値としてのファッション・トレンドを追うビジネスは、最近では商品企画のための情報源そのものの差別化が難しくなっている。パリ・コレクションなどの情報が、その日のうちにネットで見ることができるようになっているからだ。その結果として、この領域で勝負をしてきた企業の平均的利益率は下降線をたどっている。

左右の新たな領域は、ソリューション（問題解決）価値と、エモーション（感情・感動）価値である。

具体的には、「ソリューション価値」は、

衣料品であれば、キャリア女性の仕事着をスタイリッシュで着まわしのよいパーツ（組み立て部品）で提供するとか、高齢者向けの体型や機能性を考慮したおしゃれな服の開発、あるいは一般顧客でも非効率を理由に無視されてきたサイズや服種の提供などが挙げられる。また感性機能製品の開発領域では、たとえばユニクロの発熱保温肌着「ヒートテック」や夏の涼感を追求する「エアリズム」等が挙げられる。そのほか無印良品の足の形に合わせた直角靴下（踵を直角に編み出したもの）や左右を違うサイズで購入できる靴やソックスなどの商品もあるだろう。メーカーズシャツ鎌倉のメンズシャツも高品質ながらこなれた価格でビジネスマンの高感度な仕事着となっている。さらに三宅一生のプリーツプリーズのように、デザイナー商品でもアフォーダブル（手の届く）価格でオシャレな生活の基本パーツとなり流行を超えて愛用されるものも、現代人向けの日常的なファッション・ソリューション、すなわち問題解決と言えるだろう。

「ソリューション価値」を生み出すものの共通点は、生活者の潜在的なニーズや欲求を組み上げ、新たなコンセプトのデザインや技術を、汎用性の高い製品に完成させ、それをこなれた価格で提供することだ。また「ソリューション価値」は、より幅広い生活者を対象とする。顧客が購入する際には、理屈として〝なるほど〟と納得がゆくものであり、「論理的購買」を促すものだと言える。

ビジネスとして「ソリューション価値」に取り組む場合に重要なことは、この領域の製品が工業製品的なクオリティや完成度を持っていることだ。ということは、ソリューション価値の創造では、とくに、技術と生産面でのイノベーションが不可欠であることを強調したい。それはまたこの難易度の高いタスクを成し遂げた製品あるいはブランドが、他を寄せ付けない独自性や競争力を持つことにもつながる。

「エモーション価値」は心の感動に関わる領域で、可能性が無限大だ。美しいものや優れたデザインが生む感動を筆頭に、〝特別の喜び〟を得て生活を豊かにする。たとえば手作りや自分だけの服、ビンテージ（年代物）や、伝統的手法や職人芸を駆使したもの。あるいはエコロジーやエシカル、フリートレードなど個人の信条や大義に関わる思い入れがある製品もこの領域だ。飼育する羊に名前をつけ、その毛で年に数枚しか作れないセーターを作るメーカーがオランダにあるが、ある人々にはこれが特別の価値あるものになる。また自分が大好きなデザイナーの作品や、ひいきにしている有名人が編集（キューレート）した商品などなど、人々の心情や感情、価値観にかかわる多様な事例が挙げられる。ラグジュアリー・ブランドに、贅沢で丁寧な作りばかりでなく、カリスマ創業者の伝説的物語やブランドの歴史の魅力を感じるのも、エモーション価値と言える。

「エモーション価値」は、いずれも「個客」によって価値の大きさが異なるものであり、個客起点で発想・開発する価値創造である。またエモーショナルな価値の訴求は、価格を問わない場合も多い。〝これが好き。これが欲しい〟といった、まさしく理屈抜きの「非論理的購買」であるからだ。

「優れたデザイン」もエモーション価値の最たるものだ。高感度になった消費者に新たな購買意欲を喚起する最大のフロンティアといえる。美しい形や色や素材による美的感性の喚起はとどまるところがない。そんなお気に入りの服は10年着てもファッショナブル、あるいはスタイリッシュなのだ。「クール」と海外が注目する日本のサブカルチャーも、日本の文化的資産である自然との共生や「もったいない」精神とともに、多様に展開できるエモーション価値の大資源である。

20世紀の企業の成長は、拡大する中産階級への「不特定多数に最大公約数的な商品」を提供することで達成された。現在苦戦している企業の多くがとっているのが、まさしく、いまは過去となってしまったそのポジションである。つまり「マス市場を広く対象にしたつもりでいながら、結局はだれにもぴったりこない」製品やサービスを提供しているのだ。

これからの成長戦略は、個人をターゲットにし、いや、より正確にいえば、個人の心理の二極化に照準し、自社独自の価値を創造することにある。世にいう「流行」は、今後もなくなることはあるまいが、その支配力がとみに薄れているいま、生き残りをかける企業が目指すべきは、ファッションが生み出すワクワク・ドキドキの価値を、生活者の心理の二極化という新たな視点から構築し直し、提供することである。企業の生き残りのための要諦は、ＦＢの事業モデルの根本的変革を踏まえ、能力・活力ある人材による「新たな価値の創造」に取り組むことである。

第2章　改めて考える「ファッションとはなにか」

「ファッション」という言葉ほど、色々なイメージで、広く一般に使われている言葉は少ないだろう。

「ファッションとは？」と質問すると、色々な答えが返ってくる。パリ・コレクションに代表される有名デザイナーの華麗なドレスを思い浮かべる人。あるいは原宿や渋谷などで見かけるフランス人形のような「カワイイ」衣裳をまとった女の子たち。はたまた、ロックミュージシャン流のヘビーメタルの服や、ダメージ（履きこんでよれたり穴が開いたりした）ジーンズ。また最近では、いかにもスリムになれそうなデザインのヨガウェア、あるいは速くかっこよく走れると感じさせるランニングウェア。さらには、羽衣のように透けてしなやかな生地や、目が離せなくなる斬新なデザインのハンドバッグ。これらは、登場した時の新鮮さや特別な意味、それを着用する時のワクワクドキドキ感などにより、ファッション感度の高い、いわゆる〝ファッション・リーダー〟と言われる人たちが、まず身に着ける。そしてそれをフォローする人たちが拡大していくのだ。それらが、時間とともに見慣れたものになるにつれ、また新たに、新鮮なスタイルやデザイン、色や形やムードが登場し、いわゆる「旬」のものとして注目され、また多くの人が新たに追従するものとなる。ファッションを、「流行」と端的にとらえることが一般的になっている所以である。

こういった現象を、社会学者は、世間に同調することによる安心感や、人より先を行きたい、あるいは優越のステイタスを求める人間の本能と見る。社会は絶えず変化するから、それへの同調も差別化も、変化を生む。心理学者のなかには、ファッションに性的衝動を見る人もある。おしゃれをするのは異性を惹き付けるためだといった分析も、鳥や動物ばかりでなく人間についても、長年一定の支持を得てきた。あるいは自己アイデンティティの視点を強調する心理学者もいる。そのほか、哲学者の「裸」や「醜い身体」から考える視点、文化人類学者のエスノロジー（民族学）的視点なども興味深い。また経済学者は、ファッションを買い替え需要を促進するための意図的仕掛け、すなわち「計画的陳腐化（Planned Obsolescence ＝人為的に古臭くして廃棄をうながす）」の経済活動だとみる。ファッションはそれほど多くの要素を持っている。

しかしファッションが学問的にどのように分析されようとも、これが消費者の行動を促し、大きなビジネス・チャンスを生み出すことは、議論の余地はない。ファッションはビジネスであり、そのビジネスが成り立つのは、消費者にとって「価値ある変化」を創造しているからだ。

ファッションは変化する。「FBで唯一不変のものは、このビジネスが変化し続けるという事実である」。禅問答のようなこの言葉は、筆者がニューヨークのFIT（ニューヨーク州立ファッション工科大学）に留学した時、叩き込まれた考え方で、現在でもそのまま通用する考え方である。

この章では、改めて「ファッションとは何か」について考えたい。同時に、その本質を見極めたい。〝変化〟がファッションの常だとしても、ファッションには、不変で本質的なものがあると考えるからだ。それが、目先のファッション・トレンド（流行）を追うことに専念してきた、そしていま、ある意味で壁にぶつかっている日本のFBの、「これからの価値創造」を考えるヒントになると考える。

また、ファッション、あるいはそれがもたらす「価値」が、新パラダイムへの移行過程で、どのような変容を遂げているのか、も見てみたい。若者がデザイナー・ブランドに興味を示さなくなったり、手作りや古着（ビンテージ）に関心が集まったり、あるいは所有よりはレンタルを志向する人が増えていたりするのはなぜか、といったことだ。さらに、「本物」志向が言われるなかで、〝ファッション〟と〝アート〟の関係、〝ファッション〟と〝ビジネス〟との新しい関係についても、見てみたい。

そして、これらを踏まえて次の第3章、「ファッションの新しい価値創造――その発展領域はどこにあるのか？」で、〝新しい価値創造を牽引する3つの力〟について、筆者の考えを述べたい。

1. ファッションとは何か？――ファッションの本質の4大要素

FBの核となる「ファッション」の本質は、何だろうか？

ファッションの本質は、

①「変化が生む新鮮さと、その創造」。そしてその根底にある、

②「人間の美しく／魅力的でありたい願望」にある。

また、社会と個人の関係でみれば、ファッションが、

③「社会や時代の反映」であり、さらに

④「個人の生き方、とくに自己表現／Self Esteem（自尊、自己を尊重する）」であることも、その「本質」と言える。とくに④は、最近とみに重要性を高めている要素だ。

①ファッションは「変化」

「ファッション」はこれまで、主として「流行」を意味する言葉として使われてきた。「ファッション」とは、ある時に流行した、あるいは多くの人が「カッコいい」と思った衣服や行動が、しばらく経つともう古臭く「時代遅れ」に見える、不思議な力を意味してきた。「変化」「新鮮さ」、そしてそのための「創造活動」こそがファッションの大原則である。たとえば、１９８０年代に広く流行した、服に大きな肩バッドを入れ極端ないかり肩にして女性をパワフルに見せたファッションが好例だ。当時はそういう服を着なければ、しょぼくれた時代遅れのダサい人に見えた。今当時の服を着用するにはかなりの勇気がいるし、上等の生地を使ったものが多かった時代なので、リメイクしたいと思っても、どうにも手に負えない歴史の遺物である場合が多い。

ファッションの定義――「変化」と「多くの人が受け入れること」。世界でも日本でも、もっとも一般的に受け入れられているファッションの定義は、米国ニューヨーク州立ファッション工科大

学の名誉教授ジャネット・ジャーナウによる次の記述だろう。

ファッションとは、「ある特定の時期および場所において、多くの種類の人間が受け入れ、またはそれに従う衣服のスタイル（より広義に考えれば行動）の変化の過程の一連のもの」（『ファッション・ビジネスの世界』Ｊ・ジャーナウ著、尾原蓉子訳　１９６８年東洋経済新報社）。因みにオックスフォード現代英英辞典もほぼ同様の説明をしているが、ここでは〝The state of being popular〟。訳せば「人気がある、という状態」と表現している。

ここでのキーワードは、「ある特定の時期および場所」「多くの人が受け入れる」「変化の過程」「広義には衣服だけでなく行動の変化」であろう。

「ある特定の時期、場所」が重要な理由は、時が変わり、場所が変われば、ファッションは変わるからだ。また「多くの種類の人間が受け入れる」あるいは「人気がある」は、一定数の人が良いと思うことを意味する。たとえば、クリエイティブなデザイナーが非常に奇抜なファッションを発表しマスコミの話題になったとしても、それが一定数の人々の支持を得ることができなければ、「ファッション」にはならない（因みに、この人気の上昇・下降カーブが、ＦＢの心臓部的活動である「マーチャンダイジング」の基となるものである。これについては、第三部で述べる）。

興味深い例がある。１９６０年代に、米国のデザイナー、ルディー・ガーンライヒ（Rudi Gernreich）は「トップレス」水着を発表し、胸をあらわにしたスタイルで世界に衝撃を与えた。その当時の日本の新聞はこのニュースを社会面の「海外こぼれ話」的コラムでしか扱わなかった。その時、それをすぐに新しいスタイルとして実行した人は皆無であった。しかしその後10年以上たって、

「トップレス」ルックは、欧米の高級避暑地、たとえばサントロペなどで多く見られるようになり、デザイナーの先見性は立証された。トップレスが「ファッション」になったのは、発表から10年以上後のことであった。

②ファッションのベースは「人間の美しく／魅力的でありたい願望」

人はだれも、自分が魅力的であることを求める。何が〝美しい〟かは、時代背景や個人の感覚で変化するが、生まれつきの容姿がどうであれ魅力的であることは、だれにでも可能である。身に着ける衣服や化粧は、その願望を実現する身近な手段であることを否定する人はいないだろう。ファッションが〝憧れ〟であった時代には、パリの有名デザイナーのスタイルや皆がうらやましがるブランドを身に着けることも魅力を付加する要因と考えられた。

最近では、外観を装飾するよりは、自分の持ち味を自然に生かしながら、美しく魅力的になりたい人が増え、化粧品でもメーキャップよりは上質な基礎化粧品で健康的な素肌をつくることへの関心が高まっている。ファッションの流行で大型のものがなくなった、と言われる昨今だが、日常生活に密着したファッションでは、たとえば数年前の柄パンツは広い年齢層に人気を博した。とくに中高年女性までが脚にピッタリのタイトなパンツを、くるぶしを出した若々しい着方で愛用した。その翌年は、スニーカーに靴下、というルックスが流行し、今年は「白」の色、あるいはスカートの下からのぞくメッシュやレースの多様なバリエーションが目立っている。

③ファッションは「社会や時代の反映」

「ファッションは時代の鏡」である。フランスの社会評論家アナトール・フランスの言葉は示唆に富む。「もし私の死後100年後にこの世にあるものを、いま1つだけ見せてくれると言われたら、私は躊躇なくファッション雑誌を所望するであろう。なぜならばファッション雑誌ほどその時代を表現しているものはないからだ」。ファッションは社会の鏡、すなわちその時代や社会を反映するものである。日本が活力にあふれ成長していた1960年代から70年代にかけては、「流行」としてのファッションを、人々が先を争って購入し身に着けた。そのパワーが高田賢三や三宅一生、川久保玲や山本耀司を育て、1980年代初頭には、西洋の美意識に挑戦する「革命的」な日本ファッションが世界に衝撃を与えた。当初は「黒とぼろ」「美とは程遠い」などと欧米メディアの多くが酷評したが、これらの日本人デザイナーの先端的ファッションは、欧米の若手クリエイターたちに大きな影響を与え、その後のファッションを大きく変える潮流となった。

ファッションが時代の鏡である事例には事欠かない。70年代の米国で、社会体制に反旗を翻した若者が生んだヒッピー・ファッション。あるいは、70年代に急速に拡大した女性の社会進出が、イブ・サンローランが発表したCity Pants（街着としてのズボン）を強力に支持して、女性が職場でスカートではなく男性と同様にズボンをはくようになったのもその好例だ。

他方、経済が低迷し、人々の生活が苦しくなると、消費やおしゃれへの考え方が変わる。たとえばリーマンショック後の米国で、生活のダウンサイジングやミニマリズムが広がり、米国を中心に

「ファッション・ダイエット」と称する買い控えや、「ひと月6ピースで着回す運動」などが起こったのも、社会環境がファッションに与えた影響の結果である。エコ・ファッションの台頭も、地球環境への人々の意識の高まりに加え、リユースやリメイクに見られるように、厳しい経済環境への対応が加速している動きだ。

④ファッションは「個人の生き方、とくに自己表現／セルフ・エスティーム」

個人重視のこれからの時代におけるファッションは、セルフ・エスティームの要素を拡大している。「Self Esteem」とは自尊心や自負心、自己を尊重すること、つまり、自己を肯定し誇りに思う態度をいう。ファッションは、いまや流行に追従するためよりは、自己愛、あるいは「こうありたい自分」を表現する手段となっている。セルフ・エスティームは、そもそも自分の尊厳、という人間の本能的な欲求であるが、それが社会の制度や価値観により、抑えられたり歪められたりしている場合が多い。

東日本大震災の被災者を避難所に尋ねた美容師が話してくれた体験談が印象深い。被災者の女性の髪を洗い美しいヘアスタイルに仕上げてあげた時、鏡を見た彼女が、生きかえったような喜びにあふれた笑顔になったことが忘れられない、という話だ。現代のファッションとはまさしくこのようなセルフ・エスティームに根差す部分が大きい。別な例でも、ニューヨークのハーレムがまだ貧民街の代名詞であった30年余り前に、ハーレムに住む若い女性を、〝仕事に就いて誇りを持って生きられるようにする〟という米国のプロジェクトがあった。筆者もメンバーであったファッション関連の女性エグゼクティブの国際組織である「ザ・ファッション・グループ」が、就職面接に行く服さえない女性のために、服ばかりでなく靴・ハンドバッグ一式を貸し与え、お化粧もしてあげて面接に送りだした。結果は、就職に成功しただけでなく、背筋をぴんと伸ばした、自信を取り戻した魅力的な女性の誕生だった。

2. ファッションはなぜ生まれるか。何がファッションをつくるか?

人は新鮮なものに興味をもつ。実際に、同じものを見続けると飽きがくることが科学的に立証できると言われている。たとえば同じ色を見続けると、その色への目の反応が弱くなり、対比的な色の鮮度が上がるという。人が変化を好み求めるのは、本能の一部である。

人が新鮮な変化ととらえるファッションの要因には、感性的なものと理性的なものがある。感性的要因は、たとえば、美しさへの感動、未経験の色やデザインや触感、あるいは、ブランドの物語や作り手の想いなどの情緒的感動である。理性的な要因としては、これまでなかった便利な機能や高度な性能、より安い価格や利便性、生活の問題解決などが挙げられる。

また、先にも見たように、ファッションの源には、社会的要因と個人的要因がある。社会への同化、周りの人と同じでいたい。また逆に、人とは違う自分を表現し差別化したい、あるいはプレステージを誇示したい、自己の好みをアッピールしたい、といったものだ。

人間は二種類の〝承認への欲求〟を持っているとアブラハム・マズローもいう。先にふれた「自尊心」と「他者からの承認」である。自尊心は、自らの自信・能力・熟練・有能・達成・自立そして自由などに対する欲求を含んでいる。他者からの承認は、名声・表彰・受容・注目・地位・評判そして理解等の概念を含んでいる。ファッションは、この「他者から承認されたい」という願望と、しかし同時に、「人とは違う自分への自信や評価を得たい」という願望を満たす形で生まれるアイディアや新たな芽を、ビジネスが育て増幅することで育つものといえる。

だれが、ファッション、あるいはファッションの芽をつくるか

ファッションは多種多様であり、ファッションが生まれる源も多様である。

もっとも知られているのは、ファッション・デザイナーであろう。彼あるいは彼女らは毎シーズン（年に2回）パリやミラノなど世界のファッション・センターと呼ばれる都市でコレクションを発表する。その作品のなかでとくに注目される新しさや創造性、独自性を持ったもの―ファッションの芽―が、メディアなどで取り上げられ、多くの人（専門家やバイヤー）が注目し認知して意見を交わすことで、ファッション・トレンド（流行傾向）になるものが自ずと選択され、収斂されてゆく。服のデザイン以外の、素材（生地）やカラー（色）、アクセサリーなどについても、世界の専門家が集う研究会や展示会があり、そこで新たな方向をさぐり確認される場合が多い。最近ではコレクション情報がネットやブログで即日伝達されるようになってこのプロセスが大幅に速くなっている。

映画やテレビ番組が新たなファッションを生むこともあるし、有名人のヘアスタイルやメー

キャップ、あるいは服や着方が、ファッションになることもある。米国のテレビ人気番組、Sex and City が日本でもライフスタイル面でファッションに大きな影響を与えたことは、記憶に新しい。

技術革新もファッションを生む。ポリウレタン繊維（伸びる繊維）の普及はそれまでなかったボディスーツやパンティストッキング、さらにはストレッチ・ジーンズなどを流行させた。ポリエステルの熱可塑性（加熱により形状が固定する性質）を活用したプリーツも新しいファッションを生んだ。政治情勢がファッションに影響を与えることもある。第2次大戦後しばらく経ってアフリカで多数の国が独立したときには、アフリカの様々な部族の色や柄がファッションのトレンド（流行傾向）の中心となった。ニュースに取り上げられる人々の行動や民族衣装などが、新鮮なものとしてデザイナーの創造力を刺激し、また人々もそれを受け入れた結果だ。さらに、社会的なアッピールがファッションを生んだ例としては、ベトナム戦争反対で米国の若者がプロテストしたヒッピールックやフラワーチルドレンなどがある。まさしく社会現象としてのファッションだ。

日本の若者が、世界で〝カワイイ Kawaii〟ともてはやされるファッションを生み出しているのも、注目すべきことだ。原宿や渋谷で、自分たちが気に入った服やアクセサリーを身に着け、ゴスロリ（ゴシック、ロリータ）とか森ガールなどと呼ばれる独特のスタイルを誇示する、いわゆる〝ストリートファッション〟である。

これらは偶然に起こったことではなく、時代や社会の変化がアイディアを誘引したり、デザイナーが毎シーズン未来へ向けて全力投球で取り組む創造活動の結果であったり、さらには街の若者が自分の着たいものや主張したいことを見つけてきたり、自ら作ったりすることで始まっている。

このようにみてくると、「ファッションの本質」は、一言で言えば、「美しく／魅力的でありたい」という人間の基本的な願望が、「新鮮さと心のトキメキ」、そして「社会の動き」を感じながら、「Follow the Leader」をすると同時に、「自分を表現する」ことにある。これは時代がどう変容しようと、変化することのないファッションの原理原則であろう。そしてその変化の芽を創造し、効果的に展開するのが、ＦＢの価値創造活動である。

3．新パラダイムで変容を遂げるファッション

ファッションの本質とは、このように、人が自信を持って自分らしく生きていく基本となるものであり、時代が変化しても変わらない。しかしファッションの表われ方は、社会や経済環境の変化とともに変化する。ファッションがいま、新しいパラダイムへ向けて、どのように変容しているのかを見てみたい。「新たな価値創造」の可能性のありかを見るためだ。

ファッションの変容を端的に解説する米ウォール・ストリート・ジャーナル紙の記者、テリー・エイギンスの著書『The End of Fashion』（邦題『ファッション・デザイナー』）は、有名デザイナーの服しか着用しなかった社交界婦人たちが、モノさえ良ければディスカウント店の商品を誇らしく身に着けるようになったと分析。ファッションの上から下への「滴り落ちメカニズムの崩壊」を明らかにしている。

変容を4つの視点から見てみよう。

①ファッションの、民主化、自由化、日常化、個人化

ファッションの歴史は、民主化、自由化、日常化、個人化、の歴史だといってもよい。さらにこれらに加え、現在進行中の変化は、これまでの主として社会の変化によるものだけではない。インターネットなどの情報技術の進展や、エコロジーやエシカルといった地球環境や人間性重視の動きに影響を受けて、新たな変容を遂げているのだ。

●ファッションの「民主化」

ファッションの「民主化」とは、ファッションが社会的地位・職業・年齢などにかかわらず、すべての人が楽しめるものになったことを意味する。端的に言えば、衣服が「特権階級」のものから、一般庶民のものになったのだ。

そもそも服飾は、王侯貴族が贅沢と美の世界を独占していた時代から存在するものだが、ファッションが社会現象になったのは、19世紀の西洋ブルジョワ社会の台頭による。産業革命が経済力をもつ富裕層を生み出し、身分制度を越えたおしゃれの世界が誕生。さらに既製服の誕生でものづくりの工業化が衣服の価格を押し下げたからだ。

日本でのファッションは、第2次大戦後の洋服の急拡大に始まったが、当時のファッションは、「モード」と呼ばれるオートクチュール・デザイナーによる贅沢なお仕立て服であり、一般庶民にとっ

ては手の届かない「夢・憧れ」の世界であった。それが経済発展にともなう所得の上昇、中産階級の台頭により、また既製服の開発と発展・拡大により、まず経済力のある人から、ついで順次、一般庶民にまでファッションが普及していった。

ファッションの変容のなかでとくに注目したい「民主化」は、ファストファッション、つまり、流行の要素を持ちながら安価で新しいファッションを提供するH&M、ZARA、Forever 21などの急拡大だ。後述する〝レンタル〟も含め、従来なら手の届かない高額で贅沢なものまで、一般消費者の選択肢に入ってきたことである。これまで以上にあらゆる人が、ファッションを色々な形で楽しむことができる時代に入っている。

●ファッションの「自由化」

「自由化」とは、束縛からの解放、である。束縛には、かつて女性をコルセットで締め上げたような肉体的束縛もあるし、社会通念からの解放もある。カジュアル化もその一部だ。女性がスカート丈を短くして脛を出すという画期的な挑戦をしたのは、1920年代の自由で活動的なデザイナー、ココ・シャネルであった。またTPO、つまり「Time（=時）」「Place（=場所）」「Occasion（=場合）」にふさわしい服を着るという社会的ルールが緩やかになったのも自由化だ。タートルネックをディナー・ジャケットの下に着た社交界の名士が、米国の有名レストランで、『入る』『遠慮いただきたい』の押し問答をした報道から、まだ40年しか経っていない。女性の〝身だしなみ〟を見ても、筆者が若いころは、まずファンデーション（ブラジャーやガードル）を付け、その上に薄くて滑りの良いスリップを着て、そしてブラウスやセーターを着る、というのが普通であった。それが、ブラスリップやパンティガードルなどの普及を経て、現在ではブラトップなど、自由で簡単、開放的なものが主流になった。

クールビズの推進が、暑さを我慢しても着用してきた男性の〝背広とネクタイのスタイル〟を変えているのもカジュアル化という自由化である。

パラダイムが変わるなかで、今後のファッションのさらなる「自由化」には、たとえば衣服のケア（クリーニングや防虫など）を不要にする技術開発もあるだろう。あるいは、一枚の布、あるいは一着の服を、多様な着こなしで、創造的なファッション表現にしてしまう、などの「自由化」アイディアもあるかもしれない。

●ファッションの「日常化」

「日常化」は、ファッションのコモディティ化に絡んで、これからのファッションを考えるうえで重要な方向だ。

かつては「特別の場での装い」とか「よそゆき」「外出着」といった「特別のもの」であったファッションが、普段の生活に浸透し、家庭で着る服から作業着や下着にさえ「おしゃれ」を求めるように変化した。ハレ（晴れ、霽れ＝「非日常」）と、ケ（褻＝普段の生活）の区別がなくなったのだ。最近の米国では、若者が「自宅でもオフィスでもアンダーアーマーやルルレモン（いずれもアスレティックウェア）を着ている」と嘆く大人たちの声を聞くが、これも「日常化」なのだ。

カジュアルウェアの浸透も大きく貢献した。そもそも既製服の元祖とも言うべき米国では、企業のタイプがスーツ・メーカー、コート・メーカー、あるいはドレス・メーカーなどのカテゴリーに分かれていた。戦後、郊外への人口移動によりカジュアルな生活様式が拡大し、米国でスポーツウェア・メーカーと呼ばれる企業が、シャツやブラウス、セーターやスカートなどの「単品」を組み合わせる着方を普及させた。その後、ジーンズ着用があらゆる場面で容認されるようになったり、三つ揃いスーツと決まっていた金融界に「金曜日だけ」として紹介されたフライデイ・カジュアルが、いつの間にか、三つ揃いスーツ着用のルールを壊していったのも、その例である。これを書いている最中にも、米国で「アクティブウェア——ジムからボードルーム（役員室）へ」をテーマとするエグゼクティブ向けセミナーが行われている。

ファッションの日常化が推進する重要な変容は、ファッションがコモディティ（日常品）化を進めていることだ。とくに、普段の生活のコア（中核）となる基本的衣服は、生活の重要なパーツ（部品）として色々な着方や組み合わせの核や土台になる。自分の体型に合った着心地の良いシャツやジーンズなどは、毎シーズン代わるものではない。品質が良く使い勝手が良ければ、色の変化は欲しいが、何年でも使いたい。人々は、それらの核（コア）に、流行最先端のスタイルや、デザイナーの創造性あふれる作品、あるいはお気に入りの服を組み合わせて、ファッションを楽しむように変化しているのである。この変容は、ＦＢのこれからに、大きな変革をもたらすだろう。日常使うものだからこそ、いいものを、という考え方も、ファッションの日常化の重要な要素だ。いいものは、着用、あるいは使用している間中、ハッピーでいられるのだから。これは後述する「本物、アートが増幅する特別な価値」でも触れたい。

●ファッションの「個人化」

ファッションはごく最近まで、企業や業界が不特定多数の顧客に向けて働きかける（プッシュする）ものであった。それが、一人ひとりの生活者がそれぞれの好みや生き方に基づいて、多くの選択肢のなかから自分の生活を作るための商品やサービスを選択するようになったことが、「個人化」の第1ステップだ。周りにキャッチアップするのが精一杯であった時代から、マズローのいう欲求の第4段階、さらに第5段階（自己実現）に入ると、人々は自分に自信をもって、自分の尺度や価値観で生きるようになる。日本でも先頭集団がこの段階に入ってきた。

「個人化」も、自分の好みやサイズにピッタリ合うものが得られたことで満足する段階から、モノグラム（自分の名入り）や、自分流にデザインなどをアレンジさせたもの、カスタムメードで作らせたものを楽しむ段階に進む。顧客が個人の好みやサイズ、希望の価格帯などをあらかじめ知らせておいて、自分に合ったファッション製品を定期的に届けてもらうサブスクリプション・ビジネス（気に入らないものは返品自由）などもファッションのパーソナル化だ。

今後のFBでとくに重要な「個人化」は、人々が自分でキューレートをしたり、加工をしたり、デザインやモノづくりに参画するようになることだ。インターネットやモバイルの各種ソフト、ソーシャル・メディアなどの技術がそれを可能にする。古着に手を加えて、個人がアップサイクルするケースも増えるだろう。３Ｄスキャニングや３Ｄ印刷の技術も米国を中心に急速に開発・実践されつつあるが、新しいパラダイムのなかで、ファッションがどのようなものに発展するかは、非常に興味深いものがある。この点に関しては、後に述べることにしたい。

②ライフスタイルがファッションになる——流行からライフスタイル、個人のスタイルへ

今日の「ファッション」は、「流行」というよりは、「魅力的な装いと生活の仕方、すなわちライフスタイル」と考えたほうがよいものになりつつある。ファッションが、服中心から靴やバッグ、さらにインテリアまでに広がっていることについては、先に述べたとおりだ。しかし、服を売っている店が、カフェを併設したり、雑貨やインテリア製品をおいたりすることで、ライフスタイルの提示ができたことにはならない。

「ライフスタイル」の言葉は、昨今、日本FBの流行語になっているきらいがあるが、ライフスタイルとは、文字通り「生活のスタイル」を意味する社会学用語であり、人々の生活の仕方を指す。日々の生活での時間の使い方、持ち物、お金を使う優先順位などが人によって異なることから、成熟市場での顧客のニーズやウォンツを捉えるうえで、人口動態的（性別や年齢、職業や所得などによる）分類だけでは狭すぎる、ということで生まれた概念だ。たとえば同じ会社員でも、山登りが好きで暇さえあれば山に出かける人と、野球が好きでテレビやスタジアムでの観戦が余暇の大半を占める人のライフスタイルやお金の使い方は大きく異なるだろう、グローバル企業の女性エグゼクティブと小売業の販売スタッフでも、大きな違いがあるだろう。それは単に趣味や職業の違いだけ

ではなく、日常の生活や行動において重要と考えるものや個人の価値観が大きくかかわっている。さらにファッションにおけるライフスタイルを考える場合には、好みやテイストの違いが加わる。ファッションが生活周りの全てに広がっているいま、服飾やインテリアあるいは飲食や書物まで1つの店舗で提示することが顧客に便利なように見えるが、それが一貫した価値観やテイストでまとまっていない限り、〝雑貨店〟の域を出ない。「これは私の店」と熱中してもらえる〝真のライフスタイル店〟にはならないのだ。

米国にアンソロポロジーという、まさしく〝ひとつのライフスタイル〟を集積した店がある。服からアクセサリー、文具や本や食器に至るまでが、一貫したテイスト――都会の洗練された、自然やアートやクラフトにあふれた、リラックスしたテイストでまとめられている。シーズンが変わっても、同じテイストで常時新鮮な商品が並ぶ店だ。ファッション・トレンドを意識はしているだろうが、引きつけられるのはトレンドではなく、独特のデザインやスタイルである。この店を見ていると、感度の高い顧客は、トレンドよりは自分のライフスタイルやテイストのなかで感覚を磨きながら、新しいワクワクドキドキを求めていることが良く分かる。

ファッションに大型のトレンド（流行の潮流）が生まれにくくなったと言われるのも、個人化の進展のなかで、トレンドとなるべき芽が、それぞれのライフスタイルによって拡散し、また個人がアレンジして表現する場合が増えているからだろう。真の意味でのライフスタイル提案が、これからの価値創造の大きな可能性を持っている。

③アートと職人芸が生むファッションの新たな価値

消費者は、量産された類似商品の氾濫にうんざりし始め、アート、クラフト、職人芸が、新鮮なものとして台頭を始めている。新パラダイムでの新たな価値創造の分野となるだろう。アルチザン（職人、職人的芸術家）という言葉も米国で頻発するようになった。

ファッションがビジネスとして巨大な産業を構築したことで、人々のファッションへの関心や優れたクリエーションへの感度は高まったが、同時に、FBはコマーシャリズム（商業主義）の度合いを強めてきた。その結果、たとえばオートクチュールのコレクションはシアター化してショービジネスのようになり、ファストファッションは、ファッションの流行を安価で提供するために、クリエイターの最新スタイルを素早くコピーするなどで、訴訟が絶えない状況も生まれている。

一方人々は、モノや情報の洪水に疲労し、シンプルで質の高い生活を求め始めた。クオリティ・オブ・ライフすなわち高質な生活とは、物理的には、余分なものを捨て去り、品質や性能が高くて自分が愛着を感じるものにだけに囲まれた生活であろう。心理的には清らかで穏やか、新鮮なものにときめきを感じる、幸せと達成感ある生活だろうと思われる。「フランス人は10着しか服を持たない」と題する本がベストセラーになっているが、副題の「パリで学んだ〝暮らしの質〟を高める秘訣」で分かるように、飽食生活に慣れ、つい衝動買いをしてしまう米国人の女性が、パリの裕福だが質実志向のマダムの家にホームステイして得た〝目から鱗〟の体験を書いた本だ。

FBは、変化を追うビジネスとして、大量生産品を次々に送り出す仕組みを作ってしまった。しかし、先進諸国の成熟した消費者は、もはや商業主義に踊らされることに反発を感じている。「企業の広告は信じられない、知人の口コミのほうが信じられる」、あるいは、ファストライフよりはスローライフを求める傾向も目立ち始めた。若者が、ブランドにこだわらないだけでなく、有名デザイナーの名前も知らないし興味もない。買い求めるのは、古着やジーンズ、そして仕立てが良く長持ちして着回しの良い服、だというのも、これからの時代を示唆している。

このようなニューノーマル（新常態）の生活者感覚のなかで、これまで注目されなかったものが、グローバル・レベルで浮上している。アート、あるいはクラフトマンシップだ。第一部で紹介したエッツィーは、クリエイターやクラフト職人、あるいは個人が趣味で創るユニークな製品（インテリアから服飾アクセサリー、ビンテージ品）を安い手数料で取引できるCtoCのプラットフォームだ。マンハッタンの中心部で起業したＦａｂも、アパレルの扱いは少ないが、楽しくユニークなデザインの製品を個人が取引するネット・サイトで、「あなたの生活の隅々まで、パーソナリティを届ける」と強調している。

ファッションは、純粋なアート（芸術）ではない。しかし生活に密着したArt Form、すなわち創造性が生み出す斬新な形やデザイン、である。日常生活のコアが、シャツやジーンズといった基本的製品になるこれからの時代に、アート感覚の美しい柄を染め抜いた羽織ものやスカーフが一枚あるだけでも、自分ならではのクリエイティブなスタイリングが可能になる。またアートやアルチザンの創るものは、工場で作られた量産品にはない味をもっている。手編みのセーターや、匠の技が生きているハンドバッグや家具。いずれも独自性があり、タイムレス（時間を越えた価値がある）

で、純粋なものへの郷愁（ノスタルジック）を呼び起こすものだ。

④シェアやレンタルがファッションの価値創造ツールに――所有しないで楽しむファッション

生活のあらゆる分野で、レンタルやシェアリングが広がっている。自転車のレンタル・サービスをはじめ、タクシー（ハイヤー）ビジネスのウーバーも世界に拡大中であるし、空き部屋を活用して〝旅人が宿泊&交流できるサービス〟を提供するエア・ビーアンドビーも世界190カ国で宿泊を提供している。米国がこれからの消費者層として期待するミレニアル世代（現在15～35歳の、デジタル環境で育った人たち）は、高学歴で平均より高収入だが、車は所有しないでリースが過半数という。

ファッションでは、再販サイトも増えている。手持ちの服を委託で再販する米国のTheRealRealやthredUP、売りたいものを送ればすぐ評価して現金にしてくれるTwiceなどがある。ファストファッションのH&Mなどもこれらのサイトで人気が高く、トレンディな服を最新で買い、すぐに売ってしまう事例も増えていると聞く。

ファッションでのレンタル、あるいはシェアリングが、これからの時代にますます重要になる理由は、それが個人にとって経済的メリットがあるだけでなく、買い物に行く手間が省けること、プロのアドバイスが得られること、自宅に在庫スペースが不要、メンテナンスが不要などだ。しかし、未来に向けて社会的に重要なことは、環境資源と環境の保全に貢献することであろう。これらを重要視する人にとって、レンタルや再利用は不可欠の仕組みになる。

新パラダイムのFBにおいては、人々は、自分のライフスタイルのコアとなるアイテムについては、これを自分で保有し、メンテもするが、着用頻度が低いもの、とくに絶えずファッション・トレンドの先端を行く服（次のシーズンには古く見えてしまうようなもの）を着たい人には、レンタルも再販も、格好の仕組みであろう。また、特別なオケージョンに有名デザイナーの高額の服を着用して参加し、ひと時の〝シンデレラ体験〟をしたい場合にも、最高のシステムといえる。そういった服を、まるで図書館で本を借りるように〝貸出し〟してもらう、あるいは一～二度着て引き取ってもらう、という時代が、すでに来ているのだ。

この場合の「価値創造」は、製品の価値以上に、サービス価値を含めた新たなビジネスモデルの構築であることは、言うまでもない。

第3章　ファッション市場を広げる3つの牽引力

新パラダイムにおけるファッションの価値創造の可能性はどこにあるのか。この章のテーマである。

ファッションの本質が「変化」であり、人々が求める「わくわくドキドキする感情」であること。それを創造するのが、FBであることを、改めて前章で確認した。

同時に、人々が流行を追いシーズンごとに服の買い替えに執着した時代から、自分の価値観やライフスタイルに合ったファッションを厳選する時代になったことも述べた。

若者の多くが最新のファッションやデザイナーへの興味を失っていること、また、日本の人口減少や高齢化を考えても、今後のFBは、従来のやり方のままで市場の成長・拡大を期待することはできない。日本市場が縮小するなら海外に出ればよいといっても、これができる企業は限られている。購買量が減るなら単価（商品の価格）を上げればよい、という考えもあるが、これでは、長期的な問題解決にはならない。ファッションへの取り組み方の抜本的変革なくして、日本のファッション産業の発展はない、と筆者は考えている。

それでは、これからの「ファッションの価値創造」は、どうあるべきなのか？　それは企業が、「流行を追う」、あるいは「売れ筋を追う」だけではなく、時代や社会の変化に合わせ自社ならではのオリジナルな価値を創造することによってのみ達成できるものである。その場合の「時代や社会の変化に合わせて」とは、どのような方向を志向すべきなのか？　言い換えれば、ファッションの新たな発展領域は、どんな所にあるのか？　この章では、筆者が考える、これからのファッションを牽引する３つの力（価値創造の方向）について述べたい。

1. ファッション市場を創造し拡大する三大領域

「流行のプッシュ」ではなく、真の価値創造の取り組みでファッション市場を拡大できると、筆者が考える牽引力は次の３つである。

①High Style ―ハイ・スタイル、完成された美と技
②High Performance ―ハイ・パフォーマンス、すぐれた機能・性能
③High Devotion ―ハイ・ディボーション、個人の嗜好、思い入れ

第１のハイ・スタイルは、ファッションの本質である「審美的・美的価値」の創造である。とくにそれが、クラフトマンシップ（職人技）と合体するところに、ニューノーマル（新常態）時代の、新しい価値がある。

第２のハイ・パフォーマンスは、ライフスタイルの変化が牽引する、健康な身体や生き方を志向

する「機能・性能の価値」だ。これは多くの人に共有される、普遍的な価値である。

第3のハイ・ディボーションは、個人の好みや主義・主張に合致する「個人的・情緒的価値」。個人一人ひとりで異なる、多種多様な喜びや、幸せ、社会貢献への想いなどを実現するものである。

これらのうち、現時点で目に見えて拡大し始めているのが、第2のハイ・パーフォーマンス領域のアスレティックだ。しかし今後は、第3のハイ・ディボーション領域が大きな可能性を広げることになるだろう。人々のライフスタイルや好みの個性化がすすみ、カスタム化や個性的キューレイションを支える技術やシステムの発達が期待されるからだ。

これら3つは、新たなクリエーションや商品開発のためベクトル（大きさと方向を持つ）と言える。これらが生み出す商品そのものは、ハイ・スタイルとかハイ・パーフォーマンスの特性が強い、といっても他の要素も合わせ持つ場合が多いことは言うまでもない。

次ページ図7は、これら3つの価値創造を牽引する力と、それが生み出す市場を描いたものだ。ファッションは新パラダイムで変容してはいるといっても、トレンド（シーズンの流行）に価値を置く消費者、すなわち市場は、なくはならない。中央に描いた円がそれである。しかしこの円が相対的に縮小傾向にあることは、前章でみたファッションの変化からも明らかである。これまでのように、シーズンごとに欧米デザイナーなどのアイディアをトレンドとして追いかけ、他社よりも早く、できれば安く、それを展開する、というこれまでのやり方で生き延びられる企業は限られるだろう。この円部分だけに照準していると、日本のファッション市場は小さくなるばかりだ。

新しい時代のファッション市場を拡大するのが、三角形の頂点にある3つの牽引力である。こ

図７　ファッション市場を生み出す３つの牽引力

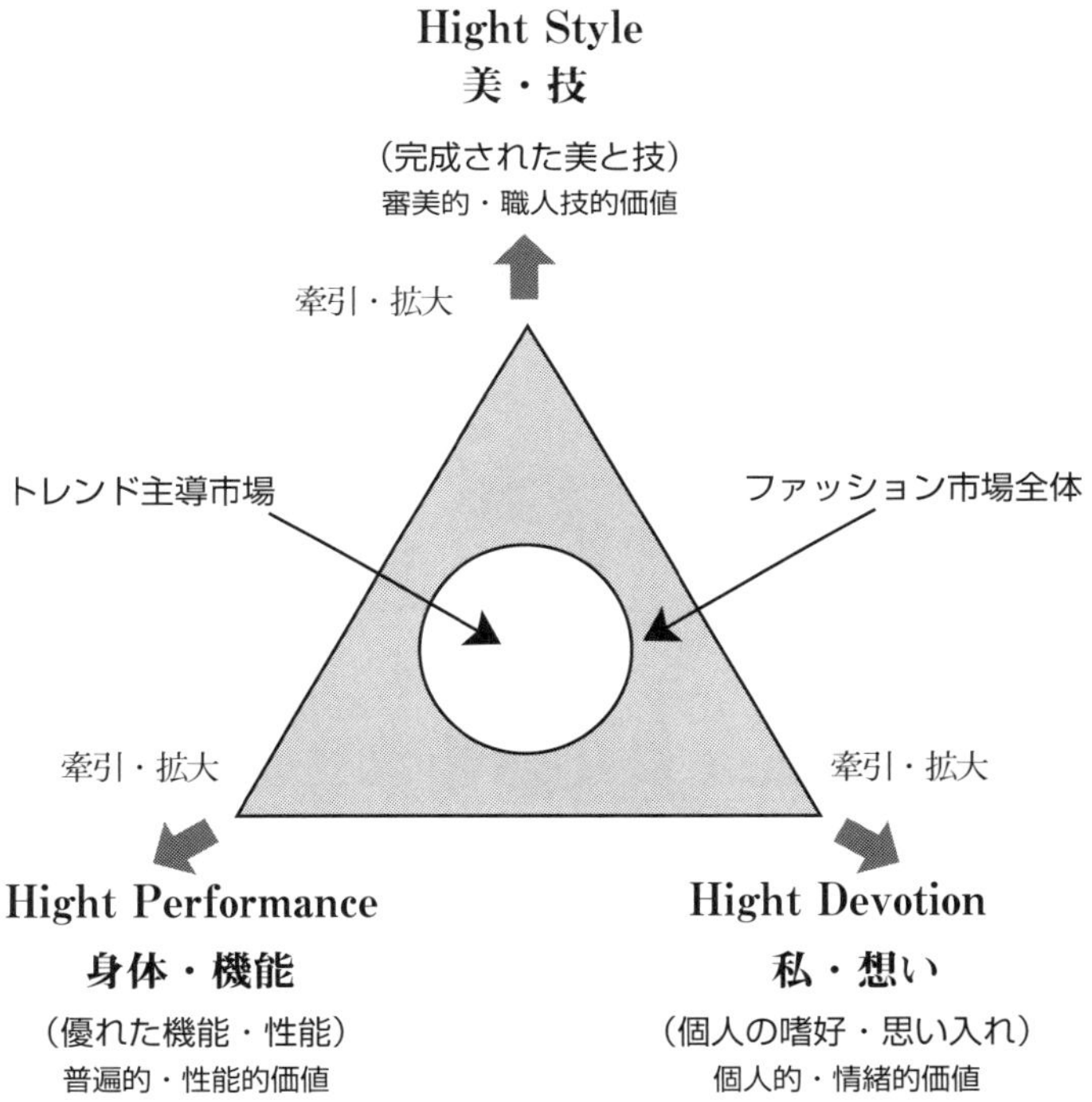

れらの牽引力により新たな創造が刺激され、新たなファッションが生まれ、新たな顧客が創造され、ファッション市場が新鮮で活力あるものになる、と筆者は考えている。

３つの牽引力にベクトルを合わせ、企業の独自性ある「価値創造」活動を活発化すれば、すなわち図の矢印の方向に三角形の頂点を引っ張ることができれば、三角形の面積、つまりファッション市場は拡大する、というのがこの図のコンセプトである。

それぞれの牽引力を見てみよう。

①ハイスタイル「審美的・職人技的価値」の創造――〈美・技〉

「審美的・美的価値」の創造は、ハイスタイルの追求である。「ハイスタイル」は、高度に完成された美しさであり、それを表現するための高度な技も一体となったもの、の意味で使っている。純粋なアートではなく言い換えれば、創造力と技の粋を極めたもの、「美」と「技」の極致と考えてもよい。前章の「アートと職人芸が生むファッションの新たな価値」でも、この価値が注目されている背景について述べた。

ハイスタイルの事例として、三宅一生のリアリティラボの製品、132 5. ISSEY MIYAKE を挙げたい。三宅一生は美術大学を卒業後パリのメゾンで経験を積み、1970年に独立以来、〝一枚の布〟をテーマに多くの創造的な製品を発表してきた。布と身体のあいだの〝間〟を追求しながら、〝着やすくて驚きと喜びのある服〟を試行錯誤し、21世紀型一枚の布、としてオリガミのように平面に畳んで持ち上げると3次元の服になるという、アートと技術が合体した製品が、132 5. ISSEY MIYAKE である（巻頭カラー2ページ参照）。

ハンドバッグで同様に「美」と「技」を合体させた同社の BAO BAO ISSEY MIYAKE も、ハイスタイルの格好の事例と言えるだろう。幾何学的なパーツをつないだシンプルで斬新なデザインは、瞬く間に世界的人気を博し、模倣品がたくさん出回るまでになっている。

川久保玲は、これまでにない概念や異形の美を絶えず追求している独創的なデザイナーだが、最近「コレクションがアートよりになっている」と自分でも言っている。「もっともっと刺激を与えられるような服を作りたい。でも、それはそんなにたくさんできるものではない。だからコレクションは象徴として考えたい」（繊研新聞２０１５年元旦号）。アートに高度な技法や職人芸を加えて、世界をリードするハイファッションを創造している同氏の、眼がついた大きなハートを描いたTシャツ、PLAY COMME des GARCONSは、Tシャツのハイ・スタイルと言えるかもしれない。

テクノロジーをデザインとして組み込んだクリエイティブな作品もハイスタイルと考えられる。アンリアレイジ（ANREALAGE）の森永邦彦による、強いライト、たとえば太陽光にさらされると全く違ったカラーに変化する、といったものだ。

オートクチュールのメゾンが個人顧客を対象に創る服はいうまでもなく、ハイ・スタイルである。デザインも素材も仕立ても、高度に優れた感覚と職人技によって生み出されるからだ。その意味で芦田淳のエレガンスもハイ・スタイルだ。ハンドバッグや靴ならば、伝統的技術を駆使して熟練した匠が作る、高感度・高品質の製品。いずれもアート（芸術）に近いものだ。

オートクチュール（パリのメゾン）は実はファッションの原点であった。第２次大戦後の復興と平和回復のなかでパリを中心に急成長したオートクチュールの世界には、１９４０年代に１４５のメゾンが存在した。その後、オートクチュールが始めた高級既製服（いわゆるプレタポルテ）が急拡大し、逆に厳密な意味でのオートクチュール・メゾンは、２０００年には９メゾンにまで、減少した。ところが最近の動きとして、プレタポルテのコレクションを止めるデザイナー（たとえばジャンポール・ゴルチェやヴィクター&ロルフなど）が出はじめた。杉野服飾大学特任教授　織田晃氏によれば「2000年の130をピークに、プレタポルテは2014年には93に減少している」。プレタポルテのビジネスをやめたデザイナーの理由付けは、「今後は、オートクチュールに専念したい」である。その背景には、消費者の意識の変化やグローバル競争で、〝憧れ消費〟としてのプレタポルテ・ビジネス展開が容易でなくなったことや、ファストファッションの最も手軽なコピー・ターゲットになったこと、などがあると考えられる。デザイナーが、アトリエで個人客のために創造力と技術を駆使して作る、ある意味「作品」的なオートクチュールの価値と、そのデザイン・フレイバーはあっても、不特定多数の市場に向けて量産するプレタポルテ「商品」の価値との間には大きな違いがあることが、本物を求める現代の流れで改めて明らかになったからであろう。

オートクチュールは、対象顧客から見ても価格面からみても「ラグジュアリー」である。しかしここで言う「ハイ・スタイル」は、必ずしも「ラグジュアリー」商品のことではない。はっと驚く創造的デザインや感動を呼び起こすような美しさを持つ、アート的なデザインやスタイルを意味している。そのなかには、若手デザイナーの意欲的なクリエーションもあるだろうし、伝統的職人（アルチザン）が生み出す手作りの工芸品もある。それが新たな価値創造を牽引する機関車として、それに影響を受ける企業や個人を拡大していくようなパワーを持ったもの、と言いたいのだ。

②ハイ・パフォーマンス――「普遍的・性能的価値」の創造――〈身体・機能〉

健康で活動的でありたい、というのはだれもが望むことであるが、これからの時代には一層その傾向が強くなる。自分の身体を快適に包み、のびのびと自由な動きができ、それでいて、必要な身体のケアやメンテ、サポートをしてくれる衣服。それが、「ハイ・パーフォーマンス」、すなわち優れた機能・性能の価値である。

「普遍的な機能・性能」とは、だれもが利用でき、だれもが評価するような、ユニバーサル（普遍的）な価値をもつものでもある。斬新なコンセプトや先端的な技術で人々の生活に革新を起こすような価値だ。登場当初は一部の専門家やトップアスリートのために先端的技術であったものが、時とともに人々の生活の基本をなす部分（パーツ）となるような価値である。

象徴的な例としては、世界級のスポーツ競技、たとえばスケートや水泳などで選手が着用する、ハイテク技術を駆使した高度なパーフォーマンス（性能）のウェアやランニングシューズなどが挙げられる。北京五輪大会で話題となった英国スピード社の水着、〝レーザー・レーサー〟が多数の新記録に貢献したのは記憶に新しい。実はこのデザインを担当したのは日本人デザイナー（コムデギャルソンの創業者）の川久保玲であった。「究極の美は機能美である」という人がいるが、アディダスが山本耀司をクリエイティブ・ディレクターにY3ラインを展開したり、サッカー・チームのユニフォームやスパイクなどのデザインでコラボしているのも、パーフォーマンスと美の合体への取り組みであろう。ナイキとハイブリッドなファッションで知られる日本人デザイナー阿部千登勢（ブランドはsacai）のコラボは、スニーカーばかりでなくウィンドランナーやスカートも登場させている。

米国のミレニアル世代が牽引する〝ニューラグジュアリー〟が台頭している。現在15～35歳位の、子供のころからコンピュータやネットが日常生活の一部になっていたデジタル世代であるが、彼らが〝ラグジュアリー〟と見なすものは、ブランドではなく〝機能＝ファンクション〟をともなう優れものである、との最近の分析は興味深い。iPhoneは彼らにとってのラグジュアリーであるという。同様に、高性能のスニーカーが、カストマイズしたものも含め、高額にもかかわらず日常的ステイタスになっているのだ。

ハイ・パーフォーマンス製品は、ライフスタイル・ウェアとしても拡大中だ。いま米国などで、〝アスレティックウェア〟のエクササイズやヨガ用ウェアが、日常の生活着、さらにはオフィスにまで広がっていることでも確認できる（巻頭カラー3ページ参照。Gap社Athleticaのウインドー）。

そのほか、たとえばユニクロの〝薄いのに暖かい〟「ヒートテック」や、爽やかな涼しさの「エアリズム」などもハイ・パーフォーマンス製品であるし、社会的な問題解決としての各種の〝ユニバーサル製品〟や医療・健康志向の製品などを挙げることができる。ワコールが開発したコンディショニング・ウェアの「CW-X」は、テーピング技術をウェアに組み込んで、運動時のからだの不安や筋肉疲労を軽減し、動きやすくする、スポーツばかりでなく日常着として優れた性能を発揮する。

これらのハイ・パーフォーマンス製品は、素材から糸の作り方、編み・織りや各種の加工、製品にする際の縫製・接着や付属部品に至るまで、研究・開発をかさね、さらに性能試験を繰り返して、実際に使用されるものになる。さらに実用化された後も、着用感や機動性など、確認をしながら改良を重ねる、といったものだ。日本がこの分野で、世界的な優位性を持っているものも多い。今後も、着て楽なストレッチ性、吸湿・発汗、取扱容易、防虫、などなどで、日本の先端的開発が期待される。

さらにこの領域は今後、多様な〝ウェアラブル〟の開発が進むこともあって、コンピュータやデジタル・コミュニケーション機能を搭載（あるいは合体）した、パーフォーマンスとファッションやデザインとの融合が、新たな価値を生み出すことは間違いないだろう。将来には、３Dプリンティング技術により、高性能のウェアが、安価でスピーディに作られる日が来るかもしれない。パーフォーマンスの牽引による市場拡大は今後、より大きくなると考えられる所以である。

③ハイ・ディボーション「個人的・情緒的価値」の創造――〈私・想い〉

ファッションの個人化が進むなかで、新たな価値創造の最大の領域、とも言うべきものが、個人的な思い入れや嗜好（Personal Value）に照準する価値創造であろう。〈私・想い〉の価値だ。「ハイ・ディボーション」と名付けたのは、自分の信条や価値観から、あるもの、あることに、特別のディボーション（献身や傾倒、深い愛情等の意味）を持つことを表現したかったからだ。もちろんそのほかにも、単純に個人の好みが、他者は評価しない特別のバリュー（価値・意義）を認めることも多い。

このベクトルは、今後のFBにおいて、３つのなかでも最大の可能性を持つと筆者は考えている。この領域には多様なものがあり得る。個人のニーズに特化したカスタマイズ商品、ハンドクラフト（手作り）の温かさ、あるいはビンテージの（年代を経た）味わいがあるもの（古着など）、伝統工芸品や民芸品もあるだろう。さらに、独自性あるスタイルを創るデザイナーは、それぞれ個別のファンを持っていて、ファンクラブのようなものがデザイナーを支えることも、思い入れの価値を創造する。

エコロジーやエシカル、フェアトレードなどの社会や経済問題に強い関心を持つ人にとっては、これらを重視した製品は特別の価値を持つ。これらの〝パーソナルな価値観や個人の〝信条・思い入れ〟の背景については、前章の「ファッションの個人化」でも述べたとおりだ。

なかでも、パーソナル化された商品やサービスへのニーズは、新しいパラダイムにおいて、非常に強いものになる。大量生産・大量販売により商品が同質化し、また「売れ筋」を追うビジネスのやり方が、個性あるいは人と違うものを求める人には「買いたいものがない」状態をつくっている。

個人が自分でデザインしたり、あるいは選択肢のなかから好みのものを選んで仕立ててもらうことは、すでに欧米では拡大している。さらに高齢化が進むなかで、「自分に合うサイズでオシャレなものがない」と嘆く多くの人たちに、簡単にボディをスキャンニングして、個人の体型に合うものを提供できれば、大きなパーソナル価値創造になるだろう。カスタムメードのシステムは、日本ではまだ、いわゆる「スタイル・オーダー」（特定のスタイル見本により、あらかじめ準備された型紙を個人の身体の主要部分の寸法に合わせて制作する手法）の域を出ていない。これがもっと自由にデザインを選べてカスタム化できるようになれば、ファッション市場すなわちビジネスは拡大する。

パーソナルな価値の創造と提供は、〝モノ（製品）〟以外の〝サービス〟の面で、より大きな可能性を持っている。たとえば、自分のサイズだけでなく、興味を持っているブランドやスタイル、色や素材、フィット具合などの嗜好を基に、市場にある商品のなかから選んだ候補を見せてくれる、といったサービスは、非常に有効だ。米国の WaNeLo などが、そういった簡便なサービスを、パソコンだけでなくモバイルでも提供している。これらのシステムの背後には、いわゆるビッグデータを読み込み分析するアルゴリズムがまわっていることも、新パラダイム時代の主要な要素だ。

〈私・想い〉の分野の価値創造では、この事例に限らず、ＡＩなどのデジタル技術を活用する場合がますます増えるだろう。個人が、自分のものを自分で作る場合（たとえば３Ｄ印刷で）にも、企業がそのための簡便なシステムや素材やアイディアを提供することが、生活者個人による価値創造につながる。

2．3つの牽引力が生み出す価値を、どうコミュニケーションするか

これらの牽引力が、単なる新商品の開発や一方的な提案ではなく、新たな価値創造に真に貢献するためには、それを支援するサービスやシステムの開発・構築が不可欠である。たとえば、あるデザイナーが、アートとクラフトマンシップを合体した優れた製品を開発したとしても、そのデザイナーの知名度が低ければ、その画期的製品が注目されるチャンスがないからだ。

以下に、３つの牽引力が生み出す価値を、利用者につなぐ仕組みづくりについて、触れたい。

① High Style（完成された美と技）の価値のコミュニケーション

この領域での、最大の課題は、すぐれた製品をいかに顧客に「見える化」するかだ。

アートと職人芸の世界では、小規模の工房や企業あるいは個人がモノづくりをしているケースが多い。現代のように、商品やブランド、店舗が飽和状態のなかで、これらの優れた製品を作る企業や

工房を、その対象となる顧客に目に留まるようにするためには、デジタルとネット・コミュニケーションの活用が不可欠だろう。

まず、ブランディングがある。明解なコンセプトや物語を語り、ブランド名や物語が、検索エンジンに引っかかるようにすることだ。ＳＥＯ（検索エンジン最適化）といった手法の活用も重要だろう。

また、試着を容易にすること。これも、体型が決まっていればバーチャル試着も可能だ。試着した後の返品や交換も容易でなければならない。返品用の宛名記入済の袋を付けるとか、返送料無料とかの簡便さだ。ブランドが発信する物語以上に、最近効果が大きいとされているのが、ＵＧＣ(User Generated Contents）だ。ユーザーが自ら製作したビデオなどだが、顧客側からブランド価値を発信してくれる結果になるからだ。

小規模のデザイナーや企業がグループを組んで、仕組みをつくることも有効だろう。展示会やショーを開催するグループ活動はＪＦＷ（Japan Fashion Week）などがすでに存在する。これらが、サイズ体系をルール化し共有する、あるいは試着や返品の仕組みを共同化してコストと時間を削減するなどを行い、対象顧客に向けて、グループとしてのブランディング、マーケティングを行うことだ。

ソーシャル・メディア（いわゆるＳＮＳ）やインフルエンサーの活用も、有効な広報手段だ。気に入ってもらった作品が、インスタグラムなどで拡散され、情報と価値の伝播に貢献する。

②High Performance（普遍的な機能・性能）

この領域での新たな価値のコミュニケーション実現に関する課題としては、２点を強調したい。第１は、健康志向のライフスタイルの推進だ。多様なパーフォーマンス・ウェアが開発できれば、これを活用してのエクサーサイズやレジャーが、これらのパーフォーマンス・ウェアの拡大と価値の評価につながり、それに〝フォロー・ザ・リーダー〟的に追従する人も増える。またそれにともない、プロ仕様のウェアが、より一般向けのライフスタイル・ウェアとして、日常生活の一部になる。健康・リラックス志向のライフスタイル推進は、製品を、モノとしてだけではなく、それを使って「新たな体験」をするという価値創造につながる。逆に、「体験の場」を用意することで、パーフォーマンス・ウェアの価値も増幅されるし、市場も拡大するのは、ルルレモンの事例で見た通りだ。

第２は、ハイ・パーフォーマンス製品の開発は、多くの場合、大手企業が主導権をとるものである。多額の投資を必要とする高度な技術開発が絡んでいるからだ。またその投資の回収や、高度な性能の安定生産や品質管理のために、製品の量産がさけられない。言い換えれば、巨大な開発・生産・販促マシーンがまわることになる。したがって１社で自己完結するよりは、多くの専門組織や企業のコラボレーション、それも垂直的、水平的の両面が有効となる。たとえば大学研究室との連携や、素材メーカーと製品メーカーの連携、あるいは同業者同士のグローバルな連携も、重要となるだろう。産学連携の例では、たとえば信州大学と紳士服「ＡＯＫＩ」が、生地に付着されたマイクロ・カプセルの熱吸収と、太陽光の赤外線などをブロックする「熱ブロック加工」により〝涼しいスーツ〟を協同開発した事例が挙げられる。

③ High Devotion（個人の価値観・信条・嗜好）

「ハイ・ディボーション」では、個人主導の「プルのマーケティング」の仕組みをどう構築するかが課題だ。

個人の価値観・信条・嗜好は、いうまでもなく人によりまちまちだ。商品やサービスの送り手（企業側）が、一人ひとりの個客にフィットする商品を開発し提示することは、非常に難しいし、また非効率だ。逆に個客側が、自分に合うもの、自分が欲しいものを、ある程度絞り込まれた選択肢のなかから選ぶことができれば、個客の満足度も高くなるし、企業側のコストも低減できる。これがこの分野の基本原則だ。

この領域は、圧倒的に「個人が主役」である。企業は、その個客のために、より適切な選択肢を提供したり、それを獲得する簡便な手段や情報やサービスを提供する必要がある。そのためには、企業側は、個人の嗜好や行動を把握するためのビッグデータの分析・活用が不可欠になるだろう。

ソーシャル・メディア（SNS）の活用も重要だ。〝個人の嗜好や思い入れ〟のコミュニケーションには、口コミが非常に有効だからだ。Facebook や Youtube、Twitter や Instagram や Pinterest で自社の商品やサービスが適切な形で話題になったり紹介されたりするよう、企業は注力せねばならない。ソーシャル・メディアが作り上げる〝仲間〟あるいはファンクラブのようなコミュニティも有効である。米国のブルーミングデールズ百貨店では、ブログの The Coveteur とタイアップし、

4人のファッション・インフルエンサーによる新人デザイナーの舞台裏情報などを顧客のオンライン会話に持ちこむことで、SNSを活用している。

個人が自らデザインしたり、制作したりする仕組みや素材の提供、さらにデザイン・制作の指導や販路の提供なども、企業が支援できる分野であり、これが新たなビジネスにもなりうる。先に紹介した、C to Cのプラットフォーム、エッツィーがその好例である。

エコやサステイナビリティ、エシカルといった〝社会善〟とも言うべき領域では、それによって生まれる、あるいは提供される製品も重要だが、新時代の価値創造としては、それに取り組む企業の姿勢、すなわち、それを信条あるいはミッション（使命）として事業活動全ての根底においている、ということも、大きく貢献することをつけ加えたい。ホームページはその意味で大きな可能性をもっている。

第三部

FBはどう変わるのか

第1章　テクノロジーが拓く近未来のFBと産業構造

これから15～20年の間に、ＦＢは大きく変容し、新たなパラダイムの概要が明確になるだろう。新パラダイムにおける価値創造のために、ＦＢと産業の仕組みはどのような変化を遂げるだろうか？　ファッション産業とはどんな産業になっていくのか？　それが、この第1章のテーマである。

新パラダイムは、新たなエコシステムでもある。エコシステムとは、動植物の食物連鎖や物質循環といった生物群の循環系という意味の言葉であるが、それが、企業や人々の経済的な依存関係や協調関係の新しい仕組みを表現する意味に使われ始めたものだ。

たとえば、世界最大の宿泊施設提供者となったエア・ビーアンドビーは、ビルも部屋も所有していない。ウーバーは世界最大のタクシー会社であるが、車を一切所有しない。クラフト作家やアーティストのマーケットプレイスのエッツィーは、商品在庫を持たないで、世界で１４０万人のセラー（売り手）を１９８０万人のバイヤー（買い手）につないでいる。個人同士をつなぐ、これまでの常識では考えられないことが起こっている。手の平におさまるスマホ１つでほとんどの情報やそれに基づいて行動することが可能になるのだ。

これらは、時代が求めるディスラプト（旧来の秩序の破壊）の象徴的事例であり、新しいエコシステム、すなわち新しい産業の仕組みの一部である。地球上にある資源あるいは財を、最も効果的・効率的な形で人々が利用・活用する仕組み。それを支えるのは、テクノロジーの発達と、グローバル化、そしてフラット化した社会である。

では、ライフスタイルにからむ衣・食・住では、どのようなエコシステムが構築されるのだろうか？「住」は、所有しなくても、レンタルやシェアリングで済ませることもできる。しかし「食」はバーチャルで済ませるわけにはいかないし、「衣」も、人が直接身に着けるものであり、ファッションは個人のエモーション（感情）が価値を左右するものであるから、テクノロジーだけでは片付かない。ファッションならではの、新たな産業、すなわち新たなエコシステムが構築されることになるだろう。

未来を予測するのは難しい。いま、15～16年前の２０００年を振り返ってみても、Ｅコマースこそ始まってはいたが、スマホは未登場。ツイッターやユーチューブなどのソーシャル・メディアの登場は２００５、6年頃だ。アマゾンやアップル、グーグルやフェイスブックが、世界的なプラットフォームを構築して新たな世界を広げることなど、予想もできなかったことだ。衣服にセンサーを装着して、人の体調や活動状況を計測分析し、健康的生活を指南するといったシステムも出てきた。これからの15年～20年間には、これらを大幅に超える変革が起こるだろう。まさしくパラダイムの転換である。ＡＩ（Artficial Intelligence ＝人工知能）やＳＮＳが増殖させるコネクティビティ（人と人のつながり）が、人々の考え方や行動をどう変えるかも、推察はできても、予測は難しい。

マーケッターは、3年より先の予測はするべきではない、というのが鉄則だと聞く。

しかし、ビジネスの未来は創るものでもある。自然現象とは異なり、人間の意志によって創造され、生まれる部分が大きい。先に述べたような変革は、新たに開発されたインターネットやデジタル技術を、企業が新しい発想で活用・開発・発展させたからこそ、生まれたものである。

未来を形作る要素の片鱗はすでに見え始めている。

SF作家のウィリアム・ギブスンの言葉通り、「未来はすでにここにある。ただ全ての人に均等に配分されていないだけだ」とすれば、未来を構成する要素の多くは現在すでに存在する。これらを、「人間的価値創造」と「テクノロジー」で組み上げることで、新パラダイムが形作られてゆく。

新パラダイムでのFBのイメージとしては、すでに第一部の冒頭でレント・ザ・ランウェイ（ファッションと体験のレンタル）を紹介し、ファッション衣料を「個人財」から「社会財」へ転換させる事例を見た。

ファッション産業の新しい構造は、あえて結論的に言えば、つぎの2つの潮流

①人々が求める、より人間的で情緒的な、心、愛、つながり、そして自然との共生

②テクノロジーが可能にする自動化、機械化、無人化、あるいは人間の活動のアルゴリズム化を、ビジネスとして、「合理性」と「収益性」と「社会性」ある形で、調整・融合して構築するものになる。

この章では、まず科学者でビジネスマンの未来学者ファアン・エンリケス氏の未来予測をふまえて、ファッション産業とビジネスが、20～30年先の未来へ向けてどのような変容を遂げるのか、を左記

の3点を中心にイメージしてみたい。
①テクノロジーの進展が拓く新しい世界――IoT、AI、3D印刷、その他
②フラット化する商品企画・生産活動――T・A・Rの順送りから同時進行へ
③個人がデザイナー／マーケッターになる――デザイン／製品化サービスが新たなニーズ

1．FBの未来展望――リテール・レボリューション

「Retail Revolution（小売革命）が起こっている」――毎年1月に開催される米国小売協会（NRF）の大会では、2013年以来、このメッセージが毎回強調されている。ファッションあるいは消費財にかかわる企業への警鐘、というより〝ディスラプション（破壊的変革）〟を促すメッセージであり、それを突き動かすのはテクノロジーの進展だ。

リテール・レボリューションとはいうまでもなく、インダストリアル・レボリューションつまり18世紀に始まり何十年もかけて世界に拡大した産業革命になぞったものだ。製造業の世界では、現在、ドイツを中心とするIndustry 4.0あるいは米国のIIC（Industrial Internet Consortium）など、IoTの展開へ向けて世界が動いている。日本でもIVI（Industrial Value-chain Initiative）が注目されている。また経団連は、2016年4月、〝ソサエティー5・0〟への取り組みを発表した。これは狩猟社会、農耕社会、工業社会、情報社会に続く新たな概念であり、サイバー空間と現実空間が高度に融合した「超スマート社会」を目ざすものだ。

未来学者で生命科学者、ベンチャー投資家でもあるファン・エンリケス氏が、２０１５年1月のＮＲＦ（米国小売業大会）基調講演で、〝今後30年に起こる主要な変化〟として挙げた5点は示唆に富む。

①ネットワークで働く人が、企業で働く人より多くなる

世界的なデジタル／コミュニケーションの普及で人々の働き方が変わり、ネットワークを通じて仕事をすることが一般化する。当然ながら、自分の時間、自分の価値観やライフスタイルに合わせた個人主導の生活行動、働き方が当たり前になる。

と同時に新しい協調や協業形が進展する。

②3D印刷とロボット（AI技術）が生産とデザインを中央管理から分散型（現場型）にする

多様な分野で開発が進められているこれらの技術により、デザイン活動のデジタル化が進み、３Ｄ印刷や自動生産により、適量あるいは1点生産が可能になれば、消費地に近い場所でのデザインや生産が可能になる。

③モノづくりとデザインが劇的にスピードアップする

デザインと生産がリアルタイムでシンクロすれば、そのスピードの加速は、言うまでもない。

④3D印刷では、あらゆる素材が1キロ2ドルになる

この予測には驚くばかりだが、未来学者、科学者としてのエンリケス氏であるから、根拠のある予測なのであろう。

⑤米国／EU（先進国）で低コストの製造が可能になる

遠隔地での大量生産から、消費地近郊での受注生産に近い生産体制が低コストで実現すれば、先進国での国内生産が可能になるのは当然。

小売企業の幹部に向けて、リテールばかりでなく、製造業もふくむ産業構造全体が全く変わるとのメッセージである。

2. FBの未来を拓くテクノロジー——IoT、AI、3D印刷、ARなど

エンリケス氏の予測が、繊維ファッション産業でいつ実現するかは、予測が難しい。労働集約性の高い産業として今日まで長い歴史を持ち、少しでも賃金の安い地域を探して生産拠点を世界に求めてきたアパレル生産は、まだしばらくの間、従来の企画・調達・生産・物流のやり方を継続する、と考える人も多いだろう。

しかし長期的にみれば、大量生産・大量消費・大量廃棄の手法は、地球環境やエコロジーの観点、原材料の枯渇やソーシングにかかる時間とコスト、リードタイムの時間リスク、などの観点から、そのままの形での継続は成り立たないことが明らかであり、すでに米国等では、国内生産への回帰の動きもみられる。さらに以下に述べる多様なテクノロジーの劇的進展が、ファッション産業の業界構造変革および価値創造に活用されるようになる。さらにいえば、これらの予測される変容を先取りし、新しい価値創造のビジネスモデルを確立する企業が成功する、ことも明らかであろう。

ここで重要なことは、テクノロジーがＩＣＴの進化系としての〝デジタル技術〟であることだ。ＩＣＴ（情報コミュニケーションテクノロジー）は、すでに多くの革新をもたらした。インターネットやモバイルの浸透、ソーシャル・メディアと各種のアプリなどが、企業のビジネス・システムを高度化・スピード化するばかりでなく、生活者、つまり個人の能力を劇的に拡大した。人々が、自分の意思で、必要な情報を獲得し、評価し、仲間とシェアし、買い物手段やサービスを享受するだけでなく、個人が自らデザインやモノづくりを主導できるようになりつつあるのも、テクノロジーの貢献である。

しかしデジタル・テクノロジーは、人やモノをつなぐだけでなく、人間の活動や脳の思考までもデジタル的にとらえて、ビジネス活動にとりこむことを可能にする。たとえば、「匠」の技をデジタル・データに置き換え、テクノロジー主体で伝統の製品を作ることも可能になる。日本酒の秘伝の技をデジタル化し、杜氏が不在でも、目標数値を再現し、伝統の味を実現することを、山口県の小さな蔵元（「獺祭（だっさい）」）が達成しているのが好例だ。

これからの変革は、ＡＩ（人工知能）やビッグデータ分析、クラウドといった技術と、エンジニアリングでの３Ｄプリンティングやロボット工学などが合体して、ビジネスのやり方、業界の再編をいっそう加速するものになる。

これからの時代を形づくる多種多様なテクノロジーのなかで、ファッション関連産業、流通産業で新たな領域を拓く３つの主要分野について特記したい。

①IoT（Internet of Things）—〝モノのインターネット〟

ＩｏＴは、〝モノのインターネット化〟と訳されている。その意味は、〝識別可能な「もの」がインターネットやクラウドに接続され、情報交換することにより相互に制御する仕組み〟。言い換えれば〝センサーが埋め込まれたすべてのものが、人間の介在なしに、ネットワーク上で情報を自動的に行き来する〟こと、だと言える。現時点でのＩｏＴの事例としては、工場の生産設備や機器をネットでつないで様々なデータを集めたり稼働の遠隔制御をしたりするほか、高齢者の生活をセンサーで見守るなどが、分かりやすい例だろう。現在試験進行中の車の自動運転や、災害現場に入り込み被害者の救出や被害状況の実査をするロボットの遠隔操作やデータ分析も、ＩｏＴである。

ＩＴあるいはＩＣＴは、データを集めたものが勝つ分野であったが、ＩｏＴはアナログなプロセスをつないでデジタル化すること。いまあるだれでも使えるテクノロジーでできるもので、その目的は生産性の向上と価値創造にある。

ファスナーで一貫生産の仕組みをもつＹＫＫでは、世界に点在する自社製の生産設備をネットワークでつなぎ、稼働状況をリアルタイムで把握。設備統合効率（設備が効率よく稼働しているかを定量的にとらえる指標）で見える化し、生産性を高めると同時に課題の表出に取り組んでいる。

ＩｏＴは、〝モノ〟をつなぐだけのものではない。とくにＦＢに携わる人にとっては、ＩｏＴはモノだけでなく、〝人〟、たとえばセンサーやウェアラブル機器を着装している人、あるいは特定のコミュニケーションを可能にするアプリを搭載したスマホを持っている人、などをつなぐこともＩ ｏＴだからだ。エクササイズやスポーツする人が着装しているセンサーからのデータを離れた位置から収集分析する、あるいは、入店客が買いたいと思っているものに関するデジタル情報を、アプリを通してピンポイントで提供したり商品提示をするなどがそれであり、ファッションや流通に絡むＩｏＴが期待されるゆえんである。

またＩｏＴを小売りの店舗内で展開し、買物顧客の動きや商品の移動のデータを分析すれば、顧客の行動を予測し、何時どこにトラフィックが集中するか、などを把握して、サービスのスピードと質を上げることで、より優れた顧客体験を提供することができる。ビジネスの鍵である〝データ〟と〝プロセス〟と〝人〟を多様な形でつないで、顧客価値を極大化することも可能だ。たとえばリーバイスでは在庫の完全把握による顧客満足向上のため、トラッキング・タグを付けた商品を天井のセンサーがモニターする仕組みを実施する。ビーコンの活用も広がっており、バーニーズでは店内のアプリ・ユーザーにファッション記事や写真、あるいはデザイナーからのアドバイスなどを送っている。

ＩｏＴを重視する小売業は急速に増えている。米国のボーダフォンの調査（２０１６年７月）によれば小売業の76％がＩｏＴを成功のために不可欠だとし、63％が1年以内に実施予定と答えている。

ファッション以外の生活関連商品ではすでに実動しているものもある。ＲＦＩＤを活用するものが多いが、家庭での食材や日用品の在庫を管理し、Ｅコマースにつなげて自動補充することは、洗剤や卵などですでに市場化されている。たとえば冷蔵庫内の卵トレイ（Egg Minder）がWi-Fiでスマートフォンのアプリに連絡し、必要な補充を指示する、などだ。

大手小売業のターゲット社では、ＩｏＴを体験できるOpen Houseをサンフランシスコに２０１５年7月にオープンした。家庭内を想定した３５０㎡の売り場に35のスマート商品を配置し、これらがつながってどのように機能するかを見せる。たとえば、赤ちゃんが目をさまして動き始めると、やさしい音楽が流れ始め、台所のコーヒーメーカーが作動する、といった具合だ。顧客のフィードバックを得ながら、この分野の開発・研究を推進するのが目的だということであったが、現在すでにベビー用品ウェアラブル・ボタンなどを販売している。インターネットに接続し、赤ちゃんの呼吸や位置、寝返りなどをモニターする。

「ＩｏＴは、地平線を昇りつつあるメガトレンドだ。これが、自社あるいは顧客のためにどんな可能性をもっているかを探りたい」とターゲット社の戦略担当役員は言い、〝コネクテッド・リビング〟のコンセプトを、フィットネス、ヘルス、料理、子供などの分野でテスト展示している。これらにより、小売業と顧客とのインタラクションが、永遠に変わることが予測される。

②AI（人工知能）

人間に代わって知的労働を行う、というＡＩ（人工知能）は、今後のビジネスの変革・発展に巨大な可能性を持つテクノロジーである。また緒に就いたばかりだが、ＦＢではとくに期待されるものだ。

ＡＩは、実はこれまでにも、ブーム的に注目されたことが１９５０年代、そして１９８０年代と、

2回あった。しかし今回のAIへの注目は、「深層学習」という革新技術の登場で、ビジネスが劇的に変わると予想されるからだ。グローバル競争が激化するなかで、AIという大きなチャンスをどう活用できるかが、企業の、ひいては国の未来を決めるといっても過言ではないだろう。

AIと「深層学習」への関心が日本で一般人にまで広がったのは、2016年春、グーグルの人工知能プログラム「アルファ碁」が、世界トップレベルの韓国プロ棋士、イ・セドルに勝利したことだ。それに先立つ2011年には、米国のテレビクイズ番組Jeopardy!（ジョパディ！）で、IBMの〝AI搭載コンピュータ〟Watson（ワトソン）が、史上最強のチャンピオン2人と対戦して勝利し、世界を驚かせた。

日本のAIの活用には、大きく2つの流れがある、とAI研究の第一人者、松尾豊・東京大学特任准教授は言う（エコノミスト誌　2016年5月17日号）。

一つは「データや情報技術（IT）による業務の効率化や商品開発力強化を目指す広義のAIの活用だ。これはIoT、つまりネットとつながったセンサーから吸い上げたデータなど、ビッグデータを解析して、新たなサービスを創出する仕組みである」。これを、クラウドコンピューティングという、インターネットを通じてソフトウェアなどの機能提供やデータ管理を、安価で行う仕組みが支援する。

他の一つは「AIの革新技術である〝深層学習〟を使う狭義のAI活用だ。深層学習は〝ニューラルネットワーク〟という人間の脳の神経回路を模したモデルを多層化し、計算処理を行うソフトウェアの一種だ。これによって、物事を認識する際の要素（特徴量）を学習できる。これがコンピュータによる『画像認識』を可能にした」。

ファッション産業では、先に見たようにＩｏＴによる生産性の向上や新たな価値創造も非常に重要であるが、後者に革命的可能性がある、と筆者は考えている。ファッション・ビジネスの本質は、〝人の心やファッションへの感性をとらえ、個人のパーソナルなニーズを満たすこと〟にある。ＡＩによって、人、とくに〝個人〟としての顧客の心の動きをとらえることができれば、人間の勘にたよってきたリスクの大きい商品企画や販売を、大きく革新できるからだ。個客の個人的な好みやニーズを、より精度高く把握することで、無駄のないファッション提案や販売が可能になる。

ＡＩ活用による新しいビジネスの事例はまだ少ないが、２つのアプローチを紹介しよう。

１つは、ＶＦコーポレーションとＩＢＭのワトソンが中心となって開発したものだ。ちなみにＩＢＭは、ワトソンをＡＩ（人工知能）とは呼ばず、〝コグニティブCognitive〟すなわち〝認知〟コンピューティング・システムと呼んでいる。人間の脳が持つ知覚、行動、認知能力を模倣するプログラムの意味である。

ＩＢＭ会長兼ＣＥＯのジジ・ロメッティ氏が２０１４年のＮＲＦで、ＶＦコーポレーション社と開発中のプログラムで自ら体験したデモを映像で見せた講演は、興味深いものであった。たとえばあなたが、２週間のバックパック旅行に出かけるため、ＶＦ社のアウトドアスポーツ・ブランド、ノースフェイスのワトソン君に話しかける。「何をお手伝いしましょうか？」とワトソン君が始める対話は、質問に応じて「行き先はパタゴニアがいい」とか「テクニカル・パック（技術面でのギア）

の必需品はABS」などと教えてくれる。「ABSって何だかわからない」と問うと「アバランチ（雪崩）対応エアバッグ」との答えがくる。ちなみにロメッティ氏が、ABSを一般検索にかけたところ膨大な数の説明が上がってきたが、アバランチ・エアバッグはなかったという。ワトソン君の知恵のなせる業だ。

こういった開発とテストの結果、VF社傘下のノースフェイスでは〝Expert Personal Shopper〟と名付けた、パーソナル・ショッパーのシステムをホームページ上でテスト稼働させている。現在ショッピングできるのは、ジャケットに限られるが、「いつ？」「どこへ出かける？」「目的・用途は？」、など対話のやり取りで、たとえば〝9月の富士山登頂〟に必要なウエアを、気象条件やあなた好みの色やサイズで提案してくれる。

またメイシー百貨店では、VF社と共同で〝Macy's Call〟というモバイル用ショッピングプラットフォームを2016年7月に10店舗でのテスト運用に入った。

ファッションに関する日本の事例として、2011年創業のカラフル・ボード社を紹介したい。「SENSY」（センシー）という、ユーザーの感性を理解し、学習する人工知能プラットフォームを開発・提供している会社だ。

大学時代から人工知能アルゴリズム研究に従事してきた創業者の渡辺祐樹氏が、同社のビジョンとして「すべての人々に、人生が変わる出会いを」とうたう背景には、インターネットで何でも買える時代になり、市場にはモノがあふれているが、便利になればなるほど〝出会いが難しい〟という実態がある。ファッション産業はとくに在庫が多い業界だが、それらとユーザーとの間に大きなミスマッチがある。このミスマッチが解消すれば、処分される在庫も減少、無駄が生む高コストや環境などの社会問題の解消にも役立つ。この考えが、人工知能アルゴリズムを活用した、個客の嗜好にパーソナル化する、ＳＥＮＳＹのプラットフォームの基盤となっており、ファッション人工知能アプリなどのサービスとして展開されている。

「だれもが一人一台のＡＩをクラウド上に持つ社会を作りたい」という夢を描く同社の開発中のプロジェクトは多岐にわたる。その多くはまだ公表されていないが、伊勢丹新宿店でのタブレット接客では、ショップに来店した顧客に、顧客の感性を入れた〝センシー・クローゼット〟で人工知能が接客する。人工知能が販売員を代替するのではないが、顧客の好みやサイズやフィットなどを人工知能が学習することで、販売スタッフがその力をフルに発揮できるように、支援する仕組みだ。顧客の来店回数が増えるほどに、ＳＥＮＳＹは賢くなってゆく。

また、はるやま商事とのプロジェクトでは、集客の課題解決に取り組む。ＤＭ（ダイレクトメール）という従来から使われてきた手法に、ＳＥＮＳＹのＡＩ技術を組み込むことで、一人ひとりの顧客に対して最適化・パーソナライズされたＤＭを送ることができるようになった。２０１６年６月に実施した実証実験の結果では、ＤＭによる売上効果が50％以上向上したという。

今後は、ＳＥＮＳＹを活用した商品企画やＭＤの需要予測等にも取り組んでいく計画があり、すでに大手メーカーとの実証実験もスタートしている。

ＡＩはすでにいろいろな場面で活用が始まった。日本でもワトソンは、大手銀行のコールセンターに〝スタッフ〟として採用されたり、百貨店などでイベント用の案内人に起用されている。ロボットの研究開発との連携も盛んだ。日本のロボット技術は世界で最も進んでいると言われるが、〝感情を持つロボット〟の開発も進んでおり、高齢者などの介護支援だけでなく話し相手になれるロボット、AI能力を持つロボットも、生活の質向上という価値創造を実現する。ハウステンボスの「変なホテル」で始まった小売りやサービス業でのロボットの活躍も、新たな時代を開くことは確実だ。

AIを、〝Augmented Intelligence〟（拡張された知能）と解釈する、という人たちも出てきた。多様な情報機器とITが人間の知識を拡張し、あらゆる人がスーパーパワーを手にできるようになる、という考え方だ。ファッション・トレンドも、パリコレ情報よりは、SNSで飛び交う個人のファッション会話から先端的情報を読み取るほうが、より現実的である、という時代が目の前に来ている。

③3Dプリンティング（印刷）

3Dプリンティング（印刷）も、将来にかけて非常に期待される技術である。デジタル化された設計図の指示通りに印刷を立体的に重ねて物体を作る手法で広い範囲でパイロット・テストが進んでいる。商品分野としては、すでに商業生産に入っている補聴器やアクセサリー（コスチューム・ジュエリー）、靴以外に、食品や宇宙船の部品、生体臓器などにまで、可能性が広がっている。宇宙船については、部品を船内の3D印刷機で製造することにより地球からの修理部品到着を待たないですむ体制づくりにNASAが取り組んでいる。3D印刷に使用するマテリアル（材料）も、現時点ですでに、プラスティックのみならず、金属やセラミックス、食材などに広がっている。形状も粉末やフィラメント、ペレット、顆粒、液体など多彩だ。

アディダスは〝スピード経営〟の一環として、3Dプリンターによる靴の大量生産を決めた、と発表した。24年ぶりのアジアから本国への生産回帰だ。低コストを追い求めてアジアに生産基地を移してきたスポーツ用品業界に「革命を起こす」という。

ファッション・アパレルの分野でも、2000年に入って、主としてヨーロッパで試作が行われてきた。オランダのデザイナー、イリス・ヴァン・ヘルペン（Iris van Herpen）が2010年からパリで発表しているコレクションは、当初は装飾的で、快適に着用できるかどうか心配になるようなデザインのものであったが、その後、素材もデザインも多様な試みで年を重ね、2015年秋冬コレクションでは、人造シルクなどを使用。衣服の概念を大きく変える世界を拓いている（巻頭カラー4ページ参照）。

オートクチュールでも、シャネルのデザイナーであるカール・ラガフェルドは、2015年7月のコレクションで、3D印刷によるシャネルスーツを発表した。粉末状の原料をレーザー処理によってデザイン通り融着することで、キルティング風の凹凸感のあるメッシュ地を制作、縫製なしの一枚服に仕上げている。その裏にはシルク生地が張られていて、刺繍や手描きプリントが施されていると聞く。「現在のオートクチュールの顧客はかつてのブルジョワジーとは大きく異なり、若くてモダンな人たちだ。〝眠れる森の美女〟ではない。時代とともに変化することが、クチュールの生命力を維持するために必要なのだ」とラガフェルドは言っている。

こういったファッション製品は、前章の〝ハイスタイル〟的存在であっても、いずれ、制作スピードが上がりコスト・ダウンが実現すれば、世界で1点だけの、あるいはカスタムメードのファッションとしても、重要になるだろう。


女性のインナーウェア、ブラジャーでも大きな革新が期待できる。女性の80〜85%が、身体に合っていないブラを着用しているという統計があるが、ボディ・スキャンにより、年齢とともに変化する女性一人ひとりの体型を反映したブラを簡単に印刷製造できるなら、女性は大いに満足するだろう。

衣料製品の企画・生産は、非常に長く、複雑で、労働力とコストがかかるプロセスだ。原料であるコットンや羊毛あるいは合成繊維を糸にし、織機やニッティング機で編織して生地を作り、それをデザインに合わせた型紙で裁断し縫製する。その間、染色したり、プリント柄を乗せたりする工程もある。

しかし3D印刷では、企画段階でデザインを3次元のCAD（コンピュータ化されたデザイン）に作成し、そのデータを3D印刷機に送信するだけで、生産が可能になる。原料を送りこむだけで、3D印刷機が仕上がり製品を〝プリント・アウト〟してくれるのだ（最後の仕上げやボタン付けなどは、その後に施されることもあるが）。リードタイムも短く、1点見本も短時間で作ることができる。世界に1点しかないオリジナル作品も簡単にできるようになるだろう。

3Dプリンティングによるアパレル製品生産の本格的実用化までには、原料や手法、製造のスピードなど技術面の研究、デザインの研究開発、が必要であるし、あるいは利用者が増えることによるコストダウンも必要になる。しかし、多くの問題を抱える現状の「アパレル製品づくり」の劇的イノベーションへ向けて、非常に意味のある挑戦であることは間違いない。そしてその挑戦は、時間の問題で成功すると筆者は考えている。

米国では、メイシー百貨店が地下1階をミレニアム世代向けに改装した際、３Ｄ印刷のコーナーを設置。５００ドル程の３Ｄ印刷機の販売や３Ｄ印刷のデモや指導を行い、３Ｄ印刷によるアクセサリーやスマホ・ケースなどの販売もしている。ＦＩＴでは、カリキュラムに３Ｄ印刷が入っており、コースによっては必須科目になった。

日本でも〝ファブラボ〟(Fab Lab) と呼ばれるテクノロジー工房などの急速な拡大で、３Ｄ印刷やレーザーカッターを活用し、靴やアクセサリーなどの自作品を作る個人も増えている。ファブラボは、日本でもすでに60か所が全国に生まれている。ファッションが〝個人・個客〟によって作られるベースができ始めているのだ。

ファッションに使われる素材も、イノベーションにより、新たなものが登場するだろう。バクテリアを培養して生地を作ったりすることも研究されている。

④その他のテクノロジー

これらの他にも、今後活用が広がるテクノロジーは、先に触れたロボット以外に、ＡＲ (Augmented Reality＝拡張現実)、ウェアラブルなど、多彩である。

●ＡＲ（拡張現実）

〝ポケモンＧＯ〟で一挙に一般に広がったＡＲは、現実の世界にＣＧ（コンピュータ・グラフィックス）を重ねて表示する技術である。ＶＲ（Virtual Reality 仮想現実）とは異なり、実際に見える景色や人物のなかに、バーチャルなもの、つまり実際にはそこにはないものを重ねて見せる。ゴーグルのような眼鏡をかけて見るものもあれば、アプリを入れたスマホやタブレットで見るものもある。

観光やレジャーなどでの多様な展開がみられるが、ファッションに関しては、試着室的な利用が多い。英国のトップショップでは、５年前からスクリーンの前に立った顧客が、着せ替え人形のようにいろいろな服を取り替えてバーチャルに〝試着〟するシステムを売り場に置いている。

インテリア関連小売業での活用も急速に広がりつつある。たとえばＩＫＥＡでは、カタログ・アプリをつかって、タブレットに写る自宅の部屋などの調度品を特定し、ＩＫＥＡの商品で置き換えて見ることができる。家具やベッド、照明器具などを、現状の写真のなかで、入れ替えた場合の感じを見ることができるわけだ。米国のホームセンターのロウズでは、グーグルの３Ｄスマホ・プラットフォーム用アプリを開発し、ものが置かれていない空室に、家具や電気製品を配置してゆくシステムを２０１６年秋から提供する。このシステムは、空間や家具や冷蔵庫などの寸法もバーチャルに測ることができるため、メジャーを取り出し寸法を測る必要なく、家具などに〝試し置き〟ができるという。

●ウェアラブル

ウェアラブル（着用するスマートデバイス）も、アパレルやライフスタイルの可能性を広げる。形状としては、腕時計など普段身に着けるものから、衣類にコンピュータを統合したもの、ヘッドマウンテン・ディスプレイのように装着するものなど多様だ。

ファッションとしても注目されたものに、２０１４年の全米オープンで発表され、翌15年に販売を開始したラルフ・ローレンの「ポロ・テック」シャツがある。バイオメトリクス・センサーを編み込んだスマートTシャツで、シャツそのものがセンサーになり、心拍数・呼吸数・ストレスレベル・燃焼カロリーなどをトラッキングし計測。取得データはリアルタイムでスマホやタブレットで閲覧することができる。

アスレチック・ウエアのアンダーアーマーは、未来へ向けて、扱い商品すべてをスマート化するとし、「創業から20年は、アスリートの服を変えるビジネスをやってきたが、これからは、アスリートの生き方を変える企業になる」という。テクノロジーを多様な形で身に付け、新しいライフづくりを支援する時代が来つつある。

3. フラット化する商品企画・生産・販売活動――T・A・Rの順送りから同時進行へ

現在の繊維アパレル業界、とくに日本のそれは、複雑な重層構造と、重複する機能分担で成り立っている。20世紀の終わりごろと比較すれば、現在は競争の激化による淘汰や一部企業のＳＰＡ化、サプライチェーン改革などにより改善された部分はあるが、抜本的な改革には至っていない。原料が糸・生地・製品となり、消費者に届くまでに、依然として長いサプライチェーン、生地や製品の必要以上の移動、滞留する多量な在庫が存在し、多くの無駄を生んでいる。そのためモノづくりが得意な日本なのに価格や価値の国際競争力がなく、顧客の購買意欲や満足感をもそいでいる。

未来のファッション業界では、こういった状況は容認されないだろう。

それではＦＢはどのような構造になるだろうか。現状を確認したうえで、未来への方向を考えてみたい。

①日本のＦＢの現状——ゆがんだ利益配分の構造

日本のファッション産業では、「価値創造とその配分」が、非常にいびつな形になっている。図8の「利益配分のイメージ」は、経済産業省が２０１６年６月に発表した「アパレル・サプライチェーン研究会報告書」の参考資料である。この研究会は、日本のアパレルを中心とする繊維産業の競争力強化の方策を探るために設置された、ビジョン委員会ともいうべきものだ。筆者も委員を務めたが、サプライチェーンやオムニチャネル、輸出拡大・海外拠点の活用など、日本が直面する課題を、多量な資料を基に議論し、報告書がまとめられた（同省ホームページに掲載）。

図は、イメージ的に簡素化されたものではあるが、日本のアパレル製品の価格構造を示している。１９９０年頃では、小売価格１万円の製品の製造業者の出荷価格は４０００円ほどであった。それが現在は、２０００円となり、生産者の利幅に非常な圧力がかかっていることが分かる。これに対してＳＰＡ業態では、同じ価格で工場から出荷した製品でも、４０００円の小売価格で売れる。こ

図 8　利益配分のイメージ
——工場製品価格は小売価格（上代）の 20%になっている

●1990年

下　代 工場製品価格（4,000 円）	卸　値 問屋販売価格（7,000 円）	上　代 小売販売価格（10,000 円）
製造販売価格：4,000 円	粗利：3,000 円	粗利：3,000 円

●現　在

下　代 工場製品価格（2,000 円）	商社	卸　値 問屋販売価格（6,000 円）	上　代 小売販売価格（10,000 円）
製造販売価格：2,000 円	粗利：4,000 円		粗利：4,000 円

●S PA

下　代 工場製品価格 （2,000 円）	商社	上　代 小売販売価格 （4,000 円）
製造販売価格：2,000 円	粗利：2,000 円	

出典：ヒアリングにより経済産業省作成
（アパレル・サプライチェーン研究会参考資料より）

図 9　販路別に見た衣料消費市場の変遷

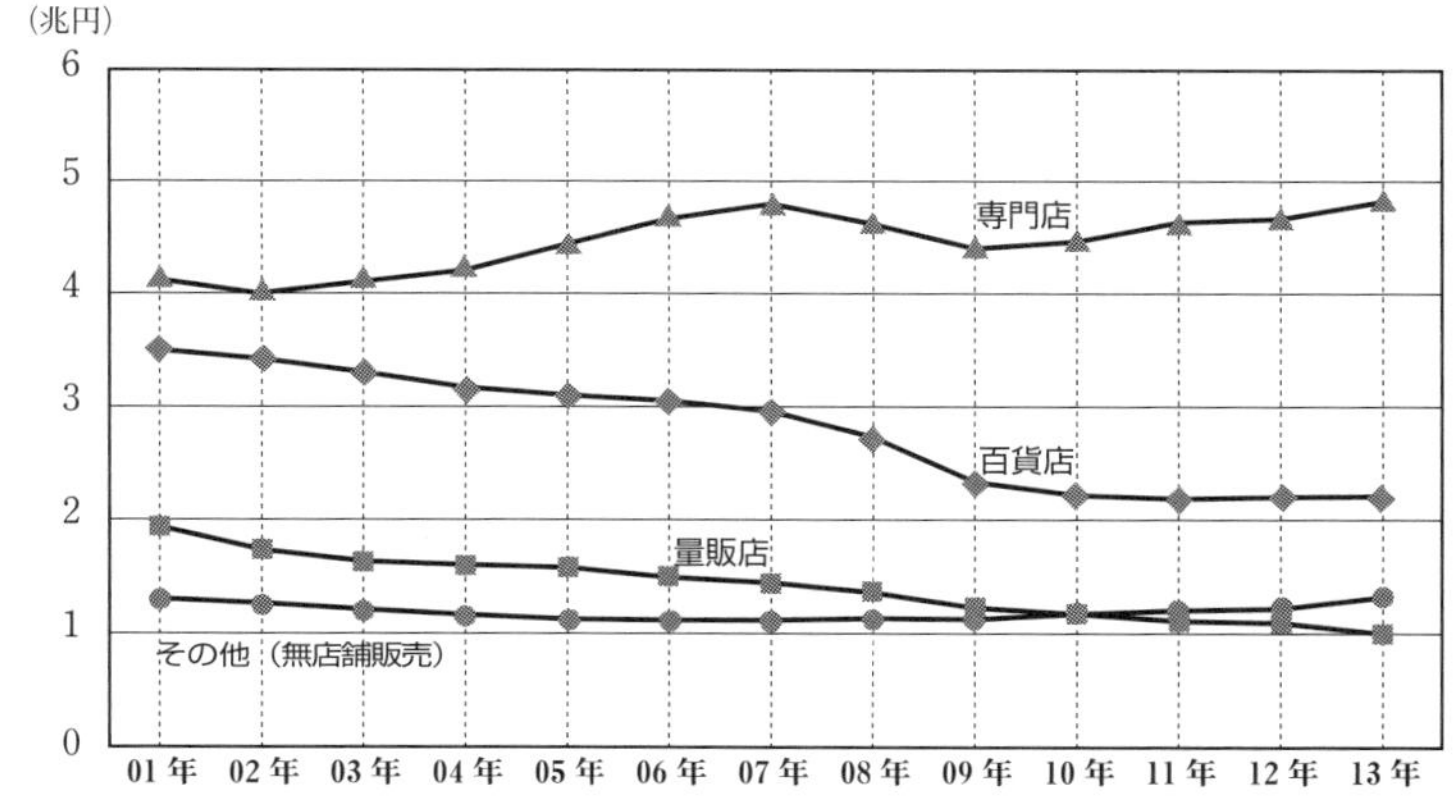

出典：経済産業省　アパレル・サプライチェーン研究会参考資料

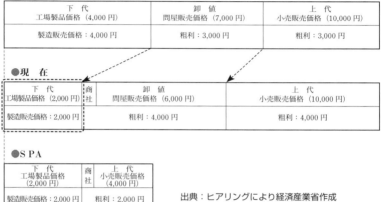

の違いの要因は、中間に卸売業が介在するコストのほか、日本の百貨店の商慣習が、いわゆる委託販売（現在は、〃売り上げ仕入れ〃と呼ばれる形態が多い）で完全な買い取り仕入れをしないことによる、リスク回避・機能重複などからくるコスト増がある。まさしく〃ディスラプション（従来の秩序の破壊）〃が求められる領域である。

前ページの図9は、「販路別に見た衣料消費市場の変遷」であるが、百貨店の売り上げが2001年から2013年までの間に、ほぼ3分の2に減少しているのも、「価格に見合う価値」の点で、専門店や海外からの垂直型企業にシェアを取られていることが読み取れる。

②卸売りモデルから垂直化へのシフト

日本のアパレル・ビジネスの伝統的な業界構造、あるいは、商品企画と生産の流れは、左図10の形で推移してきた。これに対して1990年代、バブル崩壊後の「価格破壊」のなかで、無駄なコスト削減を狙って台頭したのが、垂直化を強めたモデルである。その典型的タイプは、左図11に見る通り、(1)垂直統合型（製造・商品企画・小売を統合したスペインのZARAに代表される形）(2)SPA型（日本的垂直モデルで、製造は外部メーカーに依存）(3)ファクトリー・ブランド（工場が自ら商品企画をする）、あるいはアパレル自家工場型（アパレル卸が自社生産をする）などである。

これらは、垂直化した機能はそれぞれ異なっているが、〃サプライチェーン効率化の〃3S〃、すなわち、Short・Slim・Speedy（サプライチェーンをより短く、在庫は少なく、スピーディにリードタイム短く）をねらうものであり、在庫ロスと機会ロスの大幅削減で大きな成功を見た。しか

図 10　商品企画・生産の流れ（従来型）

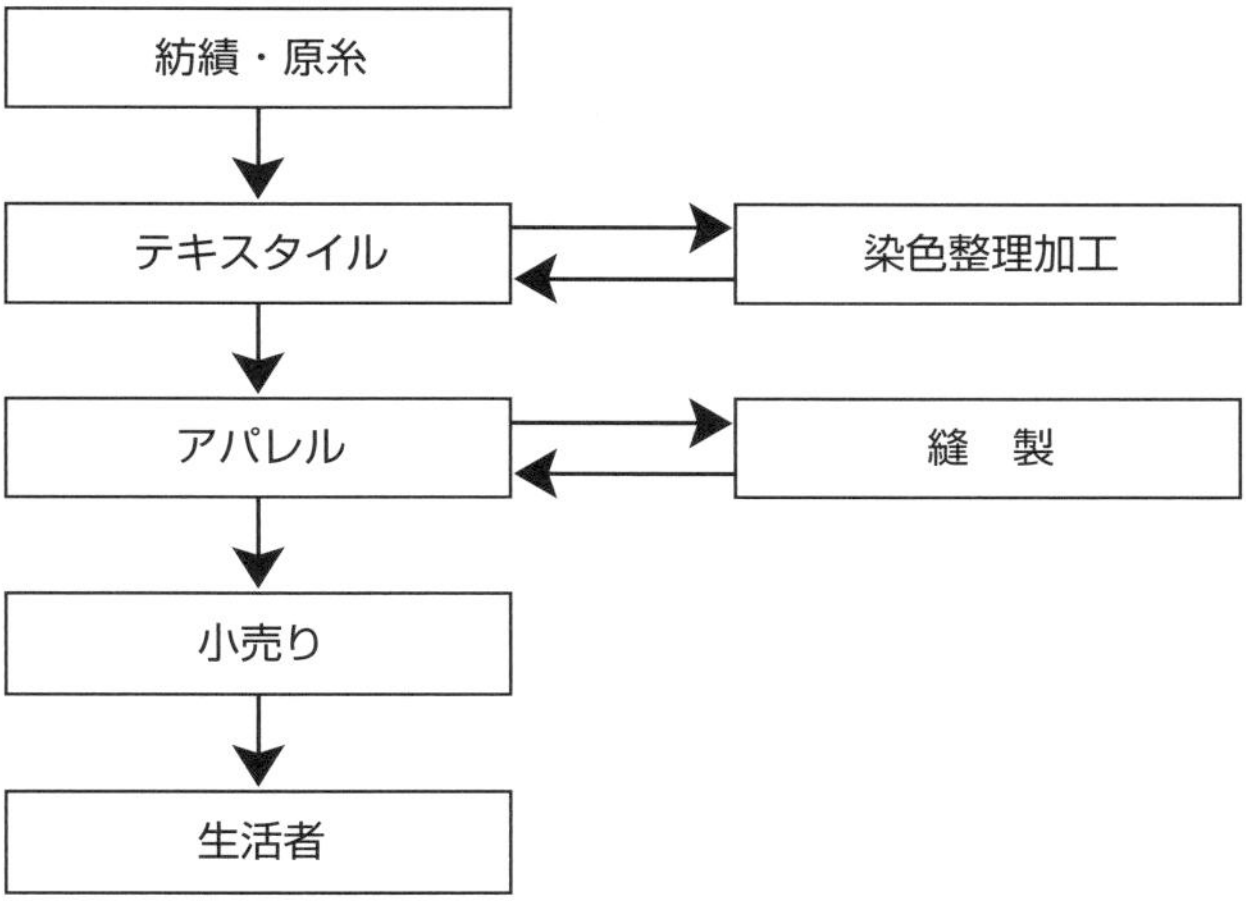

図 11　垂直型のタイプ――製造・商品企画・小売の３機能を垂直型に統合

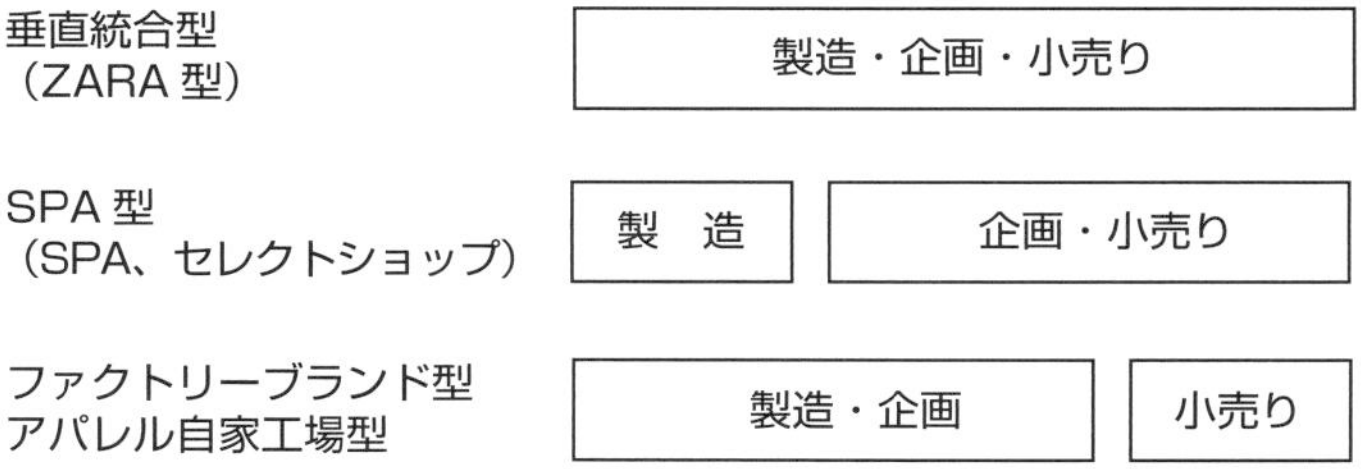

し、90年代以来FBの主流となったこのSPAモデルも、時を経るにつれ制度疲労をきたしており、革新が必要になっている。そもそも日本型SPAでは、〝市場の売れ筋への即対応〟、つまり小売店頭での販売を重視し、いわゆる52週MDに注力するあまり、ビジネスの心臓部であるモノづくり、さらには商品企画をOEMやODMの形で外部に頼っている企業が多い。本来の垂直化、すなわち〝個々の企業の意思のもとに一貫した企画・製造・販売を行う革新〟としての垂直化が全うされていないケースが多いのだ。そのため製品に盛り込まれた価値の独自性や感性レベルが低いものが多々みられる。また小売り店頭動向に密着したMDの結果、市場には〝似たものファッション〟があふれるようになり、消費者に魅力がないものになっている問題もある。

③商品企画・生産・販売における、T・A・Rの連係プレイ

近未来へ向けてのFBの構造変化で非常に重要なのは、T・A・Rすなわち、テキスタイル、アパレル、リテールの連係プレイ、そしてリアルタイムの連動である。

これまで日本では、テキスタイル、アパレル、小売りの業界が歴史的に明確に区分されており、各業界に所属する企業は、それぞれが、自己完結型の商品企画・生産・流通に取り組んできた。左図12は、それぞれの業界での商品企画・生産・販売活動の流れを、並べてみたものである。見て明らかなように、各段階の事業活動は非常に似ており、市場動向をリサーチし、商品開発や企画のためのコンセプトやラインを組み立て、具体的な製品をデザインし、サンプルを試作して展示する、というものになっている。

図 12　テキスタイル / アパレル／小売りの連動図

〈商品企画・デザイン〉

テキスタイル	アパレル	小売り
市場調査	市場調査	市場調査
コンセプト・商品ライン策定	コンセプト・商品ライン策定	コンセプト・アソート策定
製品設計・デザイン	製品設計・デザイン	VMD 設計
試作・確認	試作・確認	仕入れ計画・仕入れ
商品化（価格・売り先など）	商品化（価格・売り先など）	テスト販売・確認
展示会	展示会	商品化（価格など）
販売・生産計画	販売・生産計画	販促計画
原材料仕入れ	原材料仕入れ	仕入れ
生産	生産	販売
販売	販売	

問題は、これらが旧態依然の〝順送り〟、つまりTからAへ、次いでAからRへ、で行われることだ。アパレル企業は、テキスタイル企業がサンプルを作りそれを展示会などで提示するのを待って、商品企画に入る。小売業のバイヤーも、アパレル企業から見本を現物で提示されるまで、具体的な仕入れ活動には入らない。しかしこれらの機能、とくに図で網をかけた機能については、T・A・Rが協業などにより、共同で同時並行に行うことで、圧倒的な時間と労力と経費の短縮ができる。

海外の先進企業では、市場とトレンドの変化に遅れないように、これらを順送りではなくリアルタイムでシンクロする動きが進んでいる。T・A・Rの企業が戦略的パートナーとなったり、自社内にその機能を抱え込む新しい形を作って、時空を超えた同時進行を進めているのだ。それを可能にするのはデジタルとＩＣＴの技術だ。まずは、３者の間で商品の基本コンセプトなどを共同で開発・確認し、デジタル的に共有する。見本の試作に関しては、テキスタイル企業（社内であればテキスタイル部門）が、そのサンプルをデジタルでアパレル／小売業（部門）に提示する。アパレルの製品見本も同様に、デジタル画像をネットで小売りに提示する。デジタルによるリアルタイム提示であれば、デザイン変更も簡単にできるし、多数の見本（サンプル）作りやそれらの物理的移動などが不要になるなど、圧倒的な労力と時間とコストの削減が可能になる。でき上がったデザインは、距離の遠近に関係なく、デジタル形式でＣＡＤや工場に送られ、即、生産にかかることができる。デザインをペン入力でデジタル画像に制作することから始まり、インターネットやクラウドで劇的に安価になったネットワークで、これらのデジタル・コミュニケーションが可能になる。もちろん最終的には現物での確認が必要だが、その段階までの情報共有や試作品の検討、コストの検討や価格の交渉などが、劇的に変革できる。

④水平化モデルへの移行

デジタル化が進む未来へ向けて重要になるリアルタイムの情報共有とシンクロされる企業活動は、水平化モデルと呼ぶべきものになる、と筆者は考えている。

左図13はその構図をシンプルに描いたものだ。ビジネスが対象とするのは消費者であり、ＢtoＣあるいはＣtoＣの直販モデルである。ちなみにこの図は、米国のコンサルタント会社のカート・サーモン社がサプライチェーンの未来図として紹介したものに、ハーバード・ビジネススクールで学ん

図 13　水平型事業モデル

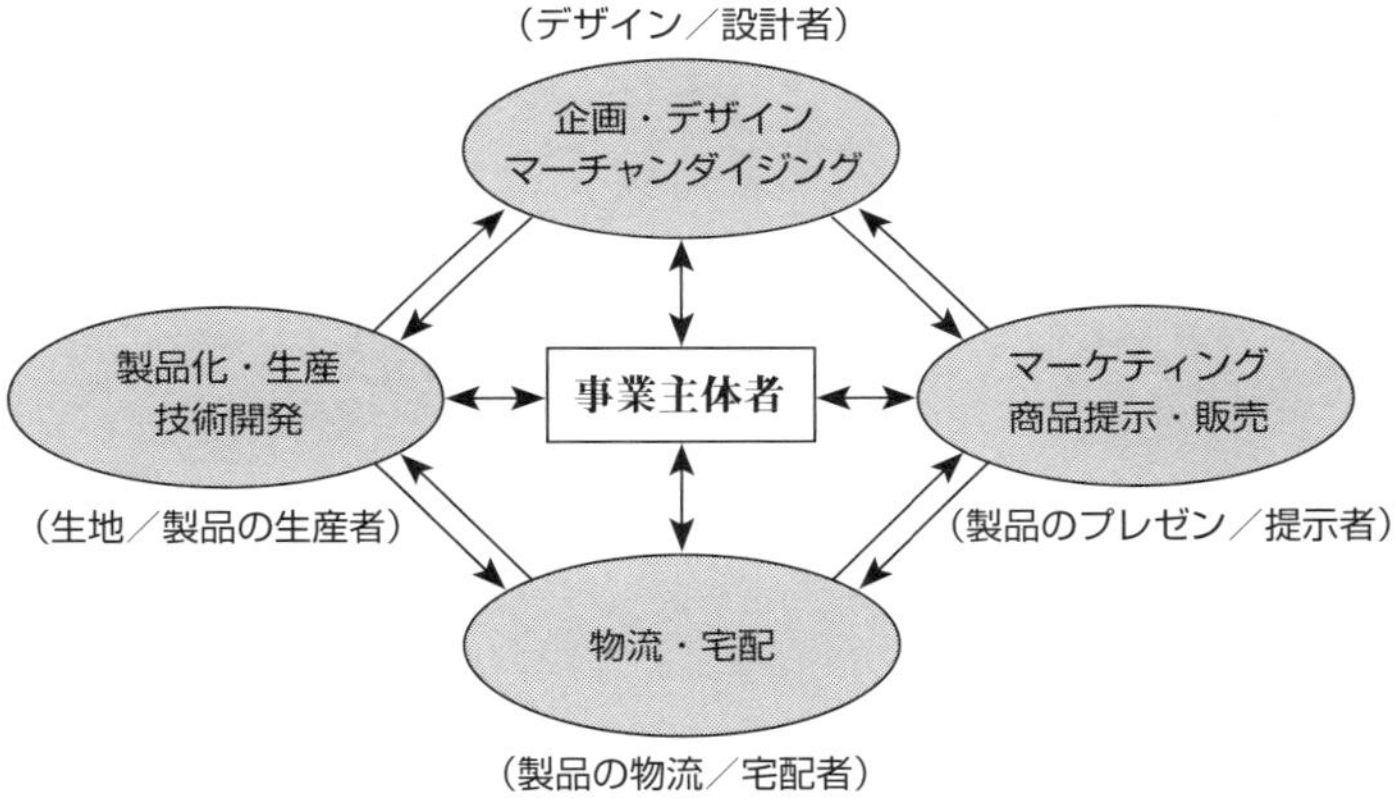

注：「事業主体者」は、全体を統括する「企業」あるいは　「個人」
（ネット販売を含む、消費者への直販者）

だ理論、およびスペインのＺＡＲＡ訪問で得た同社のビジネス展開手法を加えて筆者が作成したものである。

中央に位置するのは、事業全体を統括する企業または個人であり、事業の主体者すなわち、事業全体を統括する企業または個人である。活動は大きく４つの基本機能で成り立っている。すなわち「企画・デザイン・マーチャンダイジング」「製品化・生産・技術開発」「マーケティング・商品提示・販売」「物流・宅配」であり、それぞれ説明にある通りの部門あるいは協業者が担っている。たとえば「企画・デザイン」は〝デザイン／設計〟であり、これを担う企業あるいは個人は、クリエイティブな仕事をデザイン化し、製品スペックも含めた設計も行う。これは当然ながら、デジタル情報にして、他者と共有できるものだ。

「製品化・生産」とは、生地やアパレル製品を生産に向けて準備することであり、指示を受けたスペックや納期に基づき、生産を行う。見本作製も、デジタル画像の確認ですめば、割愛し、承認を得れば、製造に入る。「マーケティング・商品提示・販売」は、顧客（消費者）に対するサイト上や店舗での提示やプレゼンテーションであり、これもデザイン画、および製品化段階のデジタル画像で確認し合うこともできる。「物流・宅配」では、即日宅配、等への要請も高まってくるから、商品の生産者やマーケティング商品提示・販売を行う部門とのデジタル連携が重要となる。

このモデルは欧米では一部の企業で実動している。たとえばＺＡＲＡでは、２００７年筆者が訪問した時点ですでに、４機能の基本部分がア・コルーニャの本社で、密接な連携で動いていた。各機能（部門）は、企画・デザイン部門を中心に、商品提示の模擬店舗・マーケティング部門も同じビル内に、また工場と物流センターは同じ敷地内に配置され、有機的に連動した活動をしている。

たとえば企画部門は柱のない大部屋で、テキスタイルやアパレルのデザイナー、店舗のＰＯＰなどの企画やデザイン担当、中央には世界のカントリー・マネジャーと常時つながっているコンピュータに向き合う担当者などが同居。背の高いテーブルが数か所に配置され、必要に応じて立ったままのミーティング（背高のスツール椅子はある）が適宜行われ、素早い意思疎通や検討・決定が進む。大部屋の端には、工場への生産スペックと仕上がり見本を縫製する設備とスタッフもいる。マーケティング・提示を行う部門では、実際の店舗を模した広い空間に、実際の商品でビジュアル・マーチャンダイジングのプロトタイプを売り場コーナー別に作成。それを世界の店舗にデジタル配信するための撮影を常時行っていた。

本部の〝工場〟では、縫製工場へ出すための裁断と、でき上がって運び込まれる製品の丁寧な検品と仕上げ、配送準備などを行っているが、その商品が即、高度でスピーディなハンガー・システムで、仕向け先別にレールが動き、出荷されてゆく、といった具合だ。

現在ではさらに進んだものになっているであろうが、この考え方と仕組みのベースになったのが、ZARA幹部のトヨタ視察であった。訪問者は、経営トップに加え、生産、製品開発、ITシステム、人事労務、マーケティングといった各専門分野の責任者グループで、視察の間でも、「ここをこう変えると、労務管理はどうする?」などの議論が飛び交っていたと聞く。トヨタの訪問客でも、ここまでトータル・システムとしてベンチマークをして帰ったグループはいない、とトヨタの関係者が感銘深く語ってくれた。

日本ではユニクロを展開するファーストリテイリング社がアクセンチュアとデジタル化事業で協業すると発表した際の記者会見での柳井正CEOのコメント、「商品の企画、生産、販売というプロセスの〝際〟というものが、グローバルの規模でまったくなくなる。同時にそれぞれがお互いの知見を編集していくような企業をイメージしている」がこれに近いもののように思われる（日経オンライン2015年6月15日掲載）。従来の、製造業、卸売業、小売業といった業態の垣根を取り払い、顧客の利便性を最大限追求した組織を構築する考えだ。その進展に大いに期待したい。

水平化モデルは未来へ向けて、ICTやデジタル技術に加え、新たなテクノロジーの進展により、さらに多様な革新の可能性を持っている。

たとえば、アパレル製品の自動生産システムや3D印刷によるモノづくりなどの、生産手段の革新。あるいは多様な研究開発が進んでいる革新的な繊維素材の登場。AIによる顧客の個人的嗜好の読み取りや、それに基づく需要予測の革新的手法。ドローンなどによる物流の革新、などが水平モデルにおける各機能（あるいは協業企業）のあり方を大きく変えるであろう。オムニチャネルの進展では、後述するように、サプライチェーンをさかのぼって、メーカーが消費者への宅配を行うことも始まっている。

未来の、合理的かつリアルタイムのシンクロ活動を志向する水平化について、日本の企業がとくに意識し、早急に行動すべきことがある。それは、水平化のシステムは、自社内だけの論理や仕組みで展開できるものではない。一定のルールのもとで多様な企業が協働ワークできる基盤が標準化されている必要がある。一言でデジタル化といっても、そのシステムは世界につながるものでなくてはならない。たとえば、製造工程や企業間の連携に、電子データ交換（EDI）システムやRFIDなどの導入が有効であるといっても、それぞれのシステムの基盤となる製品コードやビジネスプロトコルが統一されていない、といった基本的問題が、日本には存在する。

日本企業のトップ、そして業界リーダーに、早急のアクションを期待するものである。

4. 個人がデザイナー／マーケッターに——デザイン／製品化サービスが新たなチャンスに

未来へ向けて、個人が生産者、あるいはデザイナー、マーケッターになる時代が来ることが予想される。個性化と主体性を持って生きる方向に進んだ生活者が、簡便になったテクノロジーやSN

Sを活用してビジネスを始めることは、当然の流れだ。エリンケスの予測する、ネットワーク社会は、そのためのベースを提供する。

〝日常生活のコア〟あるいは〝普遍的価値〟をもつ製品（ソリューション価値）は、引き続き、工業的な量産が中心となるだろうが、エモーション価値をもつ製品、たとえば職人技であったり、独創的アイディアを、生活者自身が、デザインや制作をしたり、編集やキューレーションしたりして、新たな価値を創造する〝一点主義〟あるいは〝少量主義〟に取り組む時代が来る。そしてそれらは、友人とシェアしたり、他人に対してマーケティングされることになる。

ＳＮＳサイトのポリヴォア（Polyvore）は、市場にある多様なファッション製品を、ユーザー（消費者個人）がスタイリストになって編集やキューレイトする世界最大のスタイル・コミュニティだ。詳細は次章で述べるが、小売りのバイヤーも注目していて、すぐれたボードは、対価を払って小売業に利用される場合もあると聞く。

個人ビジネスでとくに重要になるのは、いわゆる手作り（アルチザン＝職人・職工）、つまり工場でない所で作られたものだ。手編みのセーターや臭いチーズ、ホームメイドの食品などなど。独自性があり、タイムレスで、ある意味純粋なものへの郷愁（ノスタルジック）が支えるビジネスだ。市場全体の15～20%を超えることはなかろうが、ファッションのような嗜好性が強い分野での価値創造の方向として、非常に重要になると考えられる。

これはすでに、いろいろなサイトで始まっているが、今後重要なことは、これらが、個人の趣味の延長線で終わるのではなく、「個人」が創造やマーケティングする、新しいタイプの本格的（利益の上がる）ビジネスになることである。そしてそのためには、独創的アイディアやコンセプトを持った個人を、「ビジネス化」でサポートする、新たなサービスが不可欠になるだろう。良いデザイン・アイディアを持っていても、それを製品化する（モノに作りあげる）には、技術や職人技やノウハウが必要だからだ。逆に、優れた技を持つ職人でも、必ずしもいいアイディアが常時湧いてくる、とは限らない。また製品にできても、それを、うまくブランディングしマーケティングすることは、また別の専門的技術やノウハウである。これらは、これまでファッション関連企業がやってきたように、企画会社や工場に丸投げできるものではない。自らが、専門家のサポートを得ながらマネージするものになるだろう。

これは、デザイン製品化サービス、あるいはアート・サービスとでも呼ぶべき未来的なビジネスだ。未来へ向けての、個性豊かで創造的アイディアのあふれた個人が、それぞれの分野のプロのアドバイスや指導を得ることによりこれを実現することが、企業がリスクを抑えながら、開発・販売するものよりは、ずっとクリエイティブなものになる。企業の商品開発は、多くの場合、顧客対象を広げるために、デザインの〝とんがった（独創的）〟部分を削ってしまうからだ。

これは後述する、ＦＢのパーソナル化にもつながるものである。

第2章　いますぐ取り組むべき課題は何か

ファッションの産業構造やビジネスの仕組みが、将来へ向けてどう変わるか、を前項で見た。それでは日本のファッション小売業あるいはアパレル企業が今すぐなすべきことは、何か？

まずは、ＩＣＴデジタルテクノロジーを震源とする巨大な革命が起こっており、従来のビジネスモデルはすでに過去のものとなっていることを深く認識すること。そして、テクノロジーの戦略的活用により、破壊的（ディスラプティブ）な革新を起こすべく、速やかな行動を取ることだ。

巨大な革命、といっても、これは短期間でこれまでの秩序が一挙に覆されるという性格のものではない。新しいパラダイムへ向けて、着実に進行していくものである。しかし、それだけに、その新パラダイムがだれにでも分かるものになるのを待っていては、厳しい淘汰の競争のなかで、敗者となる。「失われた20年」といわれる経済低迷のなかで、革新を怠ってきた日本のＦＢが、このまま「ゆでガエル」にならないために、いま真剣に考え、速やかに行動することが不可欠であろう。以下に、重要な5項目について述べる。

(1)　ビジネスのネット展開とデジタル化を急げ

(2) 自社流オムニチャネルの構築
(3) パーソナル対応への取り組み
(4) ビジネスのサービス化
(5) 新パラダイム——個客セントリックの新ビジネス

そのための大前提として、ビジネス環境の本質的な変化を確認したい。

●服を買わなくなった顧客（あるいは厳選して買う新しい購買態度）

——この問題にどう対応するか？

人々が「服を買わなくなった」というが、その理由は人により様々だ。「流行よりは、スタイルを求めたいのに、それがない」「似た服ばかりで、エッジのきいた特別なものがない」「仕事が多忙で、服を探しまわる時間がない」「私のサイズがない」「これだけ服があるのだから、自分に合うものがどこかにあるはずだが、それを見つける方法がない」、など多岐にわたる。エコ・エシカル意識の高い顧客で、納得のゆく商品や説明を求めている人もいる。

●情報テクノロジーの個人への浸透

——これをどう活用するか？

ＢtoＢあるいはオペレーションにおけるＩＴ活用は重要であるが、本質的な環境変化は、個人生活へのＩＣＴの浸透である。モバイル（スマホ、タブレット、ウェアラブルなど）利用の拡大、ＳＮＳのコミュニケーションや情報共有手段としての重要性、ネット・ショッピングのグローバル化などが、個人のコミュニケーションや行動範囲を大きく拡大している。

●パーソナル化（ビジネスの個人化）への要求に

――〝マス〟から〝個客〟へのシフトをどうマネージするか？

消費者はもはや、〝最大公約数市場〟ではない。また、人口動態的（年齢や性別、所得レベル、等）で分類される〝市場セグメント〟の集合でもなくなった。不特定多数ではなく、一人ひとりの〝個〟の存在として考えねばならなくなった。その〝個客〟に対してビジネスを最適化すること、にどう取り組むかは、きわめて難易度が高い問題だ。

このような課題の解決策は、従来のビジネス手法の延長線にはない。劇的なイノベーションあるいはディスラプション（破壊的革新）が求められる所以である。

これらは個々の企業が、それぞれの企業存続をかけて進めるべきものであるが、そのためのヒント、あるいは手段となる考え方や土台づくりについて、以下に述べたい。

1．ビジネスのネット展開とデジタル化を急げ――テクノロジーへの本格的取り組み

「ネット展開」は、Eコマースのためだけではなく、ブランドとしての顧客への発信、あるいは顧客の情報収集のために不可欠である。またビジネスのデジタル化が、オムニチャネル戦略のために不可欠であることは言うまでもない。いずれも緊急の課題だ。

ネット検索やデジタル・メディア（SNSなど）によるレコメンで購買判断をする時代に、自社

のブランドや商品が、ネットに上がっていないのでは、ビジネスが始まらない。魅力的な自社サイトの運営、デジタル化された商品情報、それらを基にデジタル手段で顧客とのつながりをつくることが、不可欠の時代になっている。小売りビジネスにおけるデジタル化の購入への影響力（デバイスやメディアによる）は、米国では、２０１２年の３３００億ドルから急拡大して、２０１４年は1・7兆ドルになったと、Deloitte Digital 白書は報告している。米国の顧客は95％がウェブと店舗を行き来し、ショッピング経路が立体化していると言われるが、日本でも近日中に同様な状況が起こるだろう。若者はすでにその域に入っている。

しかし、同時に重要なことは、単純に「どこもやっているから」「時流だから」、あるいは「新しいテクノロジー（手段）が出てきたから」といった安易な取り組みをしないことだ。自社の戦略に基づき、目的を明確にして取り組まないと、顧客にとって意味のある、また企業として成果が上がるものにならない。

①ネット・ビジネスの推進──ＦＢの新たなステージ

消費者向けのＥコマースは、ほとんどのファッション企業にとって不可欠である。店舗販売が伸び悩み、人口減少も加わって国内小売市場が縮小するなか、ネットは唯一の成長チャネルであり、これをやらないのは自滅行為だからだ。またネット展開により、海外市場への販売が出店なしでも可能になる利点も大きい。何よりも、ネット・チャネルはいま、その利便性によって顧客に支持されているチャネルである。そしてこれこそが、「ファッション小売りの革命」を推進し、「新たな価値創造の手段」になるからだ。

日本のEコマースは、そのシステムにおいても、顧客のユーザビリティについても、まだ初期段階にあると言えるが、数字は着実に伸びている。

経済産業省が、２０１６年６月に発表した２０１５年の日本国内BtoC―EC（消費者向け電子商取引）市場規模は、13・８兆円（前年比７・６％増）となっている。売り上げ全体のネット化率は、２０１０年の２・84％から２０１５年４・75％に上昇したが、海外先進諸国に比較すると、まだ小さい（経済産業省『２０１５年度電子商取引に関する市場調査』）。

米国のネット売上高は、２０１４年に３０５０億ドルを突破。伸び率は前年対比15・４％の上昇で、過去５年にわたって15％以上の伸び率をキープ。２００５年から07年の間の年率20％台の成長より鈍化はしているものの、引続きの大きな伸びであり、成長開始以来15年近く経っても、依然として拡大を続けていることが分かる。一時期、成長カーブが鈍化し横ばいになる、との予測もあったが、スマホの出現が、ネット販売の環境を大きく変えたことも大きい。

米国のネット販売比率は、２０１６年第一四半期では７・７％（米国商務省２０１６年６月発表）。売り上げのカテゴリーをしぼって、飲食のネット売上高やネット売上高の少ない自動車・ガソリンを除くと、ＥＣ化率は８・３％になるとInternet Retailer社は算出している。日本での今後の伸びが期待できる所以である。

世界でも、ネット販売は急成長して居り、米国のeMarketer社の予測では、世界の小売業のEコマースは、２０１５年、前年の25％増加で全小売額の７・３％を占めるが、２０１９年には、全世界小売売上額28・8兆ドルのうち3・5兆ドルになり、ECのシェアは、12・4%になるという（WSJ紙2015年7月28日付）。

とくにアジア市場の伸びが注目されている。なかでも中国のインターネットへの投資は群を抜いている。中国のネット人口は世界最大の6億人（2014年末時点）となっているが、2015年70億ドルの投資で、インターネット通信のスピードアップと地方の町村へのリーチ範囲を拡大するという。2016年と2017年を合わせて同じく70億ドル（7000億元）投資予定とも報道されている（Economic Times, 2015年5月20日）。

●越境Eコマース拡大のチャンスと脅威

越境Eコマース（海外への販売）の拡大には、注目すべきものがあり、日本企業にも大きなチャンスがある。前出の経済産業省レポートによれば、2015年の、日本の消費者による米国および中国事業者からのEC購入額は、約2200億円（前年比6・9%増）である。中国消費者による日・米事業者からの購入額は、計1・6兆円（前年比32・7%増）で、中国市場が日本企業にとっての大きなビジネスになっている。将来へ向けての越境EC規模の試算では、日米中3か国相互間の推計市場規模は、2015年から2019年までの間に、日本が約1・5倍、米国が約1・6倍、中国は約2・9倍の規模となり、越境ECによる購入総額合計は、2019年までに約6・6兆円にまで拡大する可能性がある、という。この数字は年々拡大すると予想される。

米国企業の日本市場参入も、静かに進行している。米国小売業のウェブサイトに、「日本への配送を始めました」の掲示を上げたのは、5年ほど前のニーマン・マーカスが最初であったと記憶しているが、以来、J・クルー、ノードストロム、サックスなどの主要企業が追従した。商品価格も円表示されるようになり、デリバリーもより簡便になった。

米国からの販売をサポートする、その名もボーダーフリー（Border Free）という国際Eコマース支援会社もある。世界各地にオフィスをもち（日本はこの執筆時点ではまだないが）、Eコマース事業、通関や海外市場の国内配送管理などのロジスティックス、マーケティングや顧客動向などの分析・レポートなどの業務を扱っている。米国の主要百貨店のメイシーやブルーミングデールズ、ニーマン・マーカス、専門店では、J・クルーやセフォラ、アンダー・アーマー等多数の企業が活用している。

Eコマースのグローバル化により、日本市場への海外商品の浸透は、ますます増え、きびしい競争を生むであろう。

●ファッションのEコマースは、販売チャネルと同時にメディア

日本におけるファッションのEC市場規模については、繊研新聞社の2015年7月公表された調査がある。これによれば、2014年度は5600億円と推定され、前年推定値5200億円から7・6%伸びている。EC化率は6・1%。2013年の5・8%から着実に上昇している。

日本の企業でネット販売が10億円以上の企業数は、ECモールを除く繊研新聞社アンケート回答企業120社のうち22社で、100億円を超える企業は6社。EC売上比率が10%を超える企業は、

ネット専業企業をのぞくと、7社にすぎない（繊研新聞2015年7月10日付）。米国の小売業やアパレル企業では20％前後をネットで売り上げる企業が多数あることを考えると、日本企業のチャンスは大きいと考えられる。

日本の小売りやアパレル企業のネット参入は、当初は、楽天やゾゾタウンなどのECモールなどでネットビジネスの知見を得たり知名度を上げたりしてから、自社直営サイトに移行するケースが多い。調査によれば、成長の大きい企業の多くは、ECモールと自社サイトの両方で運営しており、さらに自社サイトの比率を高めているとの結果が出ている。日本では、自社サイトの運営を外部のEC支援企業に任せているケースも多いが、コスト面以上に、より細かいサービスや顧客対応で、顧客とのエンゲイジを深めるには、自社運営が重要になってきている。

ネット・チャネルは、モノを売る、という機能だけでなく、メディア化することが、マーケティング面でも、顧客のエンゲイジを高めるうえでも重要である。愛用者のコメントや、人気ブロガーのレコメンド、販売スタッフやスタイリストによるコーディネーションやキューレーションの紹介などなどを、各種SNSも含めて活用することが、成功につながる。

ファッション商品のネット販売は「素材の手触りやサイズが重要なので、ネットでの販売は無理」と言われてきた。しかし実際には、ネットで買う人は増加。米国のように、〝無料試着・返品自由〟といったサービスや、様々なアプリの開発で、消費者がネットの利便性を体験してしまうと、店舗がよほど優れた顧客体験を提供できないかぎり、「ネットのほうが便利」ということになる。とくに米国では、いわゆるミレニアル世代にその傾向が顕著だ。当初は敬遠していたラグジュアリー・ブランドも、最近になって積極的にネット販売に取り組むようになっている。

モバイル（スマホ等）でのファッション購入についても、「化粧品や雑貨は良いが、画面が小さいのでファッション衣料は売りにくい」、との当初の見方から、価格比較、お気に入りアーカイブや自身の購買歴などの各種アプリの開発や、〝街で見た服を写真撮りし画像検索でショッピングができる〟など、購買につながるデジタル支援の開発により、米国では大きな伸びを見せ始めた。2016年にはモバイルでの売り上げが初めてパソコンを超え、2017年にはネット売り上げの60％がスマホになると予想されている。とくにミレニアル世代にとって、スマホは生活を支配するデバイスであり、日に6・3時間の利用、多様な使用目的のなかでも、ショッピング／購買がトップになっている。日本でも、すでに2014年で、アマゾン日本社では、スマホによるアクセス数がパソコンを越えていると聞く。

アマゾンは、急成長と次々に打ち出す革新的な手法（即日配達・一時間配達や生鮮商品の宅配など）で米国では一般小売業を脅かす状況になっている。売り上げもアパレル関連で2015年には163・4億ドル、市場の5％のシェアになった。2017年には、アパレル売り上げが米国でトップのメイシー百貨店を追い抜くと予測されている。さらに同社は、ファッションのPBラインの開発や週1回のライブ・ファッションショーを配信するなど、ファッション市場への注力を続けている。

アマゾンは、サイトの使いやすさと利便性で、常に顧客満足調査でのトップを占めている。アマゾンのファッション戦略が日本でどのように展開されるかが注目されるが、日本企業のネット・ビジネスには、顧客中心、かつ企業の独自性あるものが強く求められるだろう。

ネット販売には〝デリバリー〟という大きな課題があるが、ドローン（小型飛行体）の商業化や、配達要員のクラウド・ソーシング、車に乗ったままの商品ピックアップ、など革新的手法の開発も進むだろう。この分野は、日に日に変化・進化しており、本書の執筆中も、新たなイノベーションが起こっていることを肝に銘じたい。

ファッション衣料のネット販売では、サイズとフィットがきわめて重要であり、この点で日本、とくに婦人服の課題は多い。

②デジタル化――顧客価値創造に不可欠な基盤

ネット化と同時に、またネット化をフルに生かすために不可欠なものは、デジタル化だ。

商品や顧客のデータはもちろんだが、ウェブのコンテンツ、顧客とのコミュニケーション手段、在庫の可視化やデリバリー情報などをデジタル化することに加え、それらをビジネスのオペレーションと連動させること。また各種のデバイス機器（モバイルやウェアラブル、電子看板やビーコン等）で活用できるようにすること。簡単に言えば、ビジネスを構成する多様な要素を電子化してつなぐことである。企業内だけでなく、顧客とのコミュニケーションを支配するモバイルやSNSの発達で、簡便でスピーディなコミュニケーションがビジネスの成否を決める時代になり、デジタル化が有効なビジネス戦略になっているのだ。

この項では、小売りビジネス（消費者との接点）でのデジタル化を中心に述べるが、あえて強調したい、「商品企画」のデジタル化がある。アパレル製品のデザイン・企画段階でのデジタル化が日本は非常に遅れている。デザイナーが、いまだに紙の上にデザイン画を描いている企業がほとんどで、それをコピーしたり、ファックスしたりして、企画会議や、外部とのコミュニケーションに使っている。タブレットなどでペン入力、といったデジタル活用が世界的に一般的化している理由は、言うまでもなく、それを遠隔地と共有したり、リアルタイムで修正を加えたり、データとして保存したりができるからだ。パターン・メイキングやグレーディング段階はコンピュータ化されていても、商品企画段階につながっていない。デザイン活動は人間にしかできないクリエイティブな仕事であるが、これを旧態依然のやり方ではなく、人間の頭や感性は使うが同時にデジタル・テクノロジーを活用して、時間的にもコスト的にも、また労力的にも効率を上げることを期待したい。

デジタル化、あるいはデジタイズ、という言葉が5年ぐらい前から使われるようになったのは、インターネット普及以前のＩＴ化が、ビジネスのシステム化（生産系、業務系、顧客管理など）、いわば〝守り〟を中心に進められてきたのに対して、インターネットやクラウドの環境下では、〝攻め〟の手段として、デジタルに置き換えた情報やモノやサービスを戦略的に駆使・活用することが競争優位性に大きく貢献するからだ。デジタル画像にしたファッション商品なら、だれとでも（企業ばかりでなく個人との間でも）発信や共有ができるし、サイトにアクセスした人の行動ログ（履歴・記録）をとってデータマイニングあるいは人工知能による解析をすれば、個客ごとの動きを把握し、戦略的なワン・ツー・ワンの対応も可能になる。〝AI〟の活用は、デジタル技術の極致である。また、小売りのレジをPOSからタブレットに切り替えて、レジ機能だけでなく、ICタグを読み取り、商品情報や動画を顧客に提示することも可能だ。経費の大幅節減と機動性アップに加え、販売スタッフが顧客にフルアテンドしてサービスできるようになる。デジタル・サイネージも広く使われ出した。

生活者は、店舗に買い物に出向く時も、事前にネットで情報を収集し、店内でも、モバイルを活用して価格比較や友人の意見などを聞きながら買い物をするのが当たり前になっている。

アプリも多様化し、クーポンやお得情報、ロイヤルティ・プログラムなどの初期段階を超え、イメージサーチ（欲しい商品の画像をアップして類似商品を検索――メイシー百貨店）や、売り場で商品バーコードをスキャンして自分のサイズの有無を確認できる――J・C・ペニー）、なども好評だという。

さらにこれからは、企業側から適切な情報（商品に限らずインスピレーションなど）を適切なタイミングでプッシュ（送信）することや、顧客の手間を省く〝顔パス〟、試着情報の蓄積と活用、あるいは商品のサービス化などを、独自のアプリやデジタル・ツールで運営することが重要になる。

ここでとくに強調したいことがある。「デジタル化が不可欠」といっても、「FBがデジタルで行われる」という意味ではないことだ。逆に、テクノロジーが消費者の生活に浸透すればするほど、人々はアナログ的な〝人間の温かみ〟、〝人とのふれ合いや繫がり〟、〝仲間で作るコミュニティ〟などを求めるようになると思われる。新パラダイムのFBでは、その〝人間的な感動、喜び、幸せ〟の創造が新しい価値創造であり、それを支援するのが、デジタル・テクノロジーであるべきだ。テクノロジーは、発展・進化するほど、そこに存在すると意識されない、〝あって当たり前〟のものになる。インターネットが登場した時、その便利さに圧倒された人も、グーグルの検索スピードに感激した人も、今は空気のように当然のこととしてこれらを利用している。

ツイッターの共同創業者で、フィンテックのSquare 起業でも知られる天才的ソフトウェア・デザイナーのジャック・ドーシー氏が、２０１４年のＮＲＦ大会で語った言葉、「テクノロジーはインビジブル（見えないもの）であるべきだ」が強く印象に残っている。日本の禅寺庭園の愛好家でもある氏が、本当に大切なものを支えるために、目に見えない形でテクノロジーが機能する、と強調することに、深い意味を感じる。

ＦＢは、顧客セントリックでなければならない。顧客の期待に応え、顧客が求める方法で、顧客がほしいもの（情報にせよ、商品にせよ、サービスにせよ）を、届ける。それを、企業視点、企業の論理ではなく、顧客視点、顧客の論理で実現することが重要だ。デジタル・テクノロジーは、そのために不可欠なのである。

以下に、店舗での顧客体験をデジタルで支援し、ＦＢらしい「顧客価値創造」に貢献している最新事例を紹介したい。オンライン販売は重要だが、リアル店舗でのリアル体験が、改めて顧客価値・顧客満足の増幅に、大きな役割を果たしている。

●事例１：ＩＣタグ（ＲＦＩＤ）活用で優れた顧客体験を――レベッカ・ミンコフ

ＩＣタグは、ＲＦＩＤすなわち無線電波を受けて働くＩＣを埋めこんだ小型の電子装置で、電波を使って情報の読み書きを行うことができる。バーコードなどと違って、離れた距離からの処理や、複数タグの同時認識機能、汚れに強く何度でも再利用可能などのメリットがあり、物流段階の在庫把握、あるいは店舗での棚卸やレジ処理のスピード化で、大きな効果が上がっている。日本では、ようやく拡大が始まった段階だが、米国では、店舗での顧客体験の高度化にも活用が始まった。

ファッション店舗での展開事例として、レベッカ・ミンコフを紹介しよう。ネット販売でスタートした米国人デザイナーで、ファッション業界ではデジタル化リーダーの一人である彼女は、ニューヨーク旗艦店でＩＣタグを活用する。スマート試着室に取り付けられたセンサーが持ち込まれた商品のＩＣタグを認識し、商品に関する素材やコ―ディネートに向く商品などが試着室のタッチパネルに表示される。同社のアプリで「リメンバー・ビジット」をタッチし、携帯番号を入力すれば、何を試着したかの記録を自分の携帯に残しておくことができる。このアプリでは、店・オンラインを問わず、過去に購入したものが全て記録・保持される。

売り場に設置された鏡兼用の大型タッチパネル（巻頭カラー5ページ参照）では、表示されるルックブックから選んだ服に〝試着指示〟を出せば、試着室に入れておいてくれる。試着室の照明も、朝の光、昼間、夕刻などと選択でき、「ブルックリンの朝」とか「ハドソン川の夕焼け」など、イマジネーションにあふれるネーミングがタッチパネルに表われる。タッチパネルでは、コーヒーの注文もできる。

●事例2：メモリーミラーとビデオ・スクリーン――ニーマン・マーカス

ニーマン・マーカスでは、MemoMi（Memory Mirror）と呼ばれる試着体験・記録システムを2015年1月、売り場に配置した。これは、売り場に設置したカメラ機能搭載の大型モニターで、ビデオスクリーンにもなる鏡だ。試着室から出てきた顧客が、デジタル技術のサポートで試着したファッションを確認したり楽しんだりできるもので、その後60店舗に展開されているという（巻頭カラー5ページ参照）。商品に付けたICタグの情報や、試着室内のスキャン技術によって得られた顧客のボディ情報、試着商品の記録などと連動させて、まだ試着していない服の着用イメージや、見えにくい後姿、360度回転した動画像、試着した複数商品の同時ディスプレイ、などを可能にする、すぐれた試着・確認システムだ。試着室外で、着替えることなく色違いなどの着装イメージも見られる。試着しながらその情報をスマホやタブレットで家族や友人とシェアし、アドバイスをもらうこともできる。

このシステムは、実は2014年1月のNRF大会で初めて展示された技術で、筆者も注目したものであった。それが1年後には、大手小売業が実際に売り場で展開する、というイノベーションのスピードに、テクノロジー革命を目の当たりにした感がする。

これらはいずれも、商品や情報、IT機器と個人インタラクションのデジタル化によってのみ、可能になるものである。売り場でのリアルとバーチャルを連動させた試着・投影に関しては、多様な試みが進行中だ。

売り場でのスマートフォン活用が常態になってきたことから、ニーマン・マーカスと同じ企業グループに属するバーグドルフ・グッドマンでは、ニューヨーク旗艦店で、婦人服売り場に「スマホ無料充電機」を設置している。米国で最高級のファッション百貨店（正確には大型専門店）にふさわしい、おしゃれな柱状のボックスで、複数の顧客が自分のパスワードで開閉する。充電にかかる20分はショッピングしてもらおうというサービスだが、ラグジュアリーの頂点を極める店でも、スマホを重視していることが読み取れる。

●事例3：ビーコン――タイムリーでパーソナルなレコメンを

ビーコン（Beacon）とは、灯台、無線標識などを意味する言葉だが、低消費電力の近距離無線技術による新しい位置特定技術を利用したデバイスをいう。その名の通り、定期的に電波を発信し、それにより、スマートフォンの位置を特定し、ロケーションに合わせて必要な情報を配信する。

ビーコンは電池ベースの、硬貨サイズのセンサーで、発信側のビーコン端末と、その受信ができるスマホ・アプリの2つの組み合わせによって成立するコミュニケーション手段だ。たとえば、スマホにアプリを入れた顧客が、ビーコンを設置した店や売り場に近寄ると、ビーコンが顧客の位置をとらえて、その売り場に関する特別の割引オファーを提案したり、どの位置にどれだけ滞在したか、訪問の頻度、などを把握することができる。

米国では、ティンバーランドなどが先行し、バーニーズも力を入れている。期待されるテクノロジーだが、まだベスト・プラクティスを模索中と言える。

しかしフランスのカルフールでは、すでに店内でビーコン技術を展開し、来店顧客にプッシュ・メッセージを送って、過去の購入データに基づく商品のレコメンやクーポン提示を行っている。報道によれば、7か月でアプリのユーザーが600%、アプリ利用時間も400%増加し、売り上げと買い物体験の簡素化に貢献したとのことだ。

米国で、量販店のターゲット社が2015年に開始した本格的テストは興味深い。自社開発のTarget Runと名付けられた、ニュースフィード的なサービスで、顧客は、店内の居場所によってコンテンツを送られるが、Target Runのオプトイン・ユーザーとして、店内でこれをアプリのホームページに使える。機能としては、リストと地図が最も人気だが、欲しいものが簡単に見つかり、その個人にマッチした新商品紹介やお得情報やサービスがタイムリーに提供されることで、顧客の時間と経費の節約になる、という。このアプリをダウンロードしiPhone環境でブルートゥースを起動すると、顧客が居る売り場に関連する商品のレコメンがプッシュ・メッセージでポップアップする。SNSとも連動していて、たとえば婦人服の売り場に居る顧客に、ピンタレストでの人気アイテムの情報が入ってくる、といった具合だ。50店でテスト中だが、顧客が受け取るアラート（案内メッセージ）は、1回の来店につき2回までに抑えて過度なリーチを避けている。店員のヘルプ要請も可能だ。

同社では、モバイルに絡む各種イノベーションも進行中で、最近では、大学生になる若者向けにインテリア・デザイナーの機能を持つモバイル・ツールを上梓。同社のソーシャルメディアのプロフィールとリンクし、パーソナル化した、またインタラクティブな商品選択もできるようにしている。

デジタル技術活用の可能性は、ますます拡大している。

●事例4：「バーチャル・ウインドーの店」——Kate Spade Saturday の実験

タッチパネルを使って、米国の Kate Spade Saturday が行った、「バーチャル・ウインドーの店」のテストは、リアルな買い物体験だ。これはタッチパネルのウインドーを、あたかも路面店のウインドーのように設置して、顧客は服やバッグのバーチャル画像を手でタッチしながら気に入った商品を選び、買い物をする仕組みになっている（巻頭カラー4ページ参照）。同社は新規ブランドである Kate Spade Saturday のニューヨークでの知名度を上げる目的で、2013年夏、ニューヨーク市内4か所でこの「ウインドーだけの店舗」を4週間の期間限定で開店。結果は認知度を85％に上げる大成功だったというが、この試みは、非常に未来的なものを持っている。商品在庫のない「バーチャル・ウインドーの店」でビジネスを行うこと。さらに、買い物の決済もタッチで完了し、マンハッタンとブルックリン内なら1時間以内にどこへでも配達する、という設定だ。顧客がスピーディな配達を求める傾向は強まっているが、即日配達、それも、レストランでも公園でも、指定の場所に即商品が届く、という未来的な試みである。

これらはいずれも、未来へ向けてのいろいろな動きのなかの、数例にすぎない。しかしこれらは、冒頭に述べた、ウィリアム・ギブスン氏の言葉、「未来はすでにここにある」が言わんとする、未来の萌芽であることは明らかである。未来への様々な萌芽が、第一部で述べてきた巨大な変化の潮流に乗って、どのようなＦＢの未来を拓いてくれるのだろうか。

③〝リアルの感動〟を、〝デジタルが支える〟時代へ向けて——経営トップの意識改革を

日本は情報社会の先進国のように考えている人も多いが、実は、コンピュータの普及率は世界で21番目、インターネット回線の平均速度は世界の40番目で、シンガポールに比べると15分の１程度だという。スマホの浸透度も50％で他の先進国より低く、無料ＷＩＦＩが使える範囲もまだ限られている。

日本の経営者はＩＴへの関心度が低いという調査結果もある。ＩＴ投資を欧米と比べると、ファッション業界に特化した比較ではないが、売上額に占める比率が、欧米では３〜４％に対して、日本は１％程度にすぎない。経営陣の一員としてテクノロジーに戦略的に取り組むＣＩＯ（Chief Information Officer 最高情報責任者）の設置、ましてや最近目立っているＣＤＯ（Chief Digital Officer 最高デジタル責任者）も日本では、その肩書を持つ幹部はほとんどいない。デジタル・テクノロジーの戦略的活用には、まだかなりの距離がある。米国のトップ企業、たとえばメイシー百貨店やニーマン・マーカス、ウォルマートなどが、テクノロジーやＣＩＯの重視は言うに及ばず、ＩＴのメッカであるシリコンバレーなどに〝イノベーション・ラボ〟といった名称のＩＴ研究センターを自社で設置し、数百人規模のＩＴ技術者を雇い、研究・開発に巨額の投資をしている実態を知ると、恐ろしいものを感じる。

ファッション／流通産業に関わる企業も、ＩＣＴデジタルテクノロジーで先進諸国に大きく後れを取っている。経営トップのＩＴリテラシーも、一部を除いて残念なレベルにあると言わざるを得ない。

しかし日本は、世界が認める〝おもてなし〟能力を持っている。これまで、業務の効率化やコスト削減、マーチャンダイジング・システムなどを中心に進めてきたＩＣＴを、「消費者主導」の時代にふさわしいネット化とデジタル化に軸足を移し、戦略的、かつ抜本的取り組みで新パラダイムへの対応、収益拡大に挑戦すること。それを、日本ならではのやり方で、つまり、顧客の人間的な関係を大事にするアナログ的コミュニケーションを保ちながら、その背後では、高度なテクノロジーがそれを支援している、といったモデルを作って、世界をリードできないだろうか？

デジタル化は必ずしも目に見える形のハイテク化ではない。顧客にはごく普通の、心のこもった接客に見えて、実は裏では高度なアルゴリズムが回っている——グーグルの検索のように——、そんな日本の「おもてなしＦＢ」が構築されることを、筆者は切に願っている。

ファーストリテイリング社が、消費者向けサービスのデジタル化に本格的取り組みを始めている。リアル店舗とバーチャルの仕組みを統合し、顧客が場所や時間を問わない買い物をできるようにする。そのために、商品開発、計画、生産、物流、マーケティング、店舗、販売、リサイクルなどすべてのプロセスがつながるよう完全にデジタル化し、リードタイムの短縮など、様々な業務改革を実施する、という。

柳井正会長兼社長が言う「世界中のだれもが経験したことのないような買い物ができるようにしたい」が、そんな「おもてなしＦＢ」につながることに期待したい。

2. 自社型オムニチャネルの構築――協業／顧客セントリックで

今すぐ始めることの第2は、オムニチャネルへの取り組み。それも、「オムニチャネルの自社版」の構築である。

オムニチャネルについては、その基本概念と、それが新パラダイムの重要な戦略となっている背景、そして代表的事例としてメイシーズ百貨店を紹介した（第一部、３章、視点４「ビジネスの運営はオムニチャネルへ」参照）。ここでは日本の企業が、オムニチャネルに取り組むうえで重要と思われることを考えてみたい。

オムニチャネルは、米国でも、一朝一夕には達成できない複雑で大きな課題と考えられており、また「Moving Target ＝動く標的」とも言われている。それは、テクノロジーの進展と、即日配達などのし烈な競争が日々進むなかで、オムニチャネルの目標もどんどん進化し、「これが完成形だ」といえるものが見えないからだ。消費者はいまや、自らスマホを駆使してあらゆる場所（店舗やウェブサイト、ソーシャル・メディアなど）にコンタクトし、情報や商品やサービスを手に入れるようになって、従来の流通の「チャネル」という意識がなくなりつつある。そのため、〝オムニチャネル〟の言葉自身も、いずれ使われなくなる、とも言われている。実際に、米国流通業界のリーダーの一人である、HSN社のミンディ・グロスマンCEOは、2016年のNRF大会で、〝いまや、オムニチャネルというより、Distributed Commerce（分散化されたコマース）と呼ぶほうが適切になった〟とし、〝これからは、スマホがPOSレジになる〟とも述べている。

しかし、呼び名がどうなろうとも、オムニチャネルの基本コンセプト、つまり「顧客主導時代に多様の接点で顧客とつながり関係を深める方策」は、ますます重要になる。急拡大するネット販売の利点を生かしながら、ファッションという感性価値と、リアル店舗での優れた体験価値をベストの形で提供することが、FB成熟時代に生き残るために不可欠だからだ。

①オムニチャネルの本質──「顧客セントリック」と「EC＋店舗によるビジネスの最適化」

オムニチャネルのモデルは一つではなく、個々の企業が、自社に最も適切で有効な形で組み上げるべきものである。その際重要なことは、「オムニチャネルの本質」を理解することだ。

オムニチャネルの本質とは、

＊①「顧客セントリック（顧客を中心に置いた）のビジネス哲学」に基づく企業戦略である。
顧客が自社のブランドや商品にどこからでもアクセスできる「顧客の利便性」を高め、「顧客との接点」を増やすことで、顧客とのより深い関係を育み、顧客の生涯価値（Life Time Value）を最大にする。

＊②「Ｅコマースと店舗ビジネス双方の利点を最大化・最適化」することで「高い収益性」を達成する。コスト効率の良いＥコマースのフル活用と、感動体験の場として不可欠な店舗の在庫やスペースや人手のコストの極小化を達成する。

前者については、企業の都合ではなく、顧客が、〝自分の欲しいもの〟を〝見つけやすく〟、〝簡便な買い物手続き〟で購入でき、〝商品のピックアップや配達も顧客のニーズや要望に合致する〟チャネルを越えたシームレスの仕組みをつくること。そして、それが〝顧客にとって優れた体験〟となり、その店やブランドのファンになってくれること、だ。オムニチャネルは、成熟時代の勝ち残りの戦略である。ＦＢ隆盛期の『古き良き時代』には、ファッション商品が欲しくて労をいとわず買い回ってくれる消費者が多数存在し、その不特定多数を相手に店を張って顧客の来店を待っていれば、ビジネスができた。しかしこれからは、それでは売り上げも利益も得られない。オムニチャネルは顧客主導、選択消費時代の価値創造戦略だとも言える。そしてそれは、「企業の論理」ではなく、「顧客の論理」でビジネスを展開されるものでなければならない。

後者の、＊②については、店舗ビジネスの運営コストが、Ｅコマースを大幅に上回る問題に、デジタル／インターネット時代ならではの解決策を見出すことだ。Ｅコマースのコストは、ネット販売がスタートした当初から比べると大幅にダウンし、顧客もデジタル機器での買い物に慣れてきた、というよりそのほうが便利だと考える人も増えた。したがって、商品をフルに提示できるネットを最大限に活用し、店舗数、あるいは店舗スペースをミニマイズし、より少ない在庫でより優れた顧客へのサービスを実現することが重要となる。数年前に、ショールーミング（Showrooming＝店舗をいわばショールームのように考え、実際の購入はネットなどで行う）というモデルが紹介された時、日本の小売りの大半がこれを排除しようとした。しかし、オムニチャネルではショールーミングを〝ビジネスの有効な手段〟と考える方向に動いている。

実際にメンズパンツで起業したボノボス（Bonobos）は着実に成長している。またメイシー百貨店では、水着とヨガウエアの商品をすべて1点サンプルだけの陳列にし、あとはモバイルで欲しいスタイルのサイズをリクエストして試着する、という新たな売り場をテストしている。

日本でも実際に百貨店とアパレル企業、たとえば髙島屋とオンワード樫山が連携し、販売員がタブレットを使って売り場にない商品の紹介や販売を行うことを始めた。ショールーミングの初期段階が始まっているのだ。

②ネットビジネスにおける「商品力」と「買い物体験」――オムニチャネルの基本課題

オムニチャネルを成功させるためには、仕組みの構築以前に、その基本となる〝オンライン・ビジネスにおける商品力〟、言い換えれば「ウェブで顧客を魅了する商品とその提示力」と、「顧客が欲しい商品を簡単に見つけ出す手段」を整えることが重要だ。ネット購買は、基本的にセルフサービスだ。店舗ビジネスで注力してきた商品開発や展示、ビジュアル・マーチャンダイジングのネット版への展開が必要である。この問題の重要性が、日本ではまだ十分認識されていない。

ファッション商品の顧客の70～80％を占めるのは女性だが、働く人が増えている。短時間で、魅力ある商品を手に入れるためには、たとえば商品は、その魅力がフルに伝えられる画像として準備されていて、それらが検索でき、モバイルやSNSで配信・共有されることが不可欠だ。また顧客が求める商品を探し出す仕組み、とくにサイズの準備と個客の体型ニーズへの対応も、非常に重要である。

ファッション商品の検索や購入体験を日米で比較すると、次のような課題が明確になる。

＊ネットで検索できる商品と情報の量が、日本はまだ圧倒的に少ない――ネット通販サイトや百貨店や主要専門店を、複数の商品カテゴリーで、アイテムを「婦人ジャケット」など特定して検索をした結果だ。量だけでなく、デザインや色のバラエティが少ない。

＊画像の質――ファッション商品にしては、コンテンツすなわち画像の質が低い。デザインやスタイルがよく分からない、写真が美しくない。美しいものでも、背景やモデルのポーズが目立って商品の細部がよく分からないものも多い。商品をカタログ的に並べた場合には、総じて安っぽく見える。返品できると分かっていても、発注したくなる画像は少ない。

＊検索がスムーズにゆかない――商品カテゴリーが不備だったり、分かりにくかったりで、イライラする。

＊サイズの種類と、フィットに関する情報が致命的に少ない――サイズが１種のみの提供も多く、大半が２～３種止まりだ。アパレルでは、サイズが最重要であり、さらにフィットがよくないと満足が得にくい。筆者も、サイズ的には合っていたはずだが、胸周りが窮屈とか、アームホールがきつく腕が上がらない、といった経験がほとんどであった。

サイズとフィットの問題では米国企業も力を入れている。店頭での顧客のボディ・スキャンも広がっているが、ウェブでのサイズ対策にも参考になるものが多い。たとえばノードストロムは、トゥルーフィット・サイズ（True Fit Size）と名付けた手法を提供している。顧客が自分のサイズ・プロフィールを入力しておくと、ウェブで興味をもって見ている商品に関して、リアルタイムで、「あなたにベスト・フィットするサイズは11」とか「Large」と、表示してくれる。逆にサイズが5〜6種類ある場合でも、スタイルによっては「あなたにベストフィットするサイズは、このアイテムにはありません」と教えてくれる。デザインがタイトフィットだったりする場合だ。

プロフィールの入力は簡単だ。質問に従い、身長、体重、年齢、ボディタイプ（ウエスト回りがフラットか、平均か、おなかが出ているか、などを図も見せて説明）、背丈（短い、普通、長い）、ブラのサイズ（とくにカップは詳細に）などを入力。さらに、サイズやフィットが気に入っているブランド名も聞いてくる（フィットすると考えているそのブランドのアイテムも特定させる）。そのデータを基に、顧客がショッピングの最中に、個々の商品でのベストフィットのサイズを見つけくれる、という仕組みになっている。

③オムニチャネルに不可欠な仕組み——デジタル化と在庫の一元管理

オムニチャネルでは、ネット化と同時に、ビジネスのデジタル化が不可欠である。商品在庫や顧客データの電子化や、顧客の自社サイトへのアクセス履歴やＰＯＳデータなどを集約管理する態勢も必要である。顧客に関するデータ分析にはＡＩ（人工知能）も活用され始めた。

とくに大きな課題は、商品在庫の一元管理であろう。米国でも、多くの部門を持ち地域別オペレーションを行っている企業にとって、在庫の一元管理は困難なチャレンジであった。しかしこれは、いかに困難でも必ずクリアしなければならないプロセスである。日本の場合は、委託取引等の商慣習が、これをいっそう難しくしている。しかし商品（色やサイズも含む）在庫の有無や所在場所がリアルタイムで把握できていなければ、顧客に満足してもらえる対応はできない。

在庫管理の問題は、米国ではさらに高レベルの段階に入っており、ＤＯＭ（Distributed Order Management）と呼ばれる〝顧客の発注〟を、どの段階で〝最終売り上げ〟（すなわち在庫減）とするのかのマネジメント、すなわちウェブサイトのカートに入ったまま放棄されている商品は、どのタイミング、どういう形でタイムアウトするか、といった管理である。

またＲＦＩＤ（ＩＣタグ）装着により、最後の1点まで正確に在庫を把握してピッキングするP2LUのシステムをメイシー百貨店が採用していることも、第一部で紹介した。

オムニチャネルでは、組織のあり方の変革も必要となる。従来のタテ割り組織に横串を入れる形の有機的連動が不可欠だからだ。店舗とオンライン部門、マーチャンダイジングとマーケティング、といったこれまでの組織体制の組み換えである。たとえば売り上げの立て方にしても、店頭で販売員が対応したが実際の売り上げはネットで実現した場合、どちらの成果とするのか、の議論がある。結論は、そういった議論を超えて、全社一体となる仕組みを作ることだ。そのためには、トップのオムニチャネルへのコミットメントと強力なリーダーシップが求められる。

オムニチャネルに取り組むに当たっては、繰り返しになるが、『自社型』を構築することが大切だ。「オムニチャネル」だからといって〝オムニ〟（あまねくすべての）チャネルを組み込む必要はない。また、今流行のテクノロジーがあるからそれを使う、という形も避けるべきだ。

先に取り上げたメガネ販売のワービー・パーカー社は、オムニチャネル企業の成功例とされているが、当初は完全なピュアプレイヤー（ネット事業のみ）であった。しかしSNSの効果的活用や、スクールバスを改装した移動店舗で自信を得て実店舗展開に踏み切った。自社のビジネスや顧客や商品にとって重要なチャネルあるいはアーム（顧客にリーチする手段）を中心に組み立てることが重要だ。

日本でもアーバン・リサーチ社がネット展開を始めたのは、店舗を三大都市に限っていたため、それ以外の地域で商品を買いたい顧客の要請があったからだ。常に自社の顧客がなにを望んでいるかを考えて、次の手を打つという。

紙媒体のカタログについても、これを止めてしまった企業は多いが、米国のバーニーズでは、店舗・印刷カタログ・デジタルを連動させたオムニチャネルに注力しており、最近（2015年9月）では、マガログThe Window in Print用のアプリを開発、マガログの全ての掲載商品の購入を可能にした。

ソーシャルメディアの活用もしかりで、企業の対象顧客や商品、あるいは戦略によりフィットの良いものを利用すべきだ。たとえばノードストロムではピンタレストに力を入れ、各売り場ごとに、多数のピンを獲得した商品をフィーチャーし、大きな成果を上げている。

④FBにおけるオムニチャネルの構図

たえず進化するオムニチャネルの展開として、米国では、サプライチェーンを巻き込んだ取り組みも始まっている。商品のフルフィルメントを、物流センターや近隣店舗から行う以外に、メーカーの工場、あるいは物流のパイプライン（たとえば商品を積載して移動中のトラック）などからも行う、というのだ。そのほうが、顧客への配送を、より短時間で、より低コストで、最適化できる場合が多いからだ。ここでは在庫と配送の一元管理が、サプライヤーまで巻き込んだものになる。

図14（226～227ページ）は、これまで述べた観点から、小売業のオムニチャネルのイメージを筆者が描いたものだ。

中央の円は、顧客が利用できるコミュニケーションのチャネルである。様々なチャネルが存在するこの円の中では、ソーシャルメディアも含め、様々な情報が行き来し、シェアされている。その意味でこの中にいる顧客は、360度の視界を持って、あなたの会社や商品を見ていると言える。

オムニチャネルは、情報のデリバリーと、商品のデリバリーで成り立っている。

右側の矢の動きは、小売業から個人への個別情報のデリバリーであり、それを受けて個人から小売業に向けての商品の発注、すなわち注文情報が送られる。

左側の矢の動きは、商品のデリバリーである。個客は、店舗へ出向いて、そこで商品を見て購入する場合もあるし、ネットで注文したものを店舗でピックアップする〝クリック&コレクト〟することもある。あるいは、商品がその店舗では欠品しているため、別な店舗から宅配される場合もある。さらに、前述したように、移動中のトラックから、あるいは生産工場から、指定の場所へ配送されるケースもある。サプライチェーンは、ある意味で運命共同体であり、異業種、異企業間のコラボレーションが重要になっている。

日本では在庫の一元管理が、委託販売などのため困難だと述べたが、取引先（ベンダー）との戦略的連携を組むことができれば、この図のように、工場から店頭までを包含する在庫と配送の一元

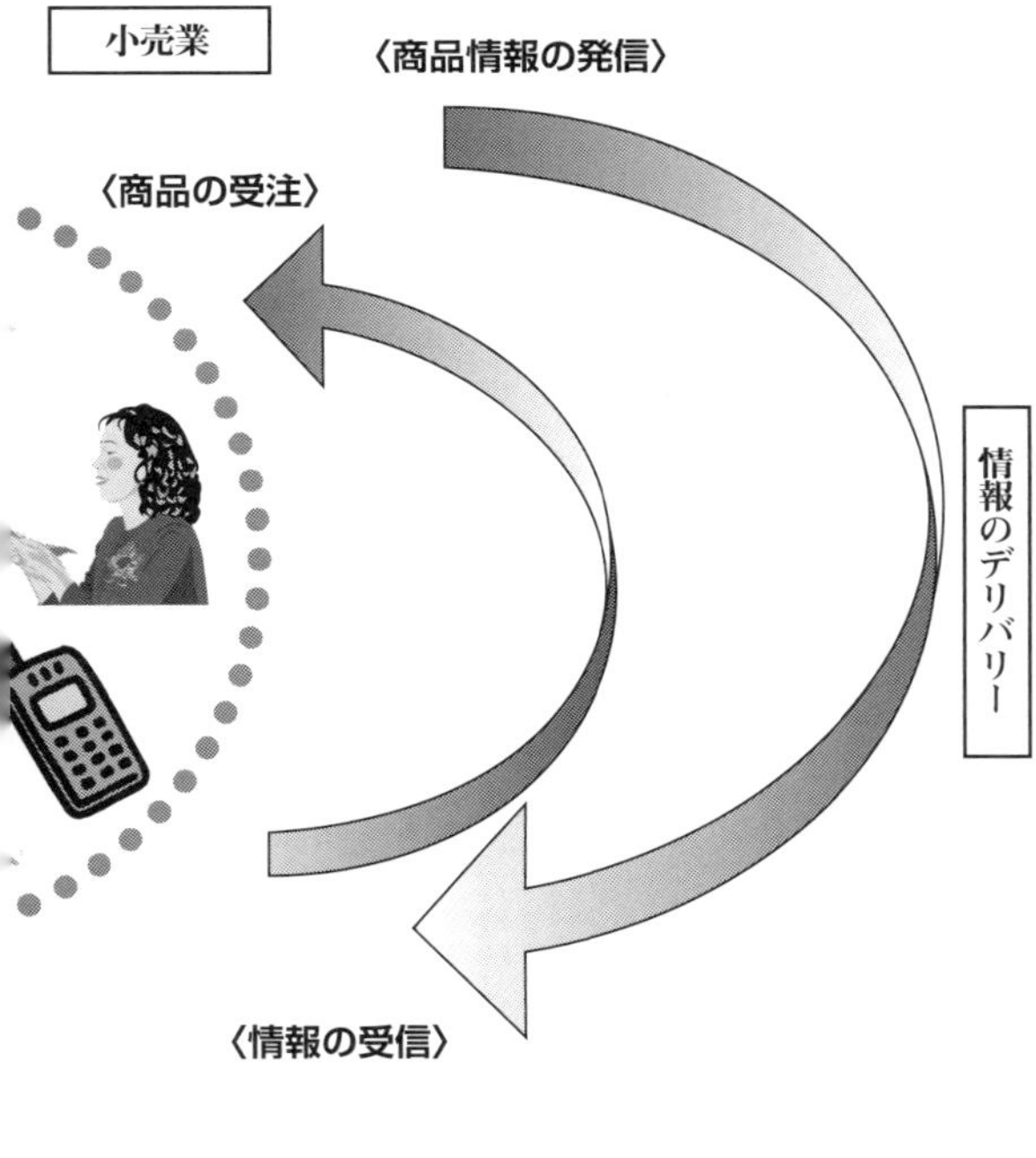

（筆者作成）

管理を行える可能性もあることを、強調したい。

⑤ノードストロムに見るオムニチャネルの展開

米国でオムニチャネルを牽引する大手小売業のうち、ディスラプション（従来秩序の破壊）の意

図 14　オムニチャネルのイメージ図

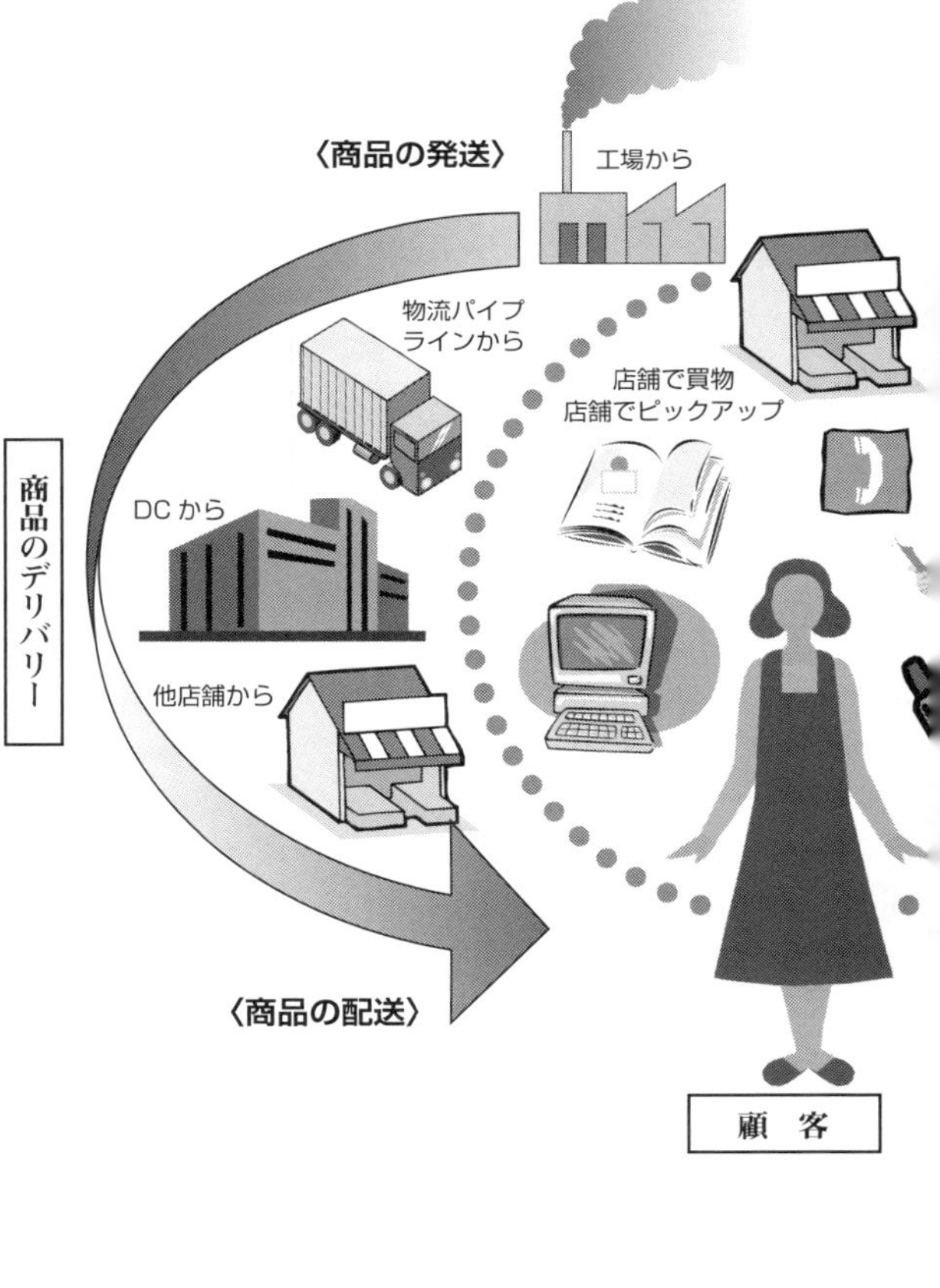

味ではメイシー百貨店が象徴的であるが、日本が学べることは、ノードストロムのほうに多いと筆者は考えている。その理由はノードストロムの〝販売アソシエーツによる人間関係重視〟の戦略にある。

日本のFBでは、ネット化とデジタル化が進めば進むほど、そのベースとしての、店舗あるいは販売スタッフと顧客のつながり、信頼関係が重要になると筆者は考えている。日本のファッション小売業が都市に集中しているため、店舗へのアクセスが米国より容易であること、さらに日本人の感性がアナログ的体験を重視すること、がその理由だ。

ノードストロムは、実はメイシーに先駆けて実質的なオムニチャネルに取り組んできた。そもそも「顧客中心主義」は、ノードストロムの創業以来の哲学である。「お客様は常に正しい」を社是とし、車のタイヤを、「絶対にこの店で買った」と主張して返品・返金を求める顧客に希望通りの対応をした、という伝説的逸話がある会社である。このノードストロムがオムニチャネルに取り組むと、どのような形になっているのか、を紹介したい。
＊「顧客セントリック」哲学による、売り場の構築――顧客の利便性のため、ファッションでは同社独自の〝売り場のライフスタイル分類〟をしたり、化粧品売り場を開架式にして、顧客がセルフで、お気に入りブランドの商品を選択したり、化粧品を試したりできるようにしている。（ちなみに同社の組織図は逆三角形で、一番上段が「顧客」、次にそれを支える「アソシエーツ」、一番下に、「経営幹部」がいる、というものだ。）
＊オムニチャネルのオペレーションの組み立て――在庫と顧客データの一元管理に関しては、早い

時点で、単一トランスアクション・プラットフォームを確立。ＰＯＳ、Ｅコマース、モバイル・コマースを結合し、２０１５年のネット売上高は、総売り上げの20％まで拡大。

＊顧客へのＥメールの効果的活用――毎日配信するメルマガは、新商品紹介やシーズン・トレンドの紹介（それも文字情報ではなく〝今シーズンはこの4点で完璧〟といったトレンド・ルックスを自社の扱い商品で見せる）、年1回のアニバーサリー・セールの案内（秋物を7月に、上代の65～70％の価格で先行受注し、需要予測に使う）、など多様。

＊販売アソシエーツによる顧客への働きかけ――モバイル用に開発したTextStyleアプリでは、テキスト・メッセージを好む顧客に、なじみの販売スタッフから、新商品入荷の案内などをテキストで送り、即、ＢＵＹ（購入）ボタンも押せるようにしたもの。オプトイン（ユーザー承認）の1対1のサービスで、個人情報の安全性も確保。２０１５年開始、好評を得ている。ピンタレスト上位アイテムの売り場での販促も、アソシエーツの判断で行われる。

＊パーソナル・ショッパーへの相談――1日のごく数時間を除き、いつでも〝人〟と連絡が取れる。ネット化以前からのサービスを継続したもの。売り場でのパーソナル・ショッパーのヘルプはもちろんだ。

＊商品ピックアップと宅配――クリック＆コレクトの店内ピックアップに加え、店の車寄せで、乗車したまま受け取りが可能。即日配達は、ウーバーとコラボで実施。

＊買い上げ商品をメーカーから顧客に直送――サプライチェーンの効率化のため、メーカーからの直配を容易にするソフトウェアを開発した、起業したばかりのテクノロジー会社に投資。顧客に

は配達のスピードアップ、同時に自社の、在庫と配達コストのダウンをねらう。
＊商品の独自性確保のための各種施策――他社との差別性を確保するため、ユニークな専門店やスタートアップ企業の買収（Bonobos、Trunk Club、Jeffrey's など）や、人気専門店のエクスクルーシブ商品の導入（Top Shop、MadeWell など）。

これらは、一部の紹介にすぎないが、ノードストロムが、オムニチャネルの仕組みづくりと同時に、商品やブランドの独自性を確保して、ネットでの価格比較などの対象にならない工夫をしていること。また顧客へのパーソナル対応についても、Eメール以外に、販売アソシエーツが自主的に行う各種のパーソナルなサービスを組み込んでいることが分かる。

２０１９年には満を持してニューヨークに進出、マンハッタンに大型旗艦店を開店するノードストロム社の今後の展開が興味深い。

オムニチャネルについては、日本でも本格的に取り組み始めた。セブン&アイ・グループはグループ全体として、どこからでも買い物でき、それをコンビニ（セブン・イレブン）で受取ることができるようにした。セレクトショップや専門店チェーンでも、複数チャネルやソーシャルメディアの活用が成果を上げ始めた企業が出ている。

日本は、米国ほど国土が広くはないし、人口が都市に集中している。しかし時間や労力を節約したい生活者のニーズは高まっている。日本の高い賃料や在庫をミニマイズするために、〝ショールーム化〟も〝手触りや試着ができるホームページ〟といったイメージになる日が来るかもしれない。ファッションへの関心や、顧客の期待・要求レベルが米国よりも高い日本で、オムニチャネルがどのような形を取って発展するか、筆者も楽しみにしている。

3. パーソナル化——新パラダイムにおける新規の価値創造

商品あるいはビジネスの「パーソナル化＝個人化」、つまり、一人ひとりにピッタリ合ったファッションや価値の提供が非常に重要になってきた。日本のＦＢが低迷している理由のひとつが、市場には商品があふれており、そのなかに個人が買いたいものがあるはずなのに、企業がそれを求める人にピンポイントで案内したり、あるいは逆に個人が自分の好みやサイズに合致するものを見つけたり、たぐり寄せるツールがない、という問題が未解決だからだ。

何度も述べているように、人々は、かつての〝一般大衆〟から、〝個性と独自の価値観を持った個人〟に成長しており、ビジネスとしては、「不特定多数の顧客の塊」ではなく「個客」として、取り組まねばならなくなった。また、企業の論理ではなく、顧客、それも個客の論理に基づいてビジネスを運営する時代になっている。

●パーソナル化の3つのタイプ

商品やサービスのパーソナル化、すなわち個人化には、大きく３つのタイプがある。

①カスタムメードの商品やサービスを提供する
②企業側が、顧客へのアプローチを、パーソナルなものにする
③顧客側が、自分の欲しいものを容易に見つけられるようにする

①のカスタムメードについての説明は、ほとんど不要だろう。〝特別注文〟をするので、コストは高くなるし、すぐに入手できない不便もあるが、それらを超えた価値があると注文者が判断すれば、それは新パラダイム時代の、新しい価値創造だ（モノでないサービスの場合は、その場で特注のサービスを受けることはできる。これは今後、非常に重要な価値創造になると思われるが、ここでは割愛する）。

②については、2つの方向がある。1つはビッグデータ解析技術やAIの活用だ。これまでの顧客セグメンテーション手法による大まかな顧客区分に代わる、「個客」への照準を可能にすることだ。もう1つは、売り場や外商などで蓄積したアナログの顧客データに基づきデジタル技術で焦点の明確な具体的提案をすること。米国であれば、高級品店などが活用してきたパーソナル・ショッパーの機能をデジタル化し、顧客の属性や嗜好に合わせてワン・トゥ・ワンの働きかけをすることだ。

また③の、顧客側からの〝たぐり寄せ〟については、ネット・ベースで、顧客主導のビジネスモデルをつくることにより、大きなイノベーションが可能である。とくに顧客が常時持ち歩くモバイルでの、様々な試みがなされている。

これらの、〝ビジネスのプロセス（顧客のショッピングやコミュニケーションや購買）のパーソ

ナル化〟は、これからの時代に、新しいチャンスをもたらす。なぜなら、ファッション製品という〝モノ〟が、〝その人のライフスタイル〟をつくるという立体的で動的な価値創造につながるからだ。〝モノ〟が〝コト化〟する、顧客参画の価値創造活動とも言える。

そういった観点から、３つの事例を紹介したい。

パーソナル化を実現する3つのビジネス事例

①Stitch Fix社——ネットでパーソナル・スタイリングのサービスを提供

Stitch Fix（ステッチ・フィックス）は、時間欠乏のプロフェッショナル女性を対象にネットでスタイリング・アドバイスをし、簡単に購入できる仕組みをつくったビジネスだ。従来、米国の高級店が注力していたパーソナル・ショッパー（顧客に密着してショッピングを助ける専門職）のデジタル版と言える。複雑なアルゴリズムを使って、個人に対し、パーソナルなスタイリングのサービスを行う。ハーバード・ビジネススクール在学中にこのアイディアを得たカリナ・レイク氏が２０１１年に起業したものだが、すでに社員１５００人の企業へと成長している。

利用の仕組みはこうだ。顧客はまず自分のスタイル・プロフィールをインプットする。プロフィールは、ファッションやスタイルの好みやボディのタイプ、アイテム別の自分のサイズ、予算やライフスタイルなどを、細かい質問に答えてエントリーして作成する。好みのスタイルについては、クラシックからモダン、グラマー、カジュアル、プリティ、などを、言葉ではなく、服・

アクセサリーから靴まで15アイテムほどをグループ化して、８枚ほどのマップを見せて選択させるので、顧客に分かりやすい。最後に、自分のファッションに関する説明を付け加えることも薦められる。仕事場の雰囲気はカジュアルで、ジーンズ着用もＯＫ、といった具合だ。

プロフィールができると、案内に従い、デリバリー希望月日を入力。５点の服がアクセサリーとともに到着したら、３日間のうちに欲しいものを選択する。購入すれば、スタイリング料は１点につき25ドル。自分でログインして支払いをする。それ以外は返送するが、返送料は無料で返送用の袋も付いてくる。５点全部買えば25％の割引。サイズは0/XSから14/XLまであり、価格帯は平均55ドル。扱いブランドは約２００で、台頭しつつある若手のブランドもある。同じ製品を他社がより安い価格で提供している場合には、到着7日以内なら価格マッチングをする。自動配送（日時指定）のシステムもある。

ターゲットとして理想的な顧客は、フェイスブックＣＯＯのシェリル・サンドバーグ（『LEAN IN（リーン・イン）――女性、仕事、リーダーへの意欲』の著者）のような人だという。多忙なエグゼクティブで、〝エフォートレス（努力しないですむ）・ショッピング〟と時間節約がアッピール・ポイントだ。購入を重ねる毎にＡＩによる学習が進み、提案の精度が上る。

ほかにも、Keaton RowやStylit、Everywear、メンズ分野ではTrunk Clubなどがある。

②Live the Look社―個客が主導する、自分に合うスタイルだけを集めたワンストップ・ショッピング・サイト

ツイッターの元マーケティング幹部、フランチェスカ・ヘリナ氏がLive The Lookをスタートし

たきっかけは、ひとりの女の子のシンプルな要望だった。

「私のクローゼットにはたくさんの服がある。なのに、ネット小売業は、私が毎月新しい服を買うものと考え、私の手持ちの服をどう活用したら良いかのヘルプはしてくれない」「なぜ顧客について良く知っている小売業が、個々のアイテム販売でなく、ワードローブをつくるヘルプをしないのか？」「10回も訪問しているサイトなのに、なぜ、いつも自分のサイズを探さねばならないのか？」。これらはまさしく現在の、日本の女性顧客にも共通な、問題意識とフラストレーションである。

サイトの狙いは、女性に、〝自分のサイズと好みのスタイルだけの選択肢でワンストップ・ショッピングを提供し、ユニークで高質の服やアクセサリーを、簡単に見つけて、すぐに買い物できるようにする〟ことだ

個客は簡単な3ステップで、サイトを自分用に設定できる。まず手持ちのベーシック、つまりワードローブのコアを、提示されているブルー・ジーンズ、黒のブレザーなどの10アイテムから選んでクリックする。次が自分のおしゃれのスタイル入力で、8つのイメージのなかから言葉で選択する。ボヘミアン、エッジー、グラマラス、プリティ、モダン、カジュアル、レイディライク、スポーティだ。第3ステップは、サイズ入力。選択肢の、トップス7サイズ、ドレス13サイズ、パンツ13サイズ、靴13サイズからクリックして、エントリーが完了する。

筆者もエントリーしてみたが、すぐにお薦め商品が提示された。アンテーラーやフリーピープルといった小売りやメーカー・ブランドの商品で、配達はそれぞれの企業から行われる。選択の回を重ねるごとに個客のデータが積み重なり、より焦点の合った提案に絞り込まれてゆくことを楽しみ

にしている。

このような、個客主導のショッピング、つまり顧客に便利なように作ったサイトは、ほかにもいろいろある。たとえばモバイル対応ソーシャル・プラットフォーム、ワネロ（Wanclo）もその1つだ（名前はWant Need Loveに由来）。企業が売りたいもの、ではなく、個人が買いたいものを、自ら集積するビジュアル・モールで、ユーザーが気に入った商品のマークや保存は、ノードストロムをはじめ35万点、5万ブランド、200万点に及ぶと聞く。

日本でも、手持ちのワードローブを生かすことを支援するものがある。たとえば、ファッション・コーディネート相談の無料アプリの「スタレピ」（スタイルレシピ社）は、手持ちの服のコーディネートの仕方に迷う女性のために、自分のコーディネートやワードローブにあるアイテムの写真を登録してもらって、それを基にプロのスタイリストが相談に乗るサービスだ。相談の中で薦めたアイテムを、買えるようにもなっている。会員制レンタルで購入もできる「エア・クローゼット」や「メチャカリ」もある。

しかし米国の多様な事例で特徴的なのは、第1に顧客の主体性重視の提案であること。コーディネートが分からない顧客ではなく、自分のスタイルを持っている個客へのワークだ。第2は〝手持ちの服〟と〝個人のライフスタイルやファッション・スタイルの好み〟をベースに、〝希望サイズの在庫有無〟も確認のうえ新たな1枚を提示し、ワードローブづくりのショッピングを完成させる点だ。

さらに第3としては、〝個人の好みやライフスタイル〟を特定する手法だ。ファッションにおけるパーソナル化を進める上では、デジタル技術ばかりでなく、ファッションをよく分かった人間がこれに取り組み、的確な設問で、サイトの信頼感を築くことが重要である。日本のサイトはこの点、改善の余地が大きい。

ファッションのネット購入は、便利だが、個人のテイストやスタイル、サイズで検索できないのが悩みであった。ここに挙げた事例はこの問題を解決する、ディスラプティブ（破壊的）なイノベーションであり、テクノロジーの進展が、こういった新たな革新を、さらにおし進めるものと期待している。

③DeNAの学習――ビッグデータ分析によるパーソナル化――「セグメンテーション」から「個の最適化」へ

いわゆるビッグデータはパーソナル化の重要な手段だ。分析テクノロジーの革新やクラウドの普及により、以前より格段に低コストになったことが大きい。

FBのケースではないが、「個客」への最適化が大きな成果を上げる事例を紹介しよう。「イノベーション」をテーマとするWEFシンポジウムでの、DeNA創業者の南場智子氏の講演で紹介されたものだ。

DeNAはその創業時から、〝インターネットと巨大産業の協創〟による多様な事業展開を進めてきた。そのなかで、たとえば、様々なアプリの「企画」「開発」「スタート」のプロセスは、製品への顧客の反応を、細かく把握分析しながら進められる。

スマホやインターネットが浸透した今日、市場は情報過多、競合サービス多数で、企業は互いにしのぎを削っている。顧客は、その製品やサービスに満足しなければ、瞬時に競合企業に移動してしまう。そのなかで、新製品の開発・販売を進めていくには、「どうやったら関心を持ってもらえるか?」「どうやったら利用を始めてもらえるか?」「どうやったら使い続けてもらえるか?」に絶えず注力せねばならない。

たとえば、難しすぎないか? インセンティブは?興味、関心は得られるか? だれに影響を受けるか?などについて、顧客の意向を見るのだが、それらを、「顧客全員に同じ質問をする」場合と、「年代・性別(いわゆる人口動態的セグメント)による最適化」をした場合と、さらに、「個々人に最適化」した場合とでは、結果が大きく異なるというのだ。「利用を始めてもらう力」については、「年代・性別による最適化」よりも「個々人に最適化」すると3・8倍になった。同様に「利用を継続してもらう力」の比較では、「個々人に最適化」した場合には、9・7倍にもなったという。

このことから分かるように、「個々人への最適化」が不可欠で、そのために同社では、「1日50億超の行動解析ログデータ」を取っている、と南場氏は述べている。

ビッグデータの活用は今後のFBにおいては、非常に有効であると考えられる。なぜならファッションは、他のどの製品よりも、スタイルやデザイン、流行、機能や着用特性、素材や仕立て、サイズやフィット、ユーザーの好みなど、膨大な変数をもつ方程式だからだ。

ビッグデータによってターゲット顧客を捉えるには、先に完璧なデータを作ってから行動するより、双方向的にテストする、より柔軟なやり方でインタラクティブに構築するほうがベターだ、と専門家は言う。個客を特定するための、ユニークなIdentifier(識別する要素)を見つけることが、最初の解決すべき問題かもしれない。

革新的ビジネス手法としてのデータマイニングは、個人情報の取り扱いには注意を要するが、これからのFBに大きな展望を開くものだ。それを担う人材の育成がとくに日本には急務であることも、つけ加えたい。

4. FBのサービス化――モノの販売から〝おしゃれ支援サービス〟へ

FBのサービス化とは

FBをサービス化することによって、企業も顧客も社会も、それぞれが利益を得るような、Win-Win の価値創造が可能になる。これについて、考えてみたい。

FBは、これまで、メーカーであれば「モノの製造・販売のビジネス」であり、小売業であれば「商品を仕入れて売り場に並べ、顧客の来店を待ち、買ってもらう」ビジネスであった。

それに対して、FBのサービス化とは、ファッション商品を〝使用価値として捉える〟。〝個人の便宜と満足度を高めるキューレイション・ビジネス〟。さらに言えば、〝生活者が暮らしの豊かさを創造するサポートビジネスとして捉える〟ことである。

「商品を販売したらビジネスはおしまい」ではなく、その前後のプロセスを、顧客にとって、より便利で快適で満足度の高い「おしゃれ支援サービス・ビジネス」という考え方だ。

ここで言うサービスが、商品の購入につける顧客向けの「おまけ的サービス」や、接客の〝おもてなし〟アプローチではなく、商品とその使用にからむ快適感や満足感を融合するサービス価値の創造という事業活動であることは、言うまでもない。

現代の生活者は、〝モノを所有する喜び（価値）〟よりは、〝モノの使用が生活の質を高める効用（価値）〟を重視するようになっている。また、そのために余分な労力を費やしたり、企業側の非合理的なビジネス論理や慣習に振り回されるなくなっている。これまでファッション商品を扱う企業は、価格が相対的に高い商品を扱っているにもかかわらず、丁寧に商品を提供し、購入後の使用やケアにも心を配る、といった考え方は、ほとんどしてこなかった。以前に家電製品のマーケッターから、「我々の製品は、たとえ1000円の計算機でも、保証書を付け、メーカーの顧客窓口の電話番号を付けて販売しているのに、ファッション業界は、何十万円もするスーツでも、ブランド名と素材表示のタグしか付いていない」と指摘された苦い記憶が、いまも鮮明に残っている。

FBにおけるサービス化の領域と事例

ファッション商品のサービス化には、どのようなものがあるだろうか？

主なものとして「レンタル／シェアリング」「無料試着／型見本によるショッピング」「キューレーション」「製品のケア（保管／修理／サイズ補正）」などが挙げられる。いずれも、「商品のマルチ使用による価値の増幅」や「買い物プロセスの効率化と無駄の排除」といった、個客の嗜好やニーズに合わせて編集するなどの価値創造だ。

それを実際にやっている事例を、いくつか拾ってみよう。

●レンタル／シェアリング

レンタルやシェアリングは、現在世界規模で広がっている潮流だ。車や自転車、インテリアなどにとどまらず、留守宅に他人を宿泊させるグローバルなホテルのシステムや、ハイヤーのシステムのウーバーなど、従来では考えもつかなかったレンタルやシェアリングがビジネスとしてグローバルに拡大している。

ファッションについてもレント・ザ・ランウェイの事例を本書の冒頭で紹介した。パーティ用のドレスをネットでレンタルできる簡便さと、ＳＮＳコミュニティで共有する、レンタルしたドレスの魅力や着用のハッピー体験などが顧客を引きつけ、あっという間に人気の企業になった。アクセサリーや靴、ハンドバッグもレンタルでき、そのスタイリング・サービスのために作った店舗は、いまや、ヘアやメイクのサービスも合わせて提供するようになった。扱う服も、ドレス以外のアパレルにまで広がっている。

興味深いのは、ハーバード・ビジネススクール在学中にこれを創業した女性ＣＥＯの、最近のコメントだ。「レント・ザ・ランウェイは、ファッション衣料を、レンタルつまりシェアリングの仕組みにより、個人のタンスから開放して、社会の在庫にする。つまり商品を〝個人財から社会財にする〟という、革新的コンセプトだ」というのだ。

確かに米国では、パーティ用のドレスは、２回より多く着られることが少ないという現状がある。

エコロジーやサステイナビリティの観点からも、また所得が減ってファッションを欲しくても買えない人の立場に立っても、ファッション衣料が、ひとりの人間が2回着用するだけで、死蔵されてしまうというのは、いかにも不合理だ。

日本では、デザイナー皆川明氏のブランド、ミナ ペルホネンが、コレクションのアーカイブから、ドレスなどのレンタルをしている。「デザインの寿命」を大事にし、手間をかけた素材で作るミナの服にはファンが多いが、価格が高めなのでなかなか買えない。そんな顧客の特別のオケージョンのためのレンタルだ。収益のためではなく、ブランドの理解と、良いものを愛でながら着用することで、〝マルチ使用〟の価値も生んでいるミナ ペルホネンのブランドの詳細は275ページに後述。

●無料試着／型見本によるショッピング

自宅での無料試着・返品自在、のサービスが拡大している。〝自宅が試着室〟の考え方だ。また、多様なアイテムをサンプルショップで見て、試着したいものをスマホで呼び出す、というのもFBのサービス化と言えるだろう。販売側にとっては、扱いアイテムを全部現物で提示する場合の在庫量やスペースをミニマイズし、顧客側にとっては、検索しやすいデジタル手段により時間や労力のミニマイズをはかるサービスだからだ。

購入する前に、試着や試用をしてみる「お試し購買」も拡大している。少し良いものを買いたいのだが、失敗はしたくない、という生活者の要望に応えるサービスだ。日本でも、ファッションやインテリアやメガネで、様々な企業がこれに取り組み始めている。

ファッション商品の宅配・無料試着のそもそもは、ネットで靴を売る米国の会社が、同じ靴のサイズ違いや色違いを顧客が試したい全部を注文して、必要なもの以外は（全部でも）返品OK、というやり方で人気を高めたことに始まった。このサービスにより、「靴のような、サイズやフィットが細かく要求される商品を、インターネットなどで売れるわけがない」という大方の予想を覆したのだ。宅配などの経費はかかるが、必要なものだけをフルプライスで購入してもらうため、企業にも顧客にも効率的な手法だ。こうした店舗以外での試着は拡大中であり、Gap は顧客が滞在中のホテルのアプリで Gap サイトにアクセスし、ホテルの部屋を試着室代わりに使うサービスの提供も始めた。

日本では、インターネットショッピングサイト、〝LOCONDO.jp〟（ロコンド）がある。「送料無料、30日間返品無料（返送料も無料）」という日本初のサービスに加え、何でも相談できる「コンシェルジュ」を設けたり、無料の翌日お届け便サービスなどの事業展開を行い、現在会員は約75万人に達しているという。

最近の米国では、「無料試着・返品可能」がさらに進化し、1つのブランドの商品に限ることなく、複数のリテイラーやブランドの扱い商品をまとめて試着できるサイトも出てきた。たとえばスタートアップの Try.com は、ブルーミングデールズやZARA、バーニーズ・ニューヨークを含む多様な企業からの商品リストで、1回5点の商品を選択し、10日以内に意思決定をして、購入するものだけの支払いをする、というビジネスを立ち上げた。

メンズウェアを扱うBonobosも、店舗はサンプルを置くだけのネットビジネスを行っている。スタンフォード大学の学生が始めたチノパンからスタートしたメンズ・カジュアル（現在では商品範囲は広がっている）のサイトだが、ショールームとしての店舗も持っており、希望者は店舗に出向いて、〝売り込みをしない〟丁寧な接客を受け、高い満足を得ている。

これらはいずれも、ネット企業のデジタル戦略を、店舗ならではの接客や試着と合体させたものと言える。

●キューレーション（パーソナルなスタイリング）

Polyvoreは、世の中に埋もれているデザイナー、あるいはファッション感度の高い人たちを発掘する狙いで、元ヤフーとグーグルに在籍した4名が2007年にスタートしたサイトだ。興味のある個人が、ウェブから、気に入った服や靴、アクセサリーなどを集めて、ファッションをキューレーションし、コラージュ（コーディネートのセット）に作成し、そのセットを各自の名前で〝デジタルコルクボード〟にアップするものだ。クリエーションのための簡単に使えるアプリも用意されている。

〝スタイル・コミュニティ〟と同社が呼ぶこのサイトを、ニューヨーク・タイムズ紙は、2010年時点で「ファッションの民主化。バーチャルなアナ・ウインターの世界」と評している。アナ・ウインターとは、世界的に著名なVogue誌の編集長だ。Polyvoreには現在3400万点を越えるセットがアップされていて、月間ユーザー数は2000万人と言われている。そもそもは、自分のスタイリングのアイデアを人に見せたい人たちが楽しんで取り組むサイトであった。しかし現在では、掲載されるすべてのアイテムを購入できる点が、ピンタレストなどにない特徴だ。小売業のバイヤーもチェックしていて、人気のあるページは料金を払ってそれを使うケースもあると聞く２０１５年にヤフー社に買収された。

他の事例として、製品を個人にフィッティングするサービスも広がっている。シューフィッターが良い例だ。既製品の靴は、どんなにサイズを細かく取っても、完全にはフィットしないことが多い。これを、いろいろな技術や道具や補助素材を使って、顧客にフィットさせるサービスである。

●製品のケア（保管／修理）

高質のファッション製品を大事に使いたい人には、高級クリーニングや防虫等のメンテ、あるいは毛皮製品によく見られるように、シーズンオフには保管をする、などのサービスも、今後いっそう重要になるだろう。多様な事例があるだろうが、パタゴニアについて見てみよう。

パタゴニアは地球環境保全を企業哲学にしていることで知られ、原材料や製品作りのプロセスのサステイナビリティに力を入れている。２０１２年のホリディシーズンには、ニューヨーク・タイムズ紙に、〝Don't Buy This Jacket.〟のコピーで、人々の購入を抑制する広告を出して話題を呼んだ。「我々は、長持ちし利用価値があるものをデザインし売っている。しかし私たちは、顧客に必要ではないもの、あるいは本当に使うもの以外は、買わないでほしいとお願いしている。我々が作るものすべて―誰が作るものでもすべては―地球にお返しできる以上の犠牲を強いている」。

この考え方で同社は、2015年春、Patagonia Mobile Worn Wear Tour : If it's broke, fix it. のツアーをカリフォルニアからスタートした。〝着古した服のツアー――壊れていれば修繕する〟とうたうこのツアーは、6週間の大陸横断中に18か所にストップ、ウエアやギアの無料修理やそのやり方の教育、中古品の販売などを行った。使用したキャンプカーは、1991年製のダッジをワイン醸造桶の古木で加工。バイオジーゼルで動かす太陽発電設備つきのものだという。

パタゴニアのレベルまでいかなくても、ファッション衣料や雑貨のケアや保管、修理等のサービスが、重要なビジネスになる時代が、すぐそばまで来ていると感じている。

トニー・シェイに学ぶ、サービスビジネスの本質

FBのサービス化とは、「サービスを付加する」のとは、考え方が異なる。「モノにサービスをおまけとして付加する」のではなく、「ファッションでおしゃれをする」ことを実現するための、トータルとしてのサービスであり価値提供だ。

筆者は、これからのFBを「〝おしゃれをする〟サービスを提供するビジネスであり、商品は、それを実現する手段のひとつである」とみている。先の「ブランド化する商品企画・生産・販売」の項でふれた〝デザイン・アイデアを、プロの手で製品化する〟のも、これからのファッション・サービスのビジネスとして有力である。

米国で注目されているネット企業ザッポスの創業者、トニー・シェイCEOのいう、「わが社は、〝サービス〟を売り物にする会社がたまたま靴を売っているのだ。だから、他の流通業者とは違っ

てサービスを〝コスト〟と見なさない。むしろ、ブランドを築くための投資、顧客ロイヤルティを築くための投資と捉えている」という考えに近いものだ。

5．新パラダイム――個客セントリックの新ビジネス

未来へ向けての価値創造は、新ビジネスモデルによるものがますます増えるであろう。そのコアは顧客セントリック、それも個客に照準を当てるものだ。

革命が起こっている、との意識が強い米国では、ディスラプション（破壊的革新）を狙う起業がブームとも言える状態になっている。そしてそのほとんどが、デジタル・テクノロジーを活用して、顧客、個客の立場に立った、従来なら考えられなかったビジネスを可能にしようとするものだ。日本でも、スケールは小さいが、起業の動きが高まっているのは嬉しいことだ。

膨大な事例のなかから、日本のヒントとなる２つを簡単に紹介したい。

①ファッショニスタの起業は顧客がパートナー――ニッチを狙うNastyGal.com

ビンテージ・ファッションのネット販売で急成長したナスティ・ギャルは、22才の女性ソフィア・アムルソが２００６年に立ち上げたサイトだ。ブランド名は、ファンキーでスタイリッシュなミュージシャン、ベティ・デイビスのアルバムのタイトルから。〝NASTY〟の、意地悪、厄介な奴、といった意味を「バッドガール」的イメージに使ったクールなネーミングだ。彼女はコミュニティ・

カレッジ中退後、アートスクールで写真やフォトショップを学んだが、いろいろな仕事をやってもうまくいかず、自分も愛用するビンテージの服をスリフトショップや救世軍で購入して、自室で写真撮りしeBayで販売していた。古着屋で見つけた8ドルの本物シャネルスーツがオークションで1000ドルの値が付いたのを機に、ビンテージ発掘に力を入れ、音楽やエンターテイメントを中心にしたSNS『マイスペース』にソフィア個人のページをつくり、雑誌『ナイロン』のユーザー、音楽好きの16～26歳女性に絞り込んで6万人の友人（ファン）を創出した。

2013年には、WWDのCEOサミットに招かれて、売り上げが1・3億ドルに拡大、顧客のトップ10％は月に100回サイトに訪れるファンで、海外への販売も同時点で30％になっていると、語っている。

成功の理由は、ウェブで何が売れ、何が売れないか、そのタイミングなどをつぶさに分析。一品モノが多いビンテージ服が、フラットな画像とハンガー撮影ではどちらが売れるか、など試行錯誤を繰り返しながらプレゼンテーションやスタイルを学んだ。SNSではファン同士が様々な会話をしており、マーケティングには非常に有効で、その後にスタートしたPB商品の開発にも生かしている、という。

彼女自身は成功の秘訣として、〝I partner with my customer. ―顧客とパートナーになっている〟と答えている。ビジネス書は興味があるが読まない。現場での実践から学ぶ、という。

これは正しく、新パラダイム時代の、FBの1つのモデルであろう。

②サブスクリプション・モデル——BirchBox、Gwynnie Bee

サブスクリプション（定期購入）は、ここ数年米国で急成長しているビジネスモデルだ。情報と選択肢があふれるなかで、選びきれない、あるいは面倒な選択なしに必要なものが自動的に送られてくる利便性を評価する消費者が定期購入者になる。また、新規商品を試したい、毎回到着する箱を開けるのが楽しみ、という人も多い。

典型的パターンは月額10～30ドルの購読料で、キューレートされたコレクションが宅配される。その範囲は、化粧品からワインやペット用食品や雑貨、大人向け書籍まで。日本の「カワイイ」アイテムや、駄菓子を売るサイト（その名も、only-available-in-Japan——日本でしか入手できない）もある。男性用のグルーミング用品や、ビジネス用のシャツやアクセサリーなどを扱うもの。あるいは出産予定のママ向けでは、スタート・パック（新生児に不可欠なアイテム）に始まり、毎月赤ちゃんの成長に合わせたサイズの適切なアイテムを生後12か月まで配付するThe Mommy Teamなどもある。

日本でも２０１２年頃に、米国の影響でサブスクリプション・ビジネスが多く誕生したが、大きく成功したものが少ないのは、以前からある頒布会をネット化したにすぎないものが多かったからではないかと思われる。米国でもスタートしたが続かないものも多いが、成功しているものは、企業側の一方的な選択による商品の送付だけではなく、デジタル・テクノロジーを活用して個客へのパーソナル化やカスタマイズの精度を上げたり、あるいはそれを基に独特のビジネスモデルを構築しているものが多い。

この分野の開拓者で美容分野の成功事例のバーチボックス（Birchbox）は、月額10ドルの料金で、ミニサイズの化粧品と教育的な情報が詰まったボックスの送付サービスだ。創業者の化粧品購入でのいらつく体験から、「化粧品を簡単で楽しく試用できて、気に入ったものはネットで購入できる効率的な仕組み」をつくった。ボックスの商品は顧客の目や髪の色などと、選択された商品カテゴリーにより一つひとつカストマイズされており、それらの使い方を説明する教育的なコンテンツも入っている。Birchboxは、サンプルで送る商品の大量買い付けをしており、フルサイズの製品を自社のウェブサイトで販売している。寛容なロイヤルティ・プログラムによりBirchboxの100万人の定期購入者のうち50％以上が同社のウェブサイトで購入しており、同社の売り上げの35％がサブスクリプション会費以外だという。彼らが当初から、顧客に新ブランドを紹介しリピート・バイヤーになってもらうことを重視したのが成功の背景にあるという。SOHOに店舗もオープンした。


ファッション・アパレルの事例では、ギニー・ビー（Gwynnie Bee）がある。これはプラスサイズ（大きなサイズ）の、女性向けのレンタル／サブスクリプションのサービスだ。10～32までのサイズを扱う〝試着して買う Try then Buy〟プログラムだ。

会員登録の手順は、まず申し込みをし、次に同社のサイトから気に入った服を選択し、個人のコレクションを作成して〝自分のクローゼット〟に入れる。選択は、ブランドやデザイナー別、アイテム別などで検索しサイズも含めて入力する。商品は、そのコレクションのなかから送られてくるが、1回当たりの貸出点数による6つのプログラム別に月額料金が決められている。たとえば1回1点の貸し出しであれば35ドル、3点なら79ドル、10点なら159ドルといった具合だ。また、クローゼットに入れるミニマム着数にもルールがあり、1点貸出プログラムなら最低6点、3点貸出なら8点以上。いくら入れてもよく、買う気はないけど試着したいものも入れるように薦められる。

毎週新着商品の入荷もある。宅配されたものが気に入らなければ交換でき、代わりの服が送付される。一度着て返品してもよし、購入してもよし。返品頻度や点数に制限はなく、返品はウェブ上の自分のクローゼットで返品したいものをクリックするだけの簡単な手続き。毎回切手を貼った返送用袋が同封され、クリーニング代は会社持ち、という顧客セントリックな仕組みである。

サブスクリプション・ビジネスは会費収入をベースにするものだが、これを前出のようにレンタルと組み合わせる形も広がっている。レント・ザ・ランウェイもサブスクリプションを始めた。「ジーンズや白のボタンダウン・ブラウスなど、ライフスタイルのベーシックは自分で購入して、それ以外はレンタルやサブスクリプションでクローゼットの中身を回していくのが、これからの女性の生き方」と同社のハイマンCEOは言う。

これらのケースが今後どのような発展経路をたどるかは、未知数だ。しかし、会員制ビジネス、サブスクリプション、レンタル／シェアリングは、これからの「新たな価値創造」の潮流として注目に値する。ファッションへの考え方、それを提供する仕組みに、これらをどう取り込むか、多くのチャンスが存在する。

第3章　マーチャンダイジング／マーケティングの革新

新パラダイムのＦＢは、ＩＣＴ（情報コミュニケーションテクノロジー）あるいはデジタル・テクノロジーが大きく入りこむものになり、マーチャンダイジング、マーケティングはそのなかで、大きな変容を遂げることが必至である。一部はすでに始まっている。

まず、市場は、不特定多数の最大公約数的な中間市場から、ミニ市場あるいは個客へと変容する潮流がある。そこでは、マーチャンダイジングとマーケティングが連動あるいは合体して、顧客のニーズを探り、顧客にフィットした商品やサービスの提供を有機的に行わねばならない。マーケティングのリサーチおよび広告・コミュニケーション・販促機能と、商品企画・開発機能が連動する形になる。

新時代のＦＢの中核をなす価値は、「ほんもの」の価値になるだろう。また、顧客対象として注目すべきは、ミレニアル世代だ。ミレニアル世代と主体性を高めたキャリア女性が志向する「新ラグジュアリー」が、これからのＦＢを牽引すると思われる。

また、ＦＢが、流行を生み出しそれを増幅して利益を上げる「陳腐化促進ビジネス」から、より本質を見据えた「サステイナブル・ビジネス」重視にシフトする動きは、スローファッションの台頭を促し、不特定多数を狙うビジネスの効率的指標とされた「パレートの法則」に代わって、商品寿命を長くとる「ロングテール」への取り組みも台頭するだろう。そのためには、商品の独自性や創造性、そしてマニュファクチャリング（生産）との連動が非常に重要になる。

マーケティングでは、顧客セントリック、顧客エンゲイジメントが不可欠になる。製品中心の理性に訴求するマーケティングから、情緒や精神に訴求するマーケティングになり、個客へのパーソナル対応も重要になる。価値創造は、モノとしての価値だけでなく、それを入手するプロセス、優れた体験、情緒的満足、社会善への貢献などを含むものになり、サービス・ビジネスの様相を呈してくる。モノを企画・販売するマーチャンダイジングと体験を創造するマーケティングが有機的につながるのだ。

マーチャンダイジングの5適（適品・適時・適価・適量・適所）は、デジタル・テクノロジーにより、それぞれが、異なる新たな可能性あるいは展開を含むものになるだろう。

これらの変化にともない、モノづくり（マニュファクチャリング）にも、新たな可能性が見えてくる。これまで立地的にも、ビジネス取引面でも、マーチャンダイジングやマーケティングから距離があったマニュファクチャリングが、３者の連動という形で、中核的役割を果たすことで優位性が生まれることになろう。

以下に、マーチャンダイジング、マーケティング、マニュファクチャリングに起こると思われる変革について、新パラダイムの視点から簡潔に述べる。

1. マーチャンダイジングとマーケティングの連動と融合

マーチャンダイジングは、FBに特有のビジネス運営の手法である。学問的には、マーケティング活動の一部と考えられているが、他の産業では、マーチャンダイジングの言葉が使われることは、ほとんどない。その理由は、あとで詳しく述べるように、FBが、「ファッション製品を商品化する」ことで、価値を創造するビジネスだからだ。商品化とは、英語のMerchandise（商品・商品にするの意味―名詞と動詞がある）からきている。

マーケティングの概念が生まれたのは、19世紀末、イギリスの産業革命が大量生産を可能にし、生産された製品の販売（selling）や、貿易（trading）が拡大するにつれ、供給が需要を上回る、あるいは需要そのものを創造せねばならない状況が起こったことによる。つまり、単純な『販売』以上の努力、すなわち需要を調べたり、新しい商品の価値を伝えたりすることが必要になったからだ。大学の講義に「マーケティング」が登場したのは、1902年のミシガン大学が始まりと言われている。

マーチャンダイジングは、そのマーケティング活動のなかでも、「製品の市場価値が時とともに（流行の変化などで）変化する」ファッションという独特なビジネスにおいて、「製品（product）」を「商品化（merchandise）」する、すなわち、「製品」が、「市場で商品価値を持つ」状態をつくること、さらにその価値を可能な限り維持しながら、利益を確保するための販促や、価格変更、マークダウンなどを行うことである（後述のマーチャンダイジングの5適、参照）。

マーチャンダイジングはこれまで「ＦＢの心臓部」と考えられてきた。それは、流行の波に乗って、波がくずれるまでの間に可能な限りの売り上げと、利益を得る、という波乗りのサーファーにたとえられるビジネスであった。しかし、このファッション商品企画を中心とするマーチャンダイジングだけでは、ビジネスの成功は難しくなった。消費者の意識と価値観の変化、コミュニケーション・メディアの発達などにより、個客にとって価値が最大になるようなプレゼンテーションやコミュニケーションをすることが不可欠になった。すなわち、マーケティング、それもデジタル技術を活用するマーケティングとの連動で、さらにはマネジメントとマニュファクチャリングの連動が、不可欠な時代になったからだ。

ちなみに、第2次大戦後、ＦＢが急成長した米国では、ＦＢの３つの機能として、Manufacturing（製造）、Merchandising（マーチャンダイジング）、Marketing（マーケティング）が重要視され、それぞれ独自機能としての理論や技術、ノウハウが集積されていった。筆者がニューヨークのＦＩＴで学んだ１９６７年には、この３機能を「ＦＢの３Ｍ」として、講義を受けた。『ファッション・ビジネスの世界』の翻訳出版により、日本にＦＢの概念と仕組みを紹介する機会が多かったが、その際には、それらにManagement（運営・経営）を加えて、「ファッション・ビジネス成功の４Ｍ」として紹介したものである。それらがいまや、有機的に連動し、一体化して動かねばならなくなった。当時のＦＩＴのマーチャンダイジング・コースは、Fashion Buying & Merchandising と呼ばれていたが、現在は、Fashion Merchandising Management となっている。ここでも、マーチャンダイジングがマーケティングも含むマネジメントの性格を強めていることが分かる。

日本におけるFBの進化と3M

日本FBにおいては、これらの機能は米国よりはもっと劇的な進展をみせた。258ページの図に見るように、戦後の荒廃の中から、少ない楽しみのひとつとして洋裁によるおしゃれが〝個人の手作り〟で急速に拡大した。さらに、それが高度成長に乗って、「量産」されるようになって、〝工業化〟が進んだ。その後、ファッション（流行）あるいはブランドという情報価値を追求するビジネスが日本でも力を持つようになり、産業の〝情報化〟、拡大する市場への「量販」体制ができあがる（258ページ図15参照）。

これらの各ステージで、対象とした顧客は、初めは「個人」、ついで「マス市場＝不特定多数の消費者」に広がった。そしていま、時代は再度、「個人」あるいはそれに近い「特定少数市場＝顔の見える顧客」を対象とするものになり、生みだす価値も、個々のアイテムの価値よりは、ライフスタイルづくりを支援するサービス的価値を加えたものになっている。そしてこれを可能にするのは、言うまでもなく高度なテクノロジーの発達だ。商品の高度なカスタム化、あるいは体験価値やエモーショナル価値の提供も、従来とは比較にならない低コストで可能になった。

マニュファクチャリング、マーチャンダイジング、マーケティングの各機能は、これらの各段階を主導し、FBの価値創造のコア（核）になる役割を果たしてきた。図15の下に書いた通り、〝工業化〟のステージでは、マニュファクチャリングが、〝情報化〟のステージでは、マーチャンダイジングが主導した。そして現在、あるいは今後は、マーケティングがマーチャンダイジングと有機的に連動しながら主導する、広義のマーケティングの時代に入っていく。それはまた、事業運営全体のマネジメントと連動しており、顧客データの保有と活用がビジネスの土台を作ることになる。ここで言うマーケティングが、従来の広告や販促などとは、質的に全く違うものであることは言うまでもない。

ＦＢの３Ｍを考えるにあたって、ＦＢの成長領域の変化について述べておきたい。

〝流行〟がＦＢの主要価値であった時代のファッションを支えたのは、不特定多数の中間所得層であった。〝流行としてのファッション商品〟を、世間に追従して、あるいは〝人より少し上をいく〟ことを願って、ファッション商品や人気ブランドを競って購入した層だ。

図16（２５８ページ）は、横軸に、〝競争の性格〟を〝マス〟と〝スペシャライズ〟の２極にとり、縦軸に〝成長性・顧客が認める価値〟の大きさをとったものだ。これまで長年続いた構図は、両極が低く、企業の収益源であった「最大公約数的な中間層」を対象とするビジネスが大きく真ん中を占める、ベルカーブ（釣り鐘型）を描いている。

これに対してこれからの時代の成長領域は、ウェルカーブ（井戸型＝中央が低い）だ。人々の価値観の変化と個性化が、左右の極の〝マス〟と〝スペシャライズ〟を志向し、それらが成長領域となる。マスとは、生活に必要な基本機能を満たすコア商品や安価で楽しめる商品の市場だ（ファス

図 15 「日本におけるＦＢの進化：モノづくり３つのＭの役割

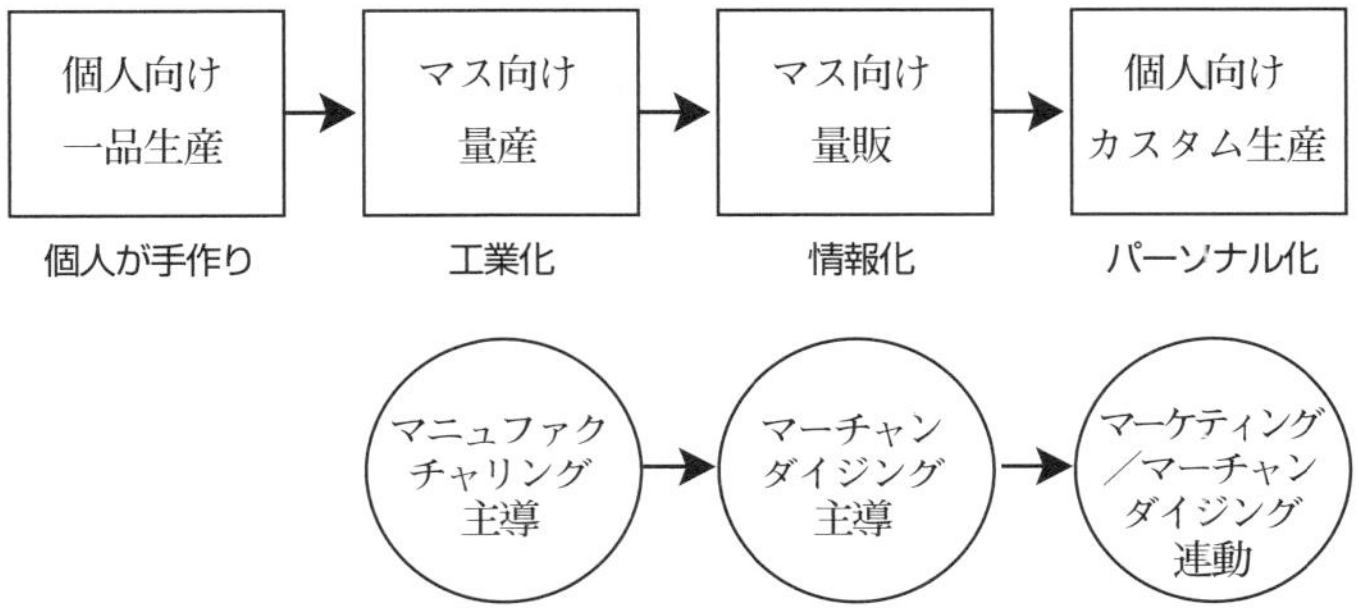

図 16 成長領域の二極化：ベルカーブからウェルカーブへ

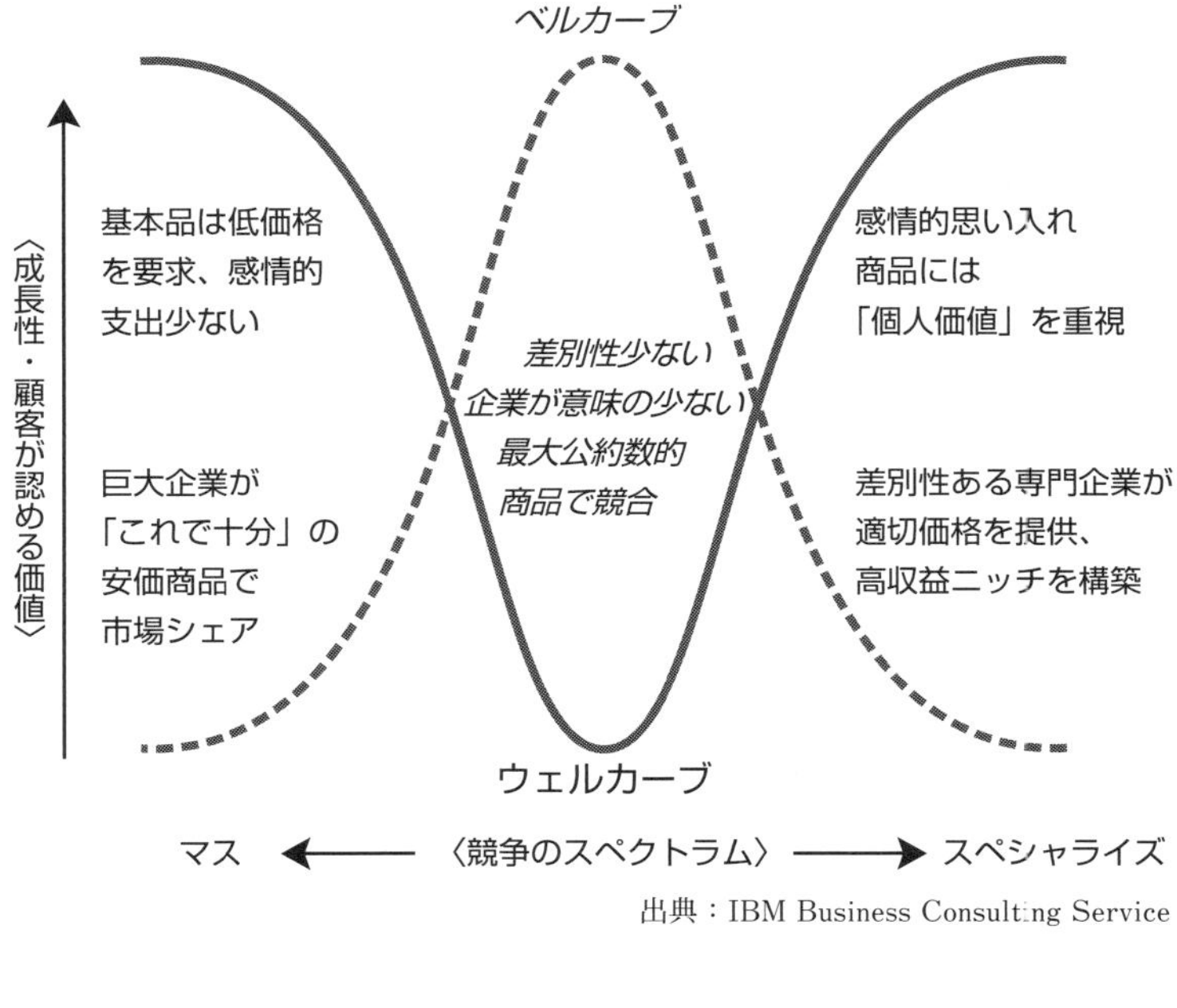

出典：IBM Business Consulting Service

トファッションなどもここに入る）。スペシャライズとは、個人の嗜好や思い入れ、特別の意味や価値を持つもの、あるいはそれを求める市場である。それぞれの担い手となる企業のタイプも、図にある通りだ。

ベルカーブ時代のＦＢの役割は、〝モノ〟としてのファッションを提供することであった。ここでは、流行としてのファッション企画をマーチャンダイジング部門が、そしてファッション誌などのマスコミに乗せムードを作り上げる仕事をマーケティング部門が、分担してやっていたといえる。しかしウェルカーブ時代のＦＢ、とくに〝スペシャライズ〟領域では、不特定多数のためのモノの提供ではなく、人（顧客）に照準を当て、その個性的欲求やライフスタイルづくりを支援するものになっている。マーチャンダイジングとマーケティングが有機的に連動して、顧客価値を生み、顧客満足を得ねばならない。

2. 商品企画は「ほんもの」志向へ――「作品」を「商品」にせよ

これまで述べて来た通り、流行に振り回されるファッションの時代は終わり、個人の価値観や嗜好、ライフスタイルによるファッションが求められるようになってきた。ファッションばかりでなく、人々は社会のめまぐるしい変化とデジタル化が進む生活のなか、また不安定な経済環境のなかで、かつてないほど「安定した、安心できるもの」「正直で透明性のあるもの」「誠実で信頼できるもの」「人間らしいもの」を求めている。

ファッションで言えば、それは「ほんもの」を求める潮流である。もちろん、ファッションが変化であり、新鮮さにときめく心である限り、トレンドとしてのファッションは、縮小しても消えることはない。しかし、目の肥えた、また自分の好みを知っている生活者が求めるファッションは、見かけだけの変化や華やかさ、あるいはすぐに飽きがきたり、品質が悪く長期に楽しめないものよりは、自分の生活の一部として、愛着を持って大事に使用できるもの、であろう。

「ほんもの」志向は、日本ではとくに、人々が東日本大震災を体験して、物質的な満足と精神的な満足の違いを再認識し、優れたものを数少なく持つことの豊かさに気づいたことで、強まった。しかし世界的にも、欧米を中心に、リーマンショック以来の「新しい常態(New Normal)」への移行で、同様の動きが起こっている。識者の間では、自分が本当に気に入っている高質のもの、自分のライフスタイルのコアになるもの、(ここで言う本物)は厳選して所有するが、それ以外はレンタルやシェアリングで社会や環境に負荷をかけない生き方がよい、と考える人も出始めた。

ファッションにおける「本物」とは

「ほんもの」とは、ひと言で言えば、〝誠実であること〟だと言える。モノを作り、それを人に伝えたり提示したり、あるいは取引の対象にしたりする過程で、製品も行動も〝偽りのない一貫した誠実さを持っている〟ことだ。ファッションの世界で言えば、クリエーション(創造)、あるいはモノづくり、あるいはブランディングにおける、誠実さや透明性、そしてそれらを大事にする考え方(価値観)だと言えるだろう。

ファッションにおける「ほんもの」の条件を、筆者は次の5つと考えている。

第1は、「オリジナル」であること。「創造性」がある、つまり他人が考えたり作ったりしたものではなく、その人間あるいはブランド（企業）が生み出したもの、つまり模倣品ではないことである。

第2は、「クラフトマンシップ」があること。優れた技術や匠の技が生み出す「用の美」を備えたものだ。

第3は、「誠実・正直」であること。商品であれサービスであれ、それに真摯に取り組むウソのない、「透明性」ある態度である。

第4は、「リアル」であること。実際の生活のなかで得られる、「実質的な価値」をもっていること。

第5は、本物志向が、「一貫性」ある「価値観・哲学」として、継続的に事業の骨格となっていることだ。

ＦＢの誕生の原点は、そもそも、富裕階級の世界で、有名デザイナーが作品を発表し、それをカスタム注文するオートクチュールに端を発した。その後、オートクチュール・デザイナーの作品が、正式契約による〝Line-for-Line Copy〟として、既製服に展開されるようになり、またファッション産業としての巨大なインフラも組み上げられるに従って、ライセンス提携によるコピー（業界ではリプロダクションと呼ぶ）はＦＢの重要な一部となった。しかし今日に至るまで、絶えず問題になっていたのは、非合法の模倣品である。

ニューヨークのＦＩＴ（ニューヨーク州立ファッション工科大学）のファッション・ミュージアムが、その名も〝Faking It〟（模造してしまう）のタイトルの展覧会を催し、大きな反響を呼んだ

（2014末～2015年4月開催）。企画のねらいは、有名ブランドの模倣品が世界レベルで急増していることに警鐘を鳴らすことにある。展示会のポスターには、シャネルスーツを、オリジナルと、写真では全く見分けがつかない〝Line-for-Line Copy〟の2つを並べた写真を使っている（巻頭カラー8ページ参照）。しかし同時にこの展示会が閲覧者の注意を促している重要な点は、ファッション・デザイナー自身が、ビジネス拡大のためディフュージョン・ライン（いわゆるセカンドライン）を開始したことで、デザイナーのオリジナル・エッセンスをどんどん薄めながら、拡販してゆく結果を招いたことだ。言って見れば、自ら、模倣品を作ったことになる（http://www.fitnyc.edu/22937.asp 参照）。

FBにおけるコマーシャリズム（商業主義）がエスカレートするなかで、人々が虚飾よりは「ほんもの」を求める時代になって、最近プレタポルテ・ラインを止めてしまうデザイナーが増えているのも、本当の「ほんもの」での勝負を重視する傾向があるからであろう。

FBにおける知的財産権の問題も、重要になっている。他人のアイディアをコピーすることが「恥ずべき行為である」ことを、ファッション業界の主導的企業は、強く意識すべき時代になった。また、そのことを重視する企業姿勢が、有識者の支持を得る時代になった。

「クリエーション（創造性）」がFBの最重要資源――作品・製品・商品への新たなアプローチ

FBに不可欠なものは、クリエーションである。これまでになかった新鮮なアイディア、デザインや素材、あるいは着方やライフスタイルのキューレーションなど、クリエイティビティ（創造力）

による新たな価値創造がなければ、このビジネスは成り立たない。今後このことは、ますます重要になる。

さらに最近のクリエーションには、テクノロジーが関わるものも多い。また、アートや工業製品など他分野とのコラボレーションによるものも増えている。これからのクリエーションの鍵は、デザインなどの創造性に加えて、製造や販売やマーケティングにおける革新性が、独自性を創るうえで非常に重要だ。

創造的デザイナーが生み出すファッションは、これまで「作品」として扱われることが多かった。芸術家（アーティスト）が、自分の創造力を全開して創作活動をするのと同様な活動である。

しかしビジネスとしてのファッションを考える時、「作品」のままでは、一般の人には売れない、というのがこれまでの考え方であった。実際に筆者も、ＩＦＩビジネススクール創設時には、「作品」と「製品」と「商品」の違いを強調するカリキュラムを組み、「作品」を「商品」にする手法を教えた。

「作品」は、デザイナーが自分の創作欲求を、自分が満足する形で表現したもの、である。これに対し「製品」とは、工場での生産活動が生み出すProductである。「製品」を作るためには、デザイナーの「作品」を一般向きのデザインにし、縫製工場の生産システムに合わせて縫えるようにアレンジすることが必要だ。量産できる工業用パターン（型紙）を作製したり、品質やコストが目標通りに上がるような設計や管理が必要になる。

「商品」とは、製品を「市場での商品価値」が認められるように「商品（Merchandise）化」することだ。製品を市場に出すタイミングや、適切な価格、より高い価値が認められる場所を選ぶなどにより、よりよく売れるようにする活動である。

これら一連の活動、つまり「作品」を「製品」にし、さらにそれを「商品」にすることが、FBの根幹的活動だ、というのが、これまでのFBの基本認識であった。

しかし、これからは、「作品」に関する、これまでと異なるアプローチも価値創造における重要な考え方になる。

「作品」を商品にせよ――「作品」と「製品」と「商品」の関係の変化

20世紀のFBでは、「作品」のとがった所（独自性が強く出ている部分）を丸くして、一般の人に受け入れられやすくする活動が重要であった。これは、マーチャンダイジングの主要な仕事の一部であった。

しかし、新パラダイムでは、「作品」をそのまま市場に提供することが、可能になる。というより、有効なアプローチとなる。その理由の第1は、「ほんもの」を求める人が増えてきたこと。あるいは第3章で述べた、ファッションの3牽引力の1つである、「ハイスタイル」を求める顧客が出てきたからだ。第2は、「作品」を、広い範囲の人に提示することがインターネットやデジタル技術により可能になったことだ。コレクション発表のファッション・ショーに来てもらえなくても、ファッション雑誌に取り上げられなくても、自分のホームページで、作品の画像だけでなく、その創作の想いを語ることが、簡単にできるようになった。

この考え方は、「デザイナーの作品」だけにとどまるものではない。「一品モノ」が「商品」になる時代が到来した、ということだ。しかしここで重要なのは、これが、マーチャンダイジングではなくマーケティングの活動であることだ。これまで売りにくかった「作品」あるいは「一品モノ」を、広く世界へ向けてマーケティングする(紹介し購入を動機づける)こと。さらに、「新たな市場を創る」というマーケティングをすることである。

米国のニュースだが、プロのアーティストの作品をファッション製品にするEコマースのサイト、Art-A-Porterが立ち上がった（２０１５年８月開始）。これは登録したアーティストの作品を、服にプリントするなどしてカスタムメードで展開し、数量限定の受注生産でビジネスを行うものだ。これも「作品」を、「商品」にする、新時代の手法である。

また、若手デザイナーを小売りとつなぐサイトNineteenth Amendmentもできた（２０１５年８月31日ＷＷＤ紙）。米国メイシー百貨店とパートナーシップを組み、同百貨店の顧客は、約３５０人の若手デザイナーのスタイルをオンラインで見たうえで、購入を決めたアイテムはカスタムメードで顧客に提供されるという。デザイナーにとっては、リスクなしの市場参入が可能になる。

3.「新ラグジュアリー」市場を創造する

「ほんもの」を求める新しい消費態度や生活スタイル。これを重視する人たちに、どのようなファッションのワクワク・ドキドキ感、あるいは着用することで自信と誇りを持てるファッションを提供すべきか。

筆者はそれを、「新ラグジュアリー」として推進すべきだと考えている。そしてそれを牽引するのは、エグゼクティブ女性とミレニアル世代であり、従来の〝ブランド重視〟ではない。

エグゼクティブ女性とミレニアル世代——高感度の合理的生活者

エグゼクティブ女性とは、いわゆる管理職、つまり責任ある仕事を任され、周りを巻き込みリードすることを期待される人たちで、いま、日本も国を挙げて推進している女性活躍支援により台頭しつつある新しい女性たちだ。これまでの一般的キャリア女性が、ファッションとしては、リクルートスーツに始まり、通勤着が主たるニーズであったのに対して、管理職の女性は、職場も含めリーダーにふさわしい品格と存在感あるファッションを身に着ける必要がある。それも、制服は着用しないから、毎日の継続するビジネスあるいは社交上のニーズだ。いま、この人たちが着る服がない。着やすさ志向のカットソーでは、管理職やエグゼクティブの品格に欠ける場面も多いし、かといってラグジュアリー・ブランドやデザイナーものは価格が高すぎるし、ビジネスウエアとして適切でないものも多い。つまり、明らかに市場にボイド（空白）がある。

もうひとつの、ミレニアル世代とは、いま米国で非常に注目されている顧客層だ。１９８０年から２０００年にかけて誕生したベビーブーマーの子世代に当たるY世代やデジタルネイティブと呼ばれる世代（現在15〜35歳）をいう。世界でも人口の約３割を占める。米国では、ベビーブーマー世代の数を初めて越えて、最大の世代グループとなった。幼い頃からインターネットやソーシャルメディアに慣れ親しんだ人たちで、高学歴。平均より高収入で、マルチタスクの生活者だ。社会貢献への関心が高く、健康志向も強くて、オーガニック野菜やフィットネスにも力を入れる。幼少期や就職前に金融危機を経験し、経済の落ち込みを見てきたことから、大企業への不信感があったり、将来のための貯蓄に関心が高い。パーソナル化、カスタマイズされたものに大きな価値を認める。まさしく新パラダイム時代のこれまでなかったタイプの生活者だ。

米国でHENRY（high-earner not rich yet＝高収入だがまだリッチではない）とも呼ばれる彼らは、キャッシュフローは大きくても、車や家などの財の所有には関心なし。自動車は50％以上がリース。レンタルも活用。ハンドバッグを買うにも、ブランドではなく、〝こんな機能のバッグ〟とスマホで検索、マーク・ジェイコブスからニッチ・ブランドまで幅広くブラウズする。かつてない厳しい顧客だ。

日本ではまだミレニアル世代に関する定説はないが、デジタルネイティブと言われる19歳から25歳の若者がこれに近い。米国のミレニアル世代よりは、収入も低いし、現時点ではファッションへの関心もさほど高くはないが、10代中頃からスマートフォンを持ち、常にネット上でつながりを持つことが当たり前の、「スマホネイティブ」世代といえる。価値観や社会貢献意識の高さなど、米国のミレニアル世代に通じる面が多い。古着なども愛用し、シェアリングやカスタマイズにも関心が高い。彼らの成長にともない、自分独特の生活づくりが拡大し、米国のミレニアル世代に近い生活や消費行動が拡大すると考えられる。

ミレニアル世代の「新ラグジュアリー」とは

「新ラグジュアリー」のイメージを、米国のミレニアル世代で見てみよう。２０１５年ＮＲＦ（米国小売業）大会の、「ラグジュアリー・リテーリングの変化する世界」と題するセッションのメッセージはこうだ。

「今日のラグジュアリー顧客は、テイスト・価値観ともに多彩で、単純な定義はもはや不可能。とくにミレニアル世代は、新しいラグジュアリー市場のフロンティアだ。彼らを捉えるにはビッグデータ分析やテクノロジーが不可欠」

そのなかで、バーニーズ・ニューヨークの経営幹部が強調したのは、「ミレニアル世代が大変動を起こしている。彼らはブランドではなくクオリティ、職人技（クラフツマンシップ）、そして真正・信頼性を求める。ラグジュアリーとは、ブランドではなく、どこで、どのように作られたかだ」。彼らにとってのラグジュアリーとは、〝発見〟と〝ストーリー〟。発見を可能にするのは①語りコピー②パーソナル化した製品③パーソナル化した検索だ。ビッグデータは隠れた情報を見つけるツール。たとえばある顧客が求めている車は、特定のモデルではなく「子供を乗せられる車」だと把握する。ミレニアル顧客は「ファンクショナル・ラグジュアリー」を好む。ＳＮＳ会話を分析した調査では、ラグジュアリー・ブランドのトップにiPhoneが上がっている。アスレジャーの市場をリードするのも彼らだ。先述したウェルカーブの〝スペシャライズ〟領域のコアとなる〝こだわり〟顧客だ。

日本のＦＢで、「新ラグジュアリー」を市場として確立するためには、左記が必要と考える。

①高感度で高機能の職人的作りの製品を、抑えた価格で提供できるようにする。

②そのためのコスト削減は、素材や加工賃ではなく、流通段階を減らし、リスクを取る者が企画から生産販売までの一貫した、無駄をそぎ落としたマネジメントを行い、テクノロジーの活用で達成する。

③商品やブランド物語のコミュニケーション／マーケティングでは、ウェブやＳＮＳをフル活用する。

④顧客への利便性と価値増幅のため、キューレーションなど、パーソナル化、サービス化の仕組みを作る。

⑤顧客データの収集・分析には、ビッグデータ分析やＡＩを活用し、事業活動のベースとする。

女性エグゼクティブ市場をねらう「新ラグジュアリー」では、右記以外にとくに重要なポイントがある。筆者自身の体験を踏まえ、挙げてみたい。

①コンテンポラリー感覚の、新しいエグゼクティブ・ウエアの開発——従来のプレタとは異なる、しなやかな品格と機能性（行動しやすく、取扱が容易）、着回しの良さ、を備えたもの

②サイズとフィットの多様性への対応——ヤングのスリム体型とマチュア体型の間のサイズ体型と、個人へのフィッティングが重要

③高度な品質――しっかりした素材とモノづくり。必要に応じて、修理やサイズ直しも提供
④手の届く（アフォーダブルな）価格
⑤顧客の〝マイ・スタイル〟づくりを支援する、ワードローブ的アプローチで、長期顧客になってもらえるブランドになる

なかでもサイズとフィットの問題は、非常に重要だ。日本の婦人服のサイズ体系は、誠に不十分な状態にある。紳士服の場合には、サイズ区分は体型の違い（Y体、A体、AB体、B体、O体など）に基づき各々が細かいサイズに展開されている。しかし婦人服の場合は、標準サイズ、ラージサイズ、あるいはスモール／トールなどの区分があっても、体型の違いでは区分されてはいない。米国では婦人服でも、身体の肉付きを踏まえて、6～7の異なる体型があり、それぞれが5から7段階以上のサイズ区分で提供されている。「ミッシー」（標準女性体型）「ウーマン」（やや太めの成熟体型）「ジュニア」（細めの未成熟体型）が基本3体型だが、このほか、「トール」（背が高い）「プティット」（小柄）、さらに最近増えている「フルサイズ」「プラス・サイズ」などと呼ばれる肥満系の体型まで、多様である。これらの大半を扱う百貨店などでは、ブランド・ショップ以外は売り場を体型別に構成して消費者への便宜をはかっている。米国女性は、服を探すとき、自分の体型やサイズの売り場にしか行かないからだ。

日本の女性向けファッションを、サイズ体系を意識したサイズ展開で提供すれば、消費者が〝服を買わなくなった〟問題の解決に大きく貢献するであろう。

エグゼクティブ女性向けの「新ラグジュアリービジネス」の拡大は、日本のFBの発展に大きく貢献するものと考えられる。そもそも日本に、これまでエグゼクティブ女性向けのファッションがほとんど存在しなかったのは、女性の管理職が少なく、また〝女性が存在感ある活躍をする〟ことを、日本企業の多くが重要視してこなかったことによる。現在拍車がかかっている「女性活躍支援。2020年には管理職の30％を女性に」の機運に乗って、女性とFBが共に発展することを期待している。

4.「マーチャンダイジングの5適」を変えるICT／デジタル・テクノロジー

マーチャンダイジングとは、製品（Product）を「商品化（merchandise）」する活動だと、先に述べた。工場で作られた製品を、企画された狙い通りの価値で市場に流通させ、価格の変更なども含めてできるだけ多くの最終利益を上げるための手法である。FBにおいては、製品を、だれに訴求するか、どこに並べるか、などによって顧客が認める価値が変わるし、流行が変化してそのスタイルの人気が落ちた場合に、価値が変化するからだ。

●「マーチャンダイジングの5適」の進化

業界が「適品・適所・適時・適量・適価」と呼ぶ、マーチャンダイジングの手法が「MDの5適」だ。

★The Right Merchandise　適切な商品を

★in the Right　Place　　　適切な場所で
★at the Right　Time　　　適切なタイミングで
★in the Right　Quantity　　　適切な量
★at the Right　Price　　　適切な価格で
提供することを意味する。

「適品」の重要性は説明するまでもない。そもそも製品に魅力がないものは、ビジネスの対象とならないからだ。「適所・適時」も分かりやすいだろう。たとえば、百貨店に売るのか量販店に売るのか、は重要な決定であるし、どのタイミングで発売するのかも、需要がピークを打ってからでは、良い商品であったものも値下げせねば売れない結果となる。

しかしテクノロジーの発達が、「適量」とか「適価」に関する新しい展開を可能にしている。「適量」は、商品の企画・調達（生産）・販売の連動がうまく組み立てられたサプライチェーンでは、全ての数量を初めに全部決めてしまうのではなく、先の計画は、おおよその数量をローリングで立てておき、期近になった時点で数量確定をする、ということが広く行われるようになった。

米国にその名も 4RSystems というサプライチェーン・マネジメントのシステム・コンサルタント会社がある。この分野の第一人者で、アキュレート・レスポンス・システムの開発で知られる、ペンシルバニア大学ウォートン校のマーシャル・フィッシャー博士が研究成果を事業化した会社だ。マーチャンダイジングにおける、初期発注、店舗および物流センターへの補充およびアロケーション、マークダウンを含む最終処理、などを含めて、在庫の最適化を実現するシステムだ。4Rの名前の由来は、Right Product（適品）、Right Place（適所）、Right Time（適時）、に、Drive the Right Profit（適切な利益の獲得）を加えたものだという。高度な情報技術の開発により、「適量」と「適価」は、システムが実現する、という考え方だ。

「適価」は、個客が決める

「適価」についても、買い手である消費者個人が、ネット上で商品の価格を指定（差し値）したり「価格ネゴ・モデル」が登場している。第一部の「ビジネスの主体者は個人へ」で紹介したNyoplyが一例だ。その名もName Your Own Price（あなたの価格を指定して下さいの意）のイニシャルをとったものだ。

そもそも売り手と買い手が1対1で価格交渉をする手法は古くからの商売の基本形だ。それが、量産・量販の20世紀型システムを経て、いま、テクノロジーの発達のお陰で原形に戻ることも可能になった。先に紹介したJet.comの〝リアルタイム・プライシング〟システムも「適価」の根源的問題に取り組むものだ。

新パラダイムにおける「適価」は一人ひとりの「個客」にとっての適価である。差し値買い方式でも、十分の利益が取れるなら、売れ残り品を処分する損失より有利になるケースも多いだろう。

「適品」についても、マーチャンダイザーが一方的に決めるのではなく、顧客の反応をSNSなどで確認して商品ラインを決める、といったことはすでに広く行われている。先に紹介したNasty

Gal は、ＩＣＴのフル活用で急成長をした会社としても知られているが、〝Be the Buyer〟（バイヤーになってね）プログラムで、顧客にドレスやジュエリーのデザインを提示し、買いたいかどうかを投票してもらい、それにより仕入れ量、あるいは追加発注量を決めているという。投票した顧客は、そうでない顧客の平均2倍の買い上げに貢献するという。

ファーストリテイリングのブランドＧＵが、ガウチョパンツを、ＳＮＳで顧客の嗜好調査により「適品」を探って、１シーズンで１６０万枚を売り上げ大ヒット商品にした。ノードストロムの年1回の Aniversary Sale は7月後半に行われるが、プレシーズンセールでコート、ジャケット、ブーツなどの顧客の反応を見るためだ。たとえば、シーズンには６９０ドルになるものを４５９・90ドルなどで提供する。

新規事業を進めるプロセスで、顧客の意向を確認することも容易になった。DeNA の創業者、南場智子氏が語る手法は、示唆に富む。従来は、新規事業の『企画』『準備・開発』『スタート』『スケール』の各段階の間に、トップの判断（進行の許可）を入れていた。しかしそれを、許可なしで、進行させ、４段階目の『スケール』（大規模展開）に移行するか否かの段階で、初めてトップの判断を入れるようにしたという。理由は、その事業の成否は顧客に問うのがベストであり、まずやってみてフォロワーがどれだけつくか、など反応を見るほうが、いまのビジネスに合っている、というのだ。ゲームやアプリの世界では、開発やテストランの経費は以前からは格段に下がっており、顧客の反応（リピート率やエンゲイジメント時間など）を把握することは容易になっている、ということだ。ＦＢでも、企画段階をデジタル化し、顧客の反応を見ることで、抜本的な改革ができる領域が多いと感じている。

「マーチャンダイジングの５適」は、理論としては今後とも重要であるが、実践の手法には、革新が起きている。

5. ネット時代の製品ライフサイクル——スローファッションとロングテール

ファスト・ファッションが世界を席巻している。毎週1回、あるいはそれ以上の頻度で新商品が入荷し売り場に並べられる。売れないものはすぐにマークダウンされ、きれいに並べられていた商品も売り場も、すぐに雑然としてしまっていることが多い。しかし、トレンド商品が安く買えるという理由で、あるいは何か欲しいものが見つかる楽しさを求めて、多くのショッパーでにぎわっている。

しかし、人々はそれほど速く変化するトレンド商品を必要としているのだろうか？「フランス人は10着しか服を持たない」と題する本が、ベストセラーになっている日本である。たしかに、ファッションに使えるお金が限られている若者たちが、最新のファッションを身に着けたい気持ちは分かるし、それが現在のところ一定の市場規模、すなわちビジネスになっていることは確かだ。けれども、これまで見てきたように、成熟社会では人々が、流行よりは自分のスタイルを重視し始め、「ほんもの」への志向が高まり、また使い捨てへの罪悪感を持つようにもなった。ファッションは石油に次いで2番目の環境汚染・在庫過多産業だと言われるが、地球環境保全の観点からも、自分にとって本当に重要で必要なものだけを厳選して購入し、使用するようになることは、時代の潮流だろう。「スローファッション」が重要性を増すゆえんである。

スローファッションの意義

「スローファッション」の概念は「スローフード」に由来する。「ファストフード」の栄養学的あるいは社会的問題が浮上するなかで、これに代わる食生活を推進する運動として、１９８６年イタリアのトリノで始まったものだ。呼び名をイタリア語から英語の「スローフード」に改名したことで、世界的に拡大した。コンセプトは、「伝統的な、また地域の食生活を大事にし、植物や種、家畜などを地域のエコシステムのなかで育てることを推進する」ことにある。

「スローファッション」の言葉は、２００７年に英国のサスティナブル・ファッション・センターのケイト・フレッチャー氏が提唱したとされる。「スローファッションは、アニマルプリントのようにシーズンごとに台頭・衰退するトレンドではなく、今後拡大が加速されるサスティナブル・ファッションだ」と述べている。

２００８年のリーマンショックの直後の米国では、New Normal（新しい常態）への動きのなかで、「1年間服を買わない運動」とか「1か月を6ピース（6アイテム）で着回す運動」なども起こった。またヨーロッパも含めて、デザイナーが、まさしく「スローファッション」と名前をつけた「一枚でいろいろな着方ができるおしゃれな服」などをウェブにアップするケースも目立った。

最近の動きで、これから将来にかけて拡大すると思われるのが、米国のスローファッション運動（Slow Fashion Movement）である。２０１３年4月24日にバングラデッシュで１１２９人もの死者を出した縫製工場の崩落事故は、安価で売られている華やかなファッションの背後にある、非人道的な労働環境や低賃金を露呈した。この惨事をきっかけに、Fashion Revolution Day（ファッション革命の日）が設定され、翌年の同日、そして２０１５年も、スローファッション運動への関心を喚起させる記念イベントが行われた。これはまた、Made in NY（国内生産で製造過程の透明性が確保されるモノづくり）の運動とも連動し、進行している。

スローファッションは、こういった社会的な運動と並行しながら、今後拡大していくだろう。FBの新パラダイムにおける重要、かつ革新的方向であると考えられる。

スローファッションの服作り――長寿ブランドを目指すミナペルホネンの事例

ファスト・ファッションの対極にある、スローファッションとはどのようなものだろうか。その事例として、皆川明氏のミナペルホネンを紹介したい。

ミナペルホネンは、いわゆるデザイナー・ブランドであるが、毎シーズン新しいスタイルでトレンドを生み出すというよりも、「長い間着られる、質の高いデザインと仕立ての服」をモットーにしているブランドだ。創立から21年。現在は90人のスタッフを雇用する、しっかりした地盤のユニークなブランドである。名前の由来は、フィンランド語で、ミナは「私」、ペルホネンは「蝶」を意味する。

皆川氏は、高校時代は中距離選手、いずれは駅伝選手を夢見たが、怪我で挫折しヨーロッパへ一人旅に出かけた。パリでのファッション関係の裏方業務を通じてこの世界に惹かれ、19歳でフィンランドを訪問。27歳で起業した時に、「100年続くデザインとは何か」を考えた。「次シーズンには価値がなくなるものではなく、永久に価値が続いていくような服」だ。これには北欧の家具などの、簡素で長続きするデザインやスタイルへの共感があったと思われる。

ミナペルホネンのファッションの特徴は、シンプルで素朴。しかし懐かしい感じも新しい感じもある、寿命の長いデザインだ。そのためには、形から入るのではなく、生地作りを重視する。糸から始めるテキスタイル生地づくりを、主に10社ほどの工場と、時間をかけて進めていく。一緒にやる人との協力関係や信頼関係が大事だから、開発も発注も、工場の稼働なども考えて、〝今なら捺染工場が空いているから〟、といった具合だ。生地の生産は国内の工場がほぼ100%、縫製も布帛（織物使い）は全部国内で、ニット製品のみ一部を国外で行っているという。

〝デザインの寿命〟を重視する理由として皆川氏は、次の3点を挙げる。

第1は、使い手（消費者）にとっての利益。長い生活時間にわたって使うことで、購入単価が高くても、何度も使用すれば、1回当たりの単価は低くなる。質の高い価値の大きいものを、長期間、安価で楽しむことができる。

第2は、作り手（製造工場）にとってのメリット。知恵と技をフルに投入して作り上げたテキスタイル・デザインを、何度も使うことで、あるいは新たな変化を加えて活用し続けることで、開発にかかったイニシャル・コストがカバーされるだけでなく、プラスの利益を生むことになる。永年人気の生地、「タンバリン」(デザイン名)などは、16年間生産しているという。デザイナーにとっても、思考したアイディアやデザインが長く生きることで、投入するエネルギーの極大化ができる。

第3は、社会への貢献。着なくなったものの廃棄が少なくなれば、社会的にも、資源や環境保全のためにも役に立つ。ミナペルホネンでは、端切れも捨てないで、小物に制作している。

スローファッションのビジネスモデルを成功させるためには、顧客づくりにおいても、販売においても、革新的な取り組みが必要だ。ミナペルホネンでは、販売は直営店が60%、セレクトショップなどへの卸売りが40%というが、旗艦店ではセールを行わず、一般顧客への丁寧な接客で、固定ファンを作っている。歴年のアーカイブを見ることもでき、そのなかからレンタルすることも可能だ。レンタルは、それでビジネスをするというよりは、ミナペルホネンを着てみたい、買いたいけれども高くてすぐには買えない、といった顧客に、1泊2日で小売価格の数%の料金で貸し出し、楽しみ理解してもらうのが狙いだという(巻頭カラー8ページ参照)。

皆川氏の経営者としての言葉、「ソフト(デザインやテキスタイル開発の)の運用が重要。ソフトは、巨大な経営資源だ。日本ではそれを無駄に消費し過ぎている」は、多大な労力をかけてデザインや開発、生産を行いながら、シーズンごとにそれを廃棄してしまう、これまでのFBのやり方に、大きな警鐘を鳴らすものだ。また、「良いものを大事に愛でる日本になってほしい」「生産工場とのシンプルでしっかりした取り組み。利益を公平に分配する仕組みが不可欠」の哲学のなかに、新パラダイム時代のFBの本質を見る思いがする。

「ロングテール」と「パレートの法則」（80／20理論）

ネット販売の拡大で、製品ライフサイクルに大きな変化が起きている。「ロングテール」という現象だ。ＦＢでも、スローファッションの台頭が、その可能性を広げる。ネットビジネスが、商品寿命を長くする、あるいはニッチの商品にビジネスのチャンスを生み出すのだ。

「ロングテール」とは、クリス・アンダーソン（当時、雑誌『ワイヤード』の編集長）が提唱した概念だ。ネット販売においては、ほとんど売れないニッチ商品の販売額の合計が、ベストセラー商品の販売額合計を上回るようになる現象が起こること、をいう。販売ランキング順に販売額の曲線を描くと、ベストセラーが言わば恐竜の高い首（ヘッド）で、ニッチ商品が長い尾（テール）のようになっているところから名付けられた。この現象は実際に、アマゾンなどで確認されている。

ネット販売が拡大する以前の店舗販売時代には、売り場スペースに限りがあるため、最も効率の良い（よく売れる）商品を中心に品ぞろえをすることが得策であり、一般に「パレートの80／20の法則」が使われてきた。この法則は、20世紀初頭にイタリアの経済学者ヴィルフレド・パレートが、国土の80％は人口の20％によって所有されていることを明らかにし、このルールが多くのものに適用されることを導き出して広がったものだ。

パレートの法則を有効な手段として使ってきたＦＢでは、「売れ筋」と思われる商品を中心に品ぞろえを行い、それ以外は削除するか、「見せ筋」などとして演出用に活用するのが一般的であった。

しかし人々が多様化し個性化して、一般受けする商品には興味がない、「私が好き」な商品しか

図17　ファッション・ビジネスが創造・増幅する市場とロングテール

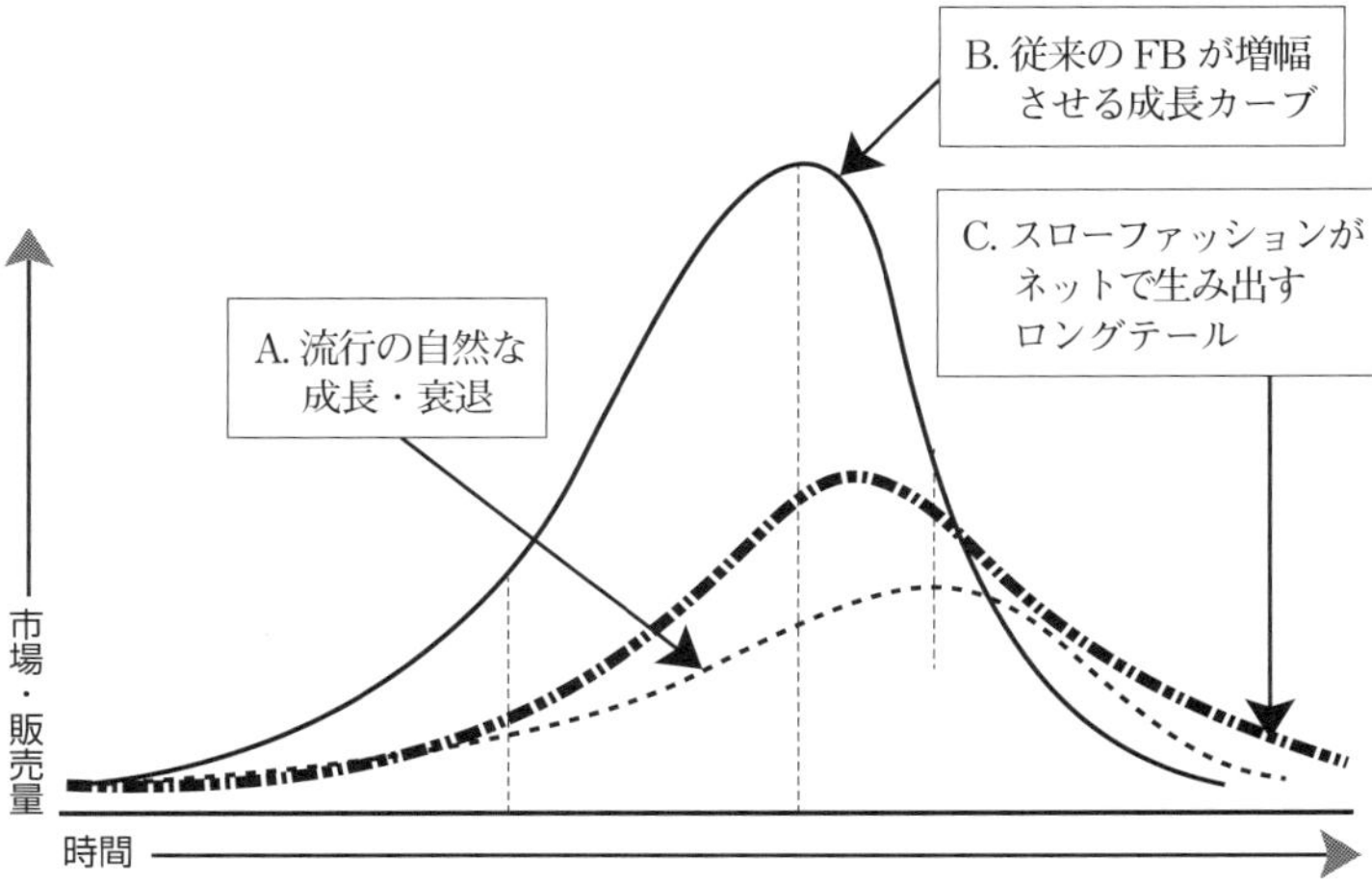

見向きもしない、となってくると、これまで企業側の論理で「死に筋」と見なしていたものを、顧客に提示することが有効となる。とくにネット販売では、在庫はどこにあってもよいので、「売れる総数は少なくても、是非それが欲しい顧客がいる」と思われるものは、在庫して、顧客満足につなぐことが重要になってきた。実際にノードストロムがネットビジネスに力を入れ始めた時、「わが社は何百万点の靴の在庫を用意している」というので、1年に1足しか売れないような商品はどうするのかを尋ねたところ、「メーカーと連携して、メーカーが持っている在庫から配送する」という答えが返ってきた。

ロングテールのイメージを、図に書いたものが上図17である。

横方向の時間軸に対して、縦軸はファッションが人気のトレンドとして成長し増幅されていく量（市場の大きさ）を取っている。

Ａカーブは、ファッションの流行の萌芽が生まれてから、社会現象として自然に成長・衰退していく形を描いている。これに対して、Ｂカーブは、ファッション業界が流行のトレンドとしてこの芽に注目し、メディアが取り上げ、アーリーアダプターたちがこれを購入するなどし、さらにマス向けに情報が拡散し市場を増幅すると、カーブは大きく立ち上がる。しかし、ＡもＢも、流行が萎えると、最後は衰退してしまう（これは、企業が、在庫処分などをしてしまうからでもあるが）

これに対して、Ｃカーブは、ネットでも販売される場合のスローファッションを描いている。初期の立ち上がりは、マス向けファッションのカーブほど大きくはないが、下降線も緩やかで、長期間にわたって、売れる状態が続く。

新パラダイムにおける価値創造は、このように、スローファッションをネット販売が支援するところからも生まれる。

6. マニュファクチャリング――日本の強みを活かす新たな価値創造へ

マニュファクチャリングの、新しい価値創造への課題は、〝マニュファクチャリング＝生産〟の枠を超えた発想と、ビジネスモデルへの脱皮であろう。

優れた技術と開発力と品質で、世界をリードしている日本である。その日本で、日本製アパレル商品の市場シェアが、わずか３％しかないという現状は、誠に残念だ。そしてこれを改善すること必ずできると考えている。ただそれは、たとえば単純にMade in Japanのキャンペーンをやれば達成されるものではない。また工場生産の内製化を進めるだけで実現するものでもない。必要なことは、繊維ファッション産業の従来の〝生産〟の固定的概念を捨て、マニュファクチャリングが、マーチャンダイジング、マーケティングと連動する、新たな価値創造の仕組みを構築することだ。それによって、「生産段階が創造した価値を、マーチャンダイジング／マーケティングで増幅」し、顧客に、これまでにない価値と満足を提供することができる。

垂直化・垂直連携による〝生産段階で生まれた価値〟の増幅

垂直化による合理性と効率性の追求が時代の流れであることに関しては、これまでも述べてきたが、ここでは、垂直化を〝コストの削減〟として考えるのではなく、〝価値の拡大〟として考えることの重要性を強調したい。つまり垂直化によってのみ実現できる新たな価値づくりに、目を向けることである。そしてその価値をネットやSNSを使って消費者に直販するＭtoＣのビジネスを組み上げることだ。

この観点から、日本企業ですでに大きな実績を上げている、２つの事例を見てみたい。

●佐藤繊維

山形に本拠をもつ梳毛紡績業・ニット製品製造業の佐藤繊維は、繊維産業の空洞化が進むなか、自社工場を維持しながら、製品ビジネスを始め、佐藤正樹社長の夫人をデザイナーとして自社ブランド「エムアンドキョウコ」を立ち上げた。そしていまや、ニットの一貫メーカーとして知る人ぞ知る存在になった。世界の紡績会社のどこも製造できなかった、超細モヘア糸の紡績にも成功し、シャネルやニナリッチなどに惚れこまれた糸や高級ニットウェアが、オバマ大統領の就任式でミッシェル夫人が着用したことで一躍注目を浴びた。超細モヘア糸は、アンゴラヤギの毛1グラムを44メートルまで細く伸ばした糸で、昭和7年の創業時から自ら羊を飼うなど原料にこだわった「もの作り」の伝統が生きている。

しかし筆者が強調したい、佐藤繊維が生み出した〝新しい価値〟とは、「他社ができない極細のモヘア糸の開発」そのものではない。紡績会社が2次製品の製造までの一貫体制を組み、中間業者を使わずに直接ユーザーに製品を販売すること、また直接吸い上げた得意先のニーズや要望を、自社企画・自家工場での速やかな試作につなげること、そこにニットの生産技術を熟知したクリエイティブなデザイナーが参画していること、から生まれる価値だ。言い換えれば、デザイン・技術・コスト・需要の見極め・マーケティングなど、全部が統合された価値創造が、最も効果的に、低コスト、短時間で達成されていることだ。それはまた自己リスクで開発販売をすることの真剣度、絶えざる工夫、そして有能な人材の、柔軟でフラットな組織運営が生んだものだ。

●メーカーズシャツ鎌倉

メーカーズシャツ鎌倉は、〝鎌倉シャツ〟の愛称で親しまれている小売業である。日本全国と米国に28店舗を展開し、メンズシャツを中心とする高品質の商品を、リーズナブル価格で提供する。

しかし小売業といっても、モノづくりには創業当初から非常にこだわり、生地も国内の特定工場とオリジナル素材を共同開発し、工場の不利益にならぬようロットをまとめて発注する、といった姿勢を貫いてきた。縫製も世界最高レベルの技術をもつ日本の工場で行い、高級シャツの質にこだわりながら、徹底した流通システムの見直しと中間コストの削減、丁寧なマーチャンダイジングにより、普通なら価格が1万5000円のシャツを5000円（税抜）（以前は4900円）で販売する。セールをしない、価格の信頼性を取り戻すビジネスモデルを確立した。

メーカーズシャツ鎌倉における、マニュファクチャリングは、価値創造の根源である。商品開発にも力を入れ、世界的に例のない、300番手という超細綿糸を開発し、「一針入魂」の想いで丁寧に縫い上げ、ドレスシャツの最高峰の商品も実現した。しかし同社が創造する価値は、生産面にとどまらない。そもそもメーカーズシャツ鎌倉のコンセプトは、創業者で現会長の貞末良雄氏がVANジャケット時代のアイビールックを起点に学んだ、メンズウエアの元祖、英国基準の厳格なルールを追求するものだ。「日本のビジネスマンが、世界で胸を張って活躍できる服を創る」という使命感で、たとえばボタンダウンは、本来のブルックス・ブラザーズを再現し、本物の貝ボタンを使う高品質である。

マーチャンダイジングもユニークだ。サイズで品揃えをすることを重視している。メンズシャツを買いに来る人は、色柄も重要だが、まずはサイズ。それを分かりやすく買いやすく提示することに注力し、工場の生産も、手配した生地を売り場のマーチャンダイジングに連動させて細かく計画するため、少ない在庫で高い回転率を上げている。

マーケティング面でも、金をかけた広告宣伝は一切やらない。商品が広告の役を果たし、満足した顧客の口コミが新規顧客につながる。ニューヨークのマディソン街に直営店を開店した際は、ツイッターが集客に貢献したという。いいものが分かる顧客が、商品やブランドの想い、快適な着用感や買い物体験などに総合的に満足することが、〝生産技術が生む価値〟を越えた、〝トータルの価値創造〟につながり、固定ファンを創っている。2年で7500人のエグゼクティブ顧客を獲得し、2015年末にはニューヨーク第2店目をオープンした。200ドルの値打ちのシャツを79ドルで販売しているからだ。

工場とのWin-Winの関係、つまり利益を分け合い、長続きする信頼関係の確立に力を入れる。そのためにも、余分な経費は全て削ってシンプルな経営をする、が信念だ。小売業が、商品企画、生産、マーチャンダイジング、マニュファクチャリングを完璧に連動させたモデルだと言える。

製造業をサービス化する

FBのサービス化については、前章でも述べたが、マニュファクチャリングにおいても、〝新しい価値創造〟のためのサービス化が有効である。「ファッションでおしゃれをする」ことを実現するために、自社の資産や製品、あるいは生産システムに、サービス的機能を果たさせる（に組み替える）ことだ。

たとえば、セーレンのビスコテックスは、コンピュータに取り込んだデザインをデジタル・プリンティングにより生地に生産するシステムだが、最近では、一般消費者向けに、好みのデザインや素材を選んでもらってカスタムメードの服を創るビジネスを本格化させている。これは、当初の〝デジタル・プリンティングでリードタイムの短いファッション生地生産が可能〟という生地製造業の機能を、〝消費者の好みに合わせたオシャレを生産・提供する〟というサービス機能に進化させたものと言える。このようなサービス化の可能性は、製造業のいろいろな領域で開発することができるだろう。

日本は機械産業も、特殊なあるいは独特な性能をもつ機械やシステムの開発で世界をリードしている。ここでもサービス化が考えられる。

たとえば島精機のホールガーメント機は、商品化されてから20年経つが、さらに、これまで不可能と考えられていた可動式シンカー搭載の新機種が登場した。ホールガーメント機の優れた性能についてはよく知られているが、日本よりは海外での販売が伸びていると聞く。新興国が、急成長するニットビジネスへの投資を惜しまないからであろう。しかし視点を変えて、この機械を、〝生産設備として購入する〟代わりに、変化の激しいファッション製品を生産するために〝レンタルする〟あるいは必要に応じて〝部分利用できる〟仕組みを作ってはどうだろうか？　それが、デジタル・コミュニケーションにより遠隔地からも利用できるようになれば、利用者も増えるに違いない。設備投資をする余裕がない若手デザイナーなどにとっても、極めて有効なモノづくり手段となるだろう。

他にもたとえば、最近の革新的開発事例に〝ソフトシーム〟がある。プロベスト社による新しい縫製手法で、生地と生地を糸で編みながらつなぐものだ。これまでの縫製ミシンでは細番手の縫い糸しか使えなかったが、太目で、引っ張り強度の弱いニットヤーンを使うことができ、縫い代も不要で、フラットな仕上がりになる。土台となるニットやジャージーの生地と同じ糸が使えるため、生産手段としてばかりでなくデザイン面でも新たな活用が可能だ。

これまでは、こういった機械や技術の開発があっても、それらが工場に入ってしまって、生産設備の一部として必要な時にしか使われないケースが多い。これらを、言わば〝社会財〟として、オープンな形で活用できるようになれば、それもマニュファクチャリングのサービス化といえる。

テキスタイルや縫製メーカー、あるいは機械メーカーがサービス化を推進するためには、工場や機械などの特徴や性能を理解し、クリエイティブな発想でそれを〝製造枠〟から〝サービス枠〟に組み上げる人材、さらにそれをマーケティングする人材が求められる。マーケティング、マーチャンダイジングも分かる、製造業エグゼクティブ人材の開発が急がれる。

カスタム生産・受注生産の仕組み作り――一枚生産・一枚消費から、少量カスタム生産まで

インターネットの普及とデジタル化の進行によって、カスタムメードのビジネスが大きく拡大しつつある。生活者が、個性化とファッション製品を厳選するようになって、〝世界で自分だけの〟あるいは〝自分の好みや体型に合った〟おしゃれに、高い価値を認めるようになったからだ。

カスタムメード商品の広がりは、メンズシャツを筆頭に、ドレス、ニットなど、需要が多くサイズやフィットが重要で、かつ生産（縫製やニッティング）が比較的容易なものから始まっている。素材も〝100色を越えるカシミヤ糸から選べる〟とか、〝オリジナル・プリント600種類以上

から選択〟あるいは〝スワッチ送付のサービスがある〟など、多様だ。顧客対象は、忙しいビジネスマン、あるいはエグゼクティブ女性などをターゲットとするものが多い。

価格的には、やや高いものになるが、総じてそれにふさわしい素材や仕立てで価格に見合う価値を創造しているように見受けられる。生産体制も、工房的なアトリエや小工場、あるいは中規模メーカーの一部のラインを割いて、など多様である。生地にパターンを付けてベトナムなどに送り製品化することで、コストをミニマイズする企業もある。米国でも様々な経歴の起業家たちが、カスタムに取り組んでいるが、とくに注目すべきは、ITなどのテクノロジーの専門家が、独自で、あるいはクリエイティブなデザイナーと組んで立ち上げたもので、システム面で革新性が高い。

今後は個人顧客に対する〝一枚生産・一枚消費〟のカスタム・ビジネスに加えて、個別企業や専門店などの自主開発製品を〝少量カスタム生産〟することも拡大すると考えられる。その場合のカスタム生産は、依頼企業から工場へ直接に発注するケースが増えるだろう。そのほうが、依頼主の意思も直接伝えられるし、仲介者や中間業者が介在するコストもミニマイズでき、最終顧客、工場、発注者の、Win-Win-Win、つまり三方よしの利益分配が可能になる。これを第2章で述べたデジタル活用の水平的協業で行う方向に進めたい。

ここで不可欠なのは、発注者が、リスクをとって企画する能力、作ったものを売り切る、あるいは事前受注をする、などのマーケティング能力をもっていることだ。

国内生産への回帰――テクノロジーが国産化を可能に

アパレルを中心とするファッション製品の生産は、先進国ではほとんど例外なく人件費の安い国に移転した。しかし最近では、政治的・経済的あるいは雇用などの社会的観点、さらにはエシカルやサステイナビリティの観点から、〝国内生産〟に回帰する動きが生まれている。背景にはテクノロジーの発達が、生産や管理の自動化、情報共有やコミュニケーションを容易かつ安価にしたことがある。これからのＩｏＴの発展も、この傾向を支援するだろう。

１９９０年代に生産が海外に移転してしまった米国でも、最近、改めてMade in America の動きがみられ、この原稿を書いているいままさしく、ニューヨーク・ファッションウィークもMade in New York をプロモートしている。

製品によっては、国内生産と海外生産のコスト差は、ほとんどない、との試算結果も出ている。低工賃でも、遠隔地からの輸送費や通関コスト等の総計に、時間コスト（販売タイミングを逸する需要予測の精度が低いリスク）を考慮すれば、そのような結論が出ることは、大いに納得できる。

左の表は、米国の大手テキスタイル企業Parkdale Millsが、アパレルメーカーとの連携で生産しているフード付きトレーナーのコスト構造だ。ニューヨーク・タイムズ紙が「アメリカ・メード―米国テキスタイル工場への回帰、現場はほとんど無人」の見出しで報じた、海外生産と国内生産のコスト比較である（New York Times ２０１３年9月19日付）。

表に見る通り、労賃は米国が約３倍だが、糸・生地の生産はほぼ自動化されており、コストに大差はない。１９８０年には、２５０ポンドの糸の生産に２０００人を要したが、２０１３年はわず

フード付きトレーナーのコスト構造

	計	生地	付属・ボタン類	労賃	関税	輸送費
アジア	＄31.40	18.4	2.3	5.5	3.5	1.7
米　国	＄38.10	17.4	3.2	17.0	0	0.5

出典：New York Times 2013 年 9 月 19 日付記事

か140人でできているという。総コストの合計では、6・7ドルの差があるが、これは、「リードタイムが短く、切り替えが短時間でできる。バングラデシュでの事故のような労働環境の安全性や、原料の素性等を心配することもない。これらのコストとリスクを考えれば、国内生産に軍配が上がる」と、このアパレルメーカーの社長は語っている。

日本の優れた生産工場、あるいは製造メーカーが、その力をフルに発揮して、〝Made in Japan〟の製品を世界に展開できるようになることを、夢見ている。そのためには、何度も繰り返すが、一社で垂直化するのでない限り、企業の壁を越えて、マニュファクチャリングとマーチャンダイジング、マーケティングが協業あるいは一体化するビジネスモデルを動かさねばならない。現在、日本アパレル・ファッション産業協会と日本ファッション産業協議会などが連携して推進している〝Jクオリティ〟「国産品認証制度」がある。筆者もその成果に大いに期待しているが、いかなる革新的な運動も、生産・企画・販売における無駄をトータルに見て徹底削除すること、関係者がその果実をWin-Win-Win で公平に分かち合えること、そして何よりその活動が、消費者にとって新たな価値を創造することができなければ、長続きするものにはならないだろう。

生産現場での人手の確保はますます困難になる半面、若い世代がモノづくりに関心を持ち産地に入っていく傾向も見えている。また、ネットを活用してグローバルに展開するテキスタイルのBtoB取引サイトやバーチャル・ショールームも生まれている。着実に起こっている変化を、増幅し発展させ、スピードアップしたいものだ。

7. 宣伝・販促から個客へのデジタル・マーケティングへ
――ブランド、ブランディングの重要性

マーケティングには、新パラダイムでどのような変革が求められているのだろうか。「マーケティングは死んだ。従来のマーケティングはもはや機能しない」。ハーバード・ビジネス・レビュー誌の2012年8～9月号のこの特集は、大きな反響を呼んだ。いまやマスメディアに巨額を投じる広告・宣伝中心の従来型マーケティングが時代遅れになったことは、だれもが認めている。〝企業広告は信じない〟〝知人の口コミの方を信じる〟人が増え、たとえば「カンヌ国際広告祭」の名称も、すでに2011年から「広告」の字を削除し「カンヌライオンズ 国際クリエイティビティ・フェスティバル」になり、マーケティングは市場調査、宣伝・販促から、ポジショニング、市場創造やブランディングなどの戦略的役割へ、さらに個客向けのデジタル・マーケティングへと変化した。

かつて重要なメディアであった、新聞や雑誌などの購読やテレビの視聴が減り、デジタル・メディ

アの拡大が目覚ましい。日本人のメディア総接触時間は、1日当たり393・7分（週平均）だがそのうち、携帯・スマホ・タブレットが占める割合が、ほぼ30％になっている（博報堂DYメディアパートナーズ定点調査2016年）。ある調査（2014年10月）では、「商品を知るきっかけ」で最大なのは依然テレビ（80・5％）であるが、ニュースサイトやポータルサイト（41・9％）、および企業のウェブサイト（31・3％）が急速に伸びており、新聞や雑誌、DMが大きく落ち込んでいる。

またこれからのマーケティングにおいては、SNSなども活用した顧客との双方向コミュニケーションを通じて、個客と〝相思相愛〟のブランドを確立すること、つまり「ブランディング」が重要性を増している。

新パラダイムにおけるマーケティングを、ここでは、以下の視点から考えてみたい。

①デジタル時代のマーケティング――パーソナル化とデジタル化が拓く新世界

②マーケティングの目的と核となるコンセプトの進化――コトラーのマーケティング4・0へ向けて

③ブランドとブランディングの重要性

①デジタル時代のマーケティング――パーソナル化とデジタル化が拓く新世界

20年前まで、消費市場を支配していたのは、メーカーのブランドであった。それが、10年前には小売りにパワーがシフト。今日では、スマホ装備（いつもオンになっていて、場所も、時間も、価格も、リワードやおまけも、把握できている）でエンパワーされたショッパー（顧客）が支配する時代に入った。買い上げへの過程は、デジタル、モバイル、ソーシャルなど多様なチャネルを経る。

マーケティングの世界を長年にわたって支配した、「ＡＩＤＭＡの法則」がある。消費者の購買プロセスを説明するもので、Attention（注意）を引き、Interest（興味）を持たせ、Desire（欲求）を起こさせ、Memory（記憶）しておいて、Action（行動）すなわち購入につなぐ、というものだ。これを、ネット時代に対応させるため、２００４年に「ＡＩＳＡＳ（アイサス）の法則」を電通が発表した。Attention（注意）を引き、Interest（興味）を持たせる、までは同じだが、欲求と記憶を飛ばして、Search（検索）、Action（購買行動）、そしてShare（評価や体験の共有）に至る形だ。

しかしこの法則も、ＳＮＳが普及しショッパー主導の時代に入ってさらに進化し、筆者としては、ＳＩＳＡＳと呼びたいものになっている。つまり、Attention（注意）の前に、常時つながっているＳＮＳなどでのSharing（情報共有）があり、Interest（興味）が沸いてSearch（検索）があり、Action（購買）、そしてShare（共有）されるが、それがまた、次なるシェア／サーチに、続き、いわば循環のサークルを描く、といったイメージだ。企業が発信する情報よりは、個人や知り合いの発信情報のほうを評価する時代の流れの中で、ＳＮＳが口コミ情報源として、とみに重要になってくる。

ＳＮＳの普及については、日本はまだ他国に比べて圧倒的に低い。英国のグローバル・ウェブ・インデックス社の調査によれば、日本は調査対象34か国のうちの最下位で、１日当たりの平均利用時間が19分、トップはフィリピンの３時間56分だという。最下位５国のフランス、オランダ、ドイツ、韓国はそれぞれ1時間超と比べても、あまりに低い現状だ。日本ではこれまでSNSは若年層の利用が多く、また限られた友人同士のコミュニケーション使われていることが多かった。しかし今後は、中高年にも広がりを見せ、他国に近づくものと思われる。

ＵＧＣ（User Generated Contents＝ユーザー生成コンテンツ）によるマーケティングも重要になり、企業がそれを効果的に活用し始めた。買い物客の77%が、プロの写真よりも、顧客が作った画像を好む、との調査結果も出ている。ＵＧＣビデオをパーソナル化し、個客の興味にレーザー光線的なシャープさでフォーカスして、大きな成果を上げた事例がある。昨年のレクサス広告キャンペーンだ。内容は、１０００点以上の個人作成のビデオを、フェイスブックの顧客ターゲット・セグメンテーション技術を使って顧客を絞り込み、過去にない精度でリーチしたという。たとえば、同じようにデザイン志向の顧客でも、サンフランシスコに住む女性エグゼクティブと、ロサンゼルスに住むアナログレコード愛好者の男性エグゼクティブでは、違ったビデオが送られる。キャンペーンは大成功し、１１２０万人のフェイスブック利用者にリーチ、ビデオ・ビュー率は、予想の３１５%。エンゲイジメント率は１６７３%という高さであった。

インフルエンサーの台頭も、デジタル時代の新マーケティングを示唆するものだ。革新的アイディアがあっても予算が限られている企業が取り組んだソーシャル・メディアが、いまや高くつくものになり、効果的手法としてインフルエンサーが注目されるようになった。インフルエンサーが、人々を特定の商品やブランドにつなぐ力を持っているのは、彼らがリアルで説得力ある知見を持っているからだ。ある調査によれば、インフルエンサーが情熱を持って取り上げたり語ったりすることの

94％は、自分の専門に合致しているという。

店内での、デジタル・マーケティングも重要になっている。先に述べたビーコンやノードストロムのTextStyle、あるいはIoTによる顧客への働きかけなどであるが、そのためには売り場のデジタル化も求められる。２０１６年８月にフルオープンしたニューヨークの「ウェストフィールズ・モールＷＴＣ」（世界貿易センター跡地のモール）では、デベロッパーのウエストフィールズ社が、テナントに対してモバイルとのインタラクティブ機能を装備することを入居条件としている。


ショッパー主導時代に、企業としてデジタル・マーケティングを活用するためには、データに基づく顧客へのパーソナライズした働きかけが重要である。このなかには、個客のデータを深く分析することもあるし、ＳＮＳで飛び交っている情報のビッグデータ分析もあるだろう。大掛かりにやれば多大な経費はかかるが、科学的なデータが取れる。

これまでのマス媒体を使ったマーケティングでは、経験から得た「仮説」に基づき多額の予算を投じていたが、どのような効果がどれだけあったのか、他により良い手段がなかったのか、などを把握することは困難であった。しかしこれからは、データを基にすることで、テスト、分析、アクションが可能になり、何が本当に優れた顧客体験に貢献するかを実証することができるようになった。データの活用は、今後不可欠となる「個客」への対応のため、個客のイメージや輪郭を明確にし、個客に最適なメッセージを送るためのデータを作ることも可能にする。

個客理解のために必要なデータとは、ウェブサイトやアプリの訪問履歴や日付・時間などの行動データ、年齢・性別・クラスタリングなどの属性データ、購入経験の有無や購入商品などの購入履歴、位置情報、デバイスの利用状況から推測できる心理的なデータ、などである。しかしこれらを活用するデジタル・マーケティングは、日本、とくにファッション流通ではまだ始まったばかりだ。

デジタル・マーケティングが拡大し成果を上げるには、テクノロジー以外の面でも重要なことがある。まずは経営トップの、新時代のマーケティングのあり方とデジタル・マーケティングへの理解だ。そのうえで、自社のポジショニングとビジョンを明確にし、企業理念に基づく戦略を策定すること。テクノロジーで可能になったことは多々あるが、それらをすべて実行するわけにはゆかない。自社が、何の目的で、だれのために、どのような価値を提供し、市場で、あるいは顧客にとって、どのような特別の存在になるのか、を明確にし、経営資源の配分を行い、変革をリードすることが期待される。専門人材の獲得、あるいは育成も喫緊の課題であろう。

デジタル・マーケティングでは、顧客への取り組みも、これまでの人口動態的セグメンテーションやライフスタイル的分類から、限りなくOne-to-Oneに近づく努力がなされつつある。高度なテクノロジーの活用が、戦略的にも非常に重要かつ有効である。しかし、ＦＢにおいては、その原点ともいうべき、「顧客が信頼できるブランド（小売業を含む）を確立すること。そして、信頼できる商品を、顧客が余分な手間をかけることなく購入できること」を、いかにシンプルかつ低コストで実現するか、も重要な課題である。

②マーケティングコンセプトの進化――マーケティング３・０から４・０へ

マーケティングの手法が変化していることを述べてきたが、その背景にあるマーケティングの考え方の変化についてもふれたい。

マーケティングの世界的権威、米国ノースウェスタン大学ケロッグ経営大学院のフィリップ・コトラー教授は、市場環境の変化とともに進化してきたマーケティングを、3つのステージに分けて説明して、さらに次なるステージ4・0について、示唆に富む方向性を示している。

①マーケティング1・0は、製品中心のマーケティング。工業化時代の、マス向け製品を売る目的で、商品の機能を中心に消費者の意識（Mind）に働きかける、理性的なマーケティングの段階だ。第2次大戦前から戦後にかけて主流になった。

②マーケティング2・0は、消費者志向のマーケティング。今日の情報化時代、つまり情報技術がコア・テクノロジーになった時代に登場した、消費者を満足させてつなぎとめることが目的のマーケティングだ。消費者は十分の情報や選択肢を持つようになったが、嗜好はバラバラであるため、マーケッターは市場をセグメントし、特定のターゲットに向けた製品開発と差別化された提案を行う必要があった。マインドに加えハート(Heart)に訴求する情緒的なマーケティング重視の時代、1970年以降の流れだ。

③マーケティング3・0は、いま、われわれが直面しているステージだ。世界をより良い場所にすることを目的とする〝価値〟主導のマーケティング。〝価値〟とは、企業が信じて実行しよ

図18　マーケティング1.0、2.0、3.0の比較

	マーケティング1.0	マーケティング2.0	マーケティング3.0
	製品中心のマーケティング	消費者志向のマーケティング	価値主導のマーケティング
目　的	製品を販売すること	消費者を満足させ、つなぎとめること	世界をよりよい場所にすること
可能にした力	産業革命	情報技術	ニューウェーブの技術
市場に対する企業の見方	物質的ニーズを持つマス購買者	マインドとハートを持つより洗練された消費者	マインドとハートと精神を持つ全人的存在
主なマーケティング・コンセプト	製品開発	差別化	価値
企業のマーケティング・ガイドライン	製品の説明	企業と製品のポジショニング	企業のミッション、ビジョン、価値
価値提案	機能的価値	機能的・感情的価値	機能的・感情的・精神的価値
消費者との交流	１対多数の取引	１対１の関係	多数対多数の協働

出典：フィリップ・コトラー「コトラーのマーケティング3.0」（朝日新聞出版）

うとしている、ミッションやビジョンである。人々が強く意識し始めた多くの社会問題に対するソリューションを提供しようとするものだ。消費者を〝消費する人〟としてだけではなく、社会の多様な問題の解決策を求めている全人的存在としてとらえ、その精神（Spirit）に訴求するマーケティングだ。図18は、マーケティングのこれらのステージを説明するものだ。

④マーケティング４・０は、これからの時代が目指

す、自己実現（Self-Actualization）を目的とするマーケティングである。2014年にコトラー氏が発表したもので、先の図には含まれていない。

「自分の尊厳を保ちたい」という顧客の自己実現欲求に働きかけ、顧客が「自己実現」するのを企業が支援し、それを叶えていくこと。あるいは、企業の社員一人ひとりが何をしたいのかを考え、それを会社全体で共有し、それをビジョンに掲げて行動する。その実現によって社員全員が作りたい製品が生まれるし、そのプロセスに参画した顧客も自己実現できる。ひいては良い社会を作る想いに近づく、というものだ。氏はマーケティング4・0に関する講演のなかで、伝統的メディアからデジタル・メディアへのシフトについてもふれ、未来のマーケッターは若い世代になるだろうとも述べている。

●マーケティング3・0、4・0の事例

コトラー氏のいう、マーケティング3・0あるいは4・0とは、具体的にはどのようなものなのだろうか？

ファッションや流通関連でのマーケティング3・0事例としては、本書で取り上げているワービー・パーカーが、まさしくこれに該当するものと考えられる。

ワービー・パーカー社は、眼鏡のネット販売で起業。高品質で優れたデザインの眼鏡をミニマム価格で提供すると同時に、眼鏡を必要としながら買うお金がない世界の貧困層10億人に対し、1点売り上げるごとに、1点を寄付するという社会貢献を、事業の一部としている。

マーケティング4・0の事例としては、これも第一部で紹介したルルレモン・アスレチカ社がある。ヨガやアスレジャー商品を販売する小売業だが、同時に開店前の売り場を無料の〝ヨガ道場〟にし、ヨガのレッスンを提供して、顧客のヘルスとエクササイズ願望に応えている。また自己実現のためのビジョン設定やその達成の支援も行い、社員に対しては〝自己実現目標〟を設定させて、その達成をサポートしている。

エッツィーもマーケティング4・0の例と言えるだろう。エッツィー社は、1品もののアートや手工芸品をCtoCで販売するマーケットプレイスを運営する会社だが、自分の作品を世に問いたい、あるいは販売したいアーチストや作家などの、まさしく自己実現を支援しているサイトだ。不慣れな人のための、ネットでの製品提示のノウハウ、ビジネス面での指導やアドバイスも含めて、ビジネスというよりは、社会活動的に運営されている。マーケティングのコンセプトというより、事業のコンセプトそのものが自己実現である。

日本の事例も、NPO以外でも出始めている。ファッションではないが、一例としてスノーピークを紹介しよう。

スノーピークは、アウトドアと言えば登山だった80年代後半に、新しいキャンプのスタイルとしてオートキャンプを提唱。ミッション・ステートメントの「The Snow Peak Way」(スノーピークウェイ)に、「私たちスノーピークは、一人ひとりの個性が最も重要であると自覚し、同じ目標を共有する真の信頼で力を合わせ、自然指向のライフスタイルを提案し実現するリーディングカンパニーをつくり上げよう」を掲げる会社だ。キャンプのテントが2万円以下の時代に、悪天候にも耐え使い勝手も良いテントを開発。苦心の末の自信作が16万８０００円になったが、初年度１００張が売れ、ハイエンドのキャンプ用品市場を創造した。現在も毎年20～40％のペースで売り上げを伸ばしている。

熱狂的なファン、それもキャンピングを極めている人たちが、米国のハーレーダビッドソンに似た愛好者コミュニティを形成、ＳＮＳなどを通じて顧客同士が全国各地で集まり、キャンプに出かけることも日常的に起きている。会社もキャンプイベント「Snow Peak Way」を重視し、ユーザーと共にキャンプをして生の声を聞き、製品開発やサービスに生かしている。

山井太社長以下、全社員がアウトドアの熱心なユーザーで、想いの熱い顧客とともに会社も成長した。顧客は自分たちをスノーピーカーと呼ぶほど同社の製品を愛している。これは、単に製品が好きというレベルではなく、スノーピークを使っている自分が理想の自分、つまり「自己実現」であることを示すもので、まさしくマーケティング４・０と言える。

③なぜブランドが、重要になるのか

ブランディングの重要性については、第四部１章「グローバル時代に成功する企業」の項でも述べるが、ここはまず、新しい時代へ向けて、ＦＢにおけるブランドは、どのような新たな役割を持つかを考えてみたい。

●ブランドとは何か

「ブランド」という言葉を、日本のFBでは、非常に安易に使っている。そもそもブランドの立ち上げも、時流のコンセプトやファッション・トレンド、あるいは流通政策としての〝新ブランド〟が多くカッコイイ呼び名を付けて「ブランド」と考えている事例が散見される。しかし名前を付ければブランドができるわけではない。ましてや意味不明（に見える）カタカナを並べた自己満足的ネーミングをブランドと考えるのでは、ブランドの重要な役割を無視することになる。

「ブランド」とはもともと、自分の家畜などに焼印を押し、他者の家畜と識別するためのものであった。しかし、先のマーケティングの進化で見たように、市場が成熟し、マーケティング活動がより高度になるにつれ、ブランドは、単なるマークではなく、その商品やサービスへの信頼性、あるいはパーソナリティーやイメージを持つものに進化していった。さらに優れたブランドは、〝資産〟としての価値も持つようになった。日本のファッション企業が、一社で100を超えるブランドを持っているケースがあるのは、まさしく本来のブランドになっていないことを示すものだ。

では、なぜブランドが、今後ますます重要になるのか？

ブランドはいまや、単なる商品や商品グループの「呼び名」ではなく、その「事業が何であるか」を示すものになっている。どんな理念を持ち、どのような商品やサービスを、どういう人に届けて満足を得たいと考えているかを、象徴的に表示するものだ。ブランドは、高級品に限らず、企業が自社の商品やサービスを市場で際立たせ、共感を得てくれる顧客とともに成長したい、と考えて構築するものである。

ブランドが確立されることが重要な、第1の理由は、多様な商品があふれる市場で自社のブランドに注目してもらうためには、ネット検索ですくい上げられることが不可欠であることだ。ブランドは、最も検索しやすい手段である。第2は、ブランドが成功するには、顧客と企業の間に、いわば「相思相愛」の関係が育まれることが必要だ。その特別な関係が、商品が氾濫する成熟時代の顧客にとって、またビジネスにとって、有効かつ特別の意味を持つからだ。

真のブランドは、顧客と企業が共に作り上げるものである。ブランドの価値は、個々の消費者の頭・心の中に作られる。ブランド専門企業として著名な英国のインターブランド社の元日本代表者のテレンス・オリバー氏の説明は説得力がある。「ブランドは、企業と顧客が、50／50の思い入れで作り上げるものだ。まず会社側がこんなブランドにしたいと思う〝水がめ〟（空の）を用意する。顧客は、そのブランドを体験する（商品やサービス、買い物プロセスなどを）たびに、いい体験であれば水瓶に水を入れる。そして水瓶が水で一杯になったとき、顧客と会社の思いが一致して、信頼関係ができ、ブランドが出来上がる」というのだ。

●ブランディングの重要性　ブランドを確立するには?

ブランディングとは、「顧客や消費者にとって価値のあるブランドを構築し、活用・維持・強化・活性化してゆく一連の活動」である。ブランドとして認知されていないものをブランドに育て上げる、あるいは既存ブランドの構成要素を強化し活性化することで、より力あるブランドにし、それを維持管理していくこと、だ。ブランディングの概念が登場する前の1980年代から1990年代にかけては、企業はコーポレート・アイデンティティ（CI）、商品はブランド・アイデンティティー

（BI）といった形で、ロゴやシンボルなどの「ビジュアルデザイン」によるアッピールに注力した。現在のブランディングは、これらの、企業側からのアイデンティティ提示から、顧客の「ブランド体験全体」に及ぶものに進化したものだと言える。

われわれが今、直面しているブランディングを考えるうえで、コトラーの「3 i」の考え方が示唆に富む。「3つの i」とは、「ブランド・アイデンティティ」「ブランド・インテグリティ」「ブランド・イメージ」である（図19・306ページ）。

現在われわれが直面している、3・0段階のマーケティングでは、ブランドとポジショニングと差別化をバランスさせて、3つの i を達成することが重要だ。ちなみに、インテグリティとは、誠実、正直、一貫性ある、といった意味の言葉である。

「ブランド・アイデンティティとは、ブランドを消費者の〝マインド（Mind）〟のなかにポジショニングすることだ。競合がひしめく市場で、そのブランドが消費者に知られ関心を引くためには、ポジショニングはユニークでなければならない。また消費者の合理的なニーズや欲求にとって意味あるものでなければならない」とコトラー氏は言う（『コトラーの「マーケティング3・0」より）。

「ブランド・インテグリティは、ポジショニングと差別化によって、ブランドが主張することを実現することだ。誠実であること、約束を果たすこと、そして当該ブランドに対する消費者の信頼を醸成することだ。ブランド・インテグリティの標的は消費者の〝精神（Spirit）〟である」。

「ブランド・イメージとは、消費者の〝エモーション（Heart）〟をがっちりつかむことだ」。

たとえば、ティンバーランドは、ゆるぎないブランド・インテグリティを持つ企業の好例だ。氏

図19　フィリップ・コトラーの「3i」のモデル

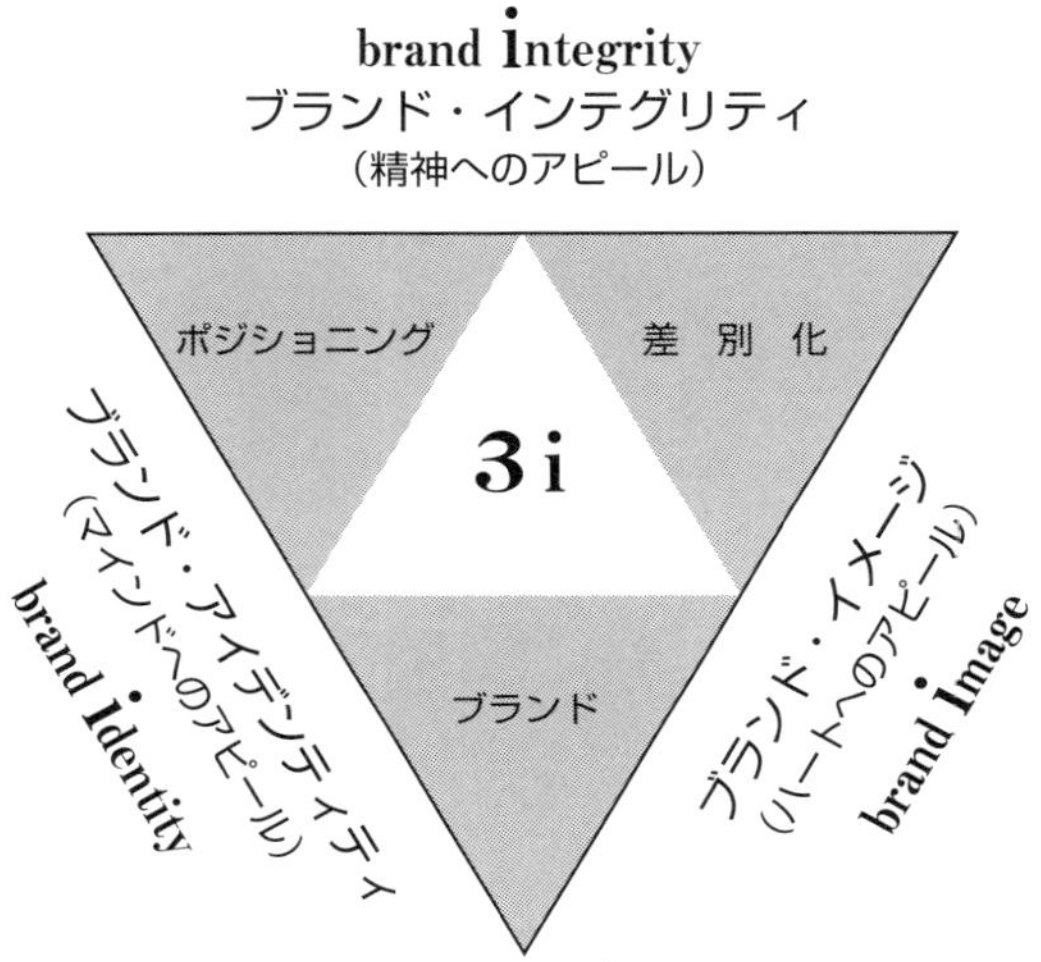

出典：フィリップ・コトラー「コトラーのマーケティング3.0」（朝日新聞出版）

によれば、同社のポジショニングは、『アウトドアのイメージを基調にした高品質の靴とアパレルの会社』である。同社はこのポジショニングを、確かな差別性、すなわち『コミュニティへの関与。環境に対する責任。グローバルな人権』で支えている。社員を参加させる同社のコミュニティ・ボランティア活動プログラム〝パス・オブ・サービス〟は広く知られているが、同社は経営が苦境に立った時も、このプログラムはやめることはなかった。このプログラムが、ティンバーランド・ブランドを差別化している同社のDNAの不可欠な一部であると確信していたからだ。

ブランディングとは、このようにしてブランドを作り上げること。そしてそのブランドの差別性やポジショニング、あるいは理念（精神）やイメージ（エモーション）を、磨き続けながら、ブランドとブランド価値を維持、発展させてゆくことである。

「マーケティング4・0」における自己実現も、この「3・i」（図19）の延長線上にあると考えられる。マーケティング活動は、いまや、企業の一組織、あるいは一機能にとどまるものではなくなった。また事業活動をきれいな外観に整える仕事でもなくなった。それは企業の事業活動そのものであり、それが、社会や顧客、社員、そして関連するステイクホールダーの支持を得ながら、時代にフィットする形で、あるいは時代の先を見据えて、発展することをリードするものである。

それは、企業の理念や使命感、そして長期ビジョンなくしては、達成できないものでもある。

第四部

グローバル時代
企業と個人の課題

Future is Already Here

「新パラダイムのFB」の中核となる潮流はグローバル化、デジタル化、人間中心、とくに個人化への動きであり、それを実現するのは、「人」の力である。

第四部では、これらの潮流に乗って成功するための、企業と個人の課題を、3つの観点から考えたい。

第1章：グローバル・ブランドになる——企業やブランドが、グローバルに通用する存在として発展・成功するために必要な条件

第2章：ファッションの新しい形を日本から世界へ——日本文化の再認識と世界への発信、Cool Japan

第3章：創造する未来——企業への期待、個人への期待

グローバル化は、すべての企業（国内だけでビジネスを行う企業も含む）に、またそこで活躍するすべての人に、世界的視点と世界に通用する考え方やビジネス手法を求める。グローバル化の進行は、同時にローカル化を推進させる。1つは、グローバル化しようとする企業の活動が、その拠りどころである理念や地域文化をより鮮明に凝縮する必要がある、という意味でのローカル化である。もう1つは、グローバルに展開する先(対象とする地域や人や文化)に照準を当てたローカル化だ。

デジタル化（テクノロジーの浸透）は、ビジネス活動を効率化・スピード化すると同時に、個人主導のビジネスや行動、生活を実現する。人間らしい感性や情緒あるいは人間的生活は、デジタル化が進めば進むほど、いっそう重要になる。ここではテクノロジーは、人々が、感情豊かにリアル

な生活を送れるようサポートする役割を担うことになる。働き方も変わる。ＡＩやロボット技術の発達により、人間が担う仕事が大きく変化するからだ。生身の人と人をつなぐ、人間にしかできないソーシャル・スキルも非常に重要になるだろう。

人間らしさも、一般論ではなく、「個人」がその個性あるいは希望にそった生活を創り、自分らしい人生を送ることに照準を当てるべきだ。それらの個性ある人々が、それぞれの能力を発揮することで、企業も産業も成長する。

そのなかで「文化」は、「文明の世紀」というべき20世紀の工業化や技術革新を経て、改めて重要なものとして見直されはじめた。人々の生活様式や哲学・芸術・宗教などの精神的活動の総体としての文化である。ものの価値が、物質的価値よりは、文化的あるいは心情的価値として評価される時代になるのだ。日本は「資源のない国」と言われてきたが、「成熟時代の価値創造」という視点に立てば、巨大な資源を持っている。モノではなく、人々の心や精神に訴えるものが価値を創造するのなら、日本の歴史や優れた文化、匠の技、あるいは自然と共生する処世観で育まれた生き方のなかに、これからの価値創造の資源となるものが多数存在する。日本ならではの価値創造には、改めて日本の文化とその強みを知ることが、不可欠だ。

そしてこれらを支えるのは、ひとえに人材だ。人材の開発は、企業や教育機関が育成するというよりは、個人一人ひとりが、クリエイティブでプロフェッショナルな人間を目指して自ら育つことである。これは職業人としての能力開発だけでなく、一人の個人として、達成感ある人生を全うすることを目指すものであるべきだ。

第1章　グローバル・ブランドになる

グローバリゼーションの進行については、第一部「FB変容の4大潮流」で、新興国の台頭、BOP（Bottom of the Pyramid＝開発途上地域にいる低所得者層）成長の潜在力、越境ネット販売、グローバルな人材獲得競争、などについて述べた。これらは、脅威と考えるよりは、これからの日本のファッション関連企業にとって、大きなチャンスをもたらすものと考えるべきである。この1～2年の間に、来日する外国人旅行者の急増と、「爆買い」の言葉まで生んだ猛烈な購買力に驚いた人も多いだろう。いわゆるインバウンドのビジネスの好調は、まさしくグローバルなスケールで起きている経済地図の変化であり、世界の消費構造の変化だ。日本食の世界的広がりも象徴的だ。安心・安全・信用・勤勉の国、日本がオファーできるものは多い。

1．グローバル企業とは何か

グローバル化の進展は、「グローバル1・0」とトーマス・フリードマンが呼んだ、旧世界と新世界の間で始まった国家主体の貿易時代から、「グローバル2・0」、すなわち欧米先進諸国の多国籍企業が主体となって市場と労働力をグローバルに求めた時代を経て、2000年前後からの、情報技術の急拡大により、「グローバル3・0」の時代に入った。ここでは、個人や小集団がインターネットやスマホによって、まったく新しい力を獲得し、これまでの企業や国の枠を超えたビジネス活動を行うことができるようになった。国・企業だけではなく、個人レベル（消費者として、あるいは事業家として）のグローバル化が急速に進行している。

グローバル化には、商品やサービスばかりでなく、ビジネスそのものを連動させ革新を起こすこと、たとえばオープン・イノベーションも含まれる。優れた能力や技術を持つものとコラボレーションして、自分だけではできない、あるいは時間がかかることを、戦略的に、かつ短期間に達成すること、などだ。

このグローバル化の潮流は、後戻りしない。逆にその流れは、ますます加速するであろう。これまで日本という〝豊かな市場〟に依存して、国内市場にしか目を向けなかったファッション関連企業は多いが、これからの人口減少時代に成長するためには、〝日本にいたまま高付加価値の製品を創造し、世界から（越境ネットも含め）買いに来てもらう〟か、〝世界市場に打って出るか〟の選択肢しかない。そして海外事業の有無あるいは大小にかかわらず、企業経営はグローバル視点に立って行うことが不可欠になったことも肝に銘じなければならない。これまでの原料調達あるいは製品の製造や加工ばかりでなく、販売やマーケティング、そのための人材や資金の調達、国境を意識しない企業や個人とのコラボレーション、世界から見て存在感あるブランディング、そして将来へ向けてのビジョンと戦略を、グローバルの目線で展開することだ。

ＦＢにおけるグローバル企業には、どのような形態があるだろうか？

たとえば、デザイナー・ブランドであれば、そのデザイナーやブランドへの評価を得て海外にもファンを創る。そして、たとえ世界に多数のショップを持つことはできなくても、ネットで購入する顧客を開発し、それに対応する手段（必要なサイズ、その確認方法、決済や配送手段など）を持っている、ということになるだろう。製造業であれば、特徴ある素材あるいは製品を求める顧客を国内以外に開発・創造して、展示会や個別のセールス、あるいはＢtoＢのネットサイト、あるいは商社や代理店を経由してのビジネスとなる。またリードタイムや在庫をどう最適化するか、中間業者の排除や確実な代金回収、コストや安全基準などが、重要となる。小売業であれば、世界の垂直型企業が日本市場で展開しているように、世界各地で自社の店舗を運営、あるいは大手小売業内にショップ展開をする、あるいは越境ネット販売をする、といった形だろう。その場合には、日本のビジネスモデルやブランドの日本固有の感性を、どう現地に適応させるか、あるいは、させないのか、が問題になる。

いずれの場合にも、現地の顧客、背景となる文化、商慣習や知財権、カントリーリスクへの十分なリサ―チや対応策、マーケティングやブランディング、それを推進する人材、などが不可欠であることは言うまでもない。

2. 新パラダイムでグローバルに成功するFBの条件とは

まずビジネスがアウトバウンドであれインバウンドであれ、「差別性ある優れた製品やサービス」を保有していることが大前提となる。次に、「明快なビジネスモデル」が構築されていること。さらに、それが「合理的な仕組みで実行されている」ことだ。とくに重要なのは、総合的な「ブランド力」だろう。個人がスマホひとつで瞬時に世界の情報にアクセスできる時代であるから、個人がとらえやすく、個人の心に響くブランディングである。さらに、世界レベルの経営として、環境基準、会計基準などにも備える必要がある。

以下に筆者が重要視する8点について述べたい。

①明確な企業理念を持ち、それに基づく戦略を実行する

世界には多くのブランドあるいは企業がひしめいている。そのなかで存在感を持つためには、他から抜きん出た、あるいは他社にない、独自性ある商品やサービスが不可欠である。しかしFBの場合、ファッションの変化や類似品の登場（残念なことだが現実である）が避けられないため、製品やサービスだけでは差異性を継続的に維持できない場合が多い。また、そのシーズンの企画が、対象顧客の嗜好に合ったファッションとして、いつも〝当たるシーズン〟になる保証はない。

こういったFBにおいてグローバルに成功するためには、1シーズンごとの企画に依存するのではなく、長期にわたって、ファンとしての顧客を獲得し維持することが不可欠である。そのために

は、企業の理念、とくに社会との関わりについての考え方や思想が重要になる。言い換えれば、「世の中のためになるミッション（使命）」として、何を掲げ、実践しているか、だ。国や地域を超えて人々に共感あるいは感銘を与える理念やミッションである。それは顧客の獲得ばかりでなく、有能な人材の獲得にも貢献する。

後述する2つの企業事例でも、ユニクロを展開するファーストリテイリング社は、「服を変え、常識を変え、世界を変えていく」という明快なステイトメントを打ち出し、ミッションとして、「本当に良い服、いままでにない新しい価値を持つ服を創造し、世界中のあらゆる人々に、良い服を着る喜び、幸せ、満足を提供します。独自の企業活動を通じて人々の暮らしの充実に貢献し、社会との調和ある発展を目指します」と明示している。これが同社の製品の、高品質で買いやすい価格の日常着を支えている。これらは前項で見た「ブランド・インテグリティ」である。

ＭＵＪＩを世界展開する良品計画の理念は、「感じ良いくらし」の実現。「『商い』を通じて、人々が喜び、美を伝播し、そして社会に貢献することができると考えています」のメッセージを明確に打ち出している。これをもとに、同社のシンプルでデザイン完成度の高い製品は、人々の暮らしに等身大で溶け込む〝これでよい〟になっている。

こういった理念は、掲げるだけでなく、それが事業活動実践のぶれない軸であり、迷ったときには、それに立ち戻るものでもある。

②優れたブランドとブランディング――物語を語れる

ブランディングの問題については、第3章で詳しく述べるが、世界に存在感を持つ企業になるには、世界的に認知され、かつリスペクト（尊敬）されるブランドにならなければならない。それは、これまでの日本特有の、「製品さえ良ければ売れるはず」の論理だけでは達成不可能な世界だ。また それは、単にブランドの知名度を上げることではなく、自社が何たるかを理解してもらうために、自社の理念や想い、製品や歴史を語ることでもある。かつて、ブランドのプレステージにあこがれた顧客は、いまは、ブランドの背後にある「物語」に深い関心を寄せているからだ。

③明確な〝ビジネスモデル〟と、それを実践するオペレーション力

デジタル革命が進行しているいま、グローバル企業はまさしく〝時空を超える〟最新のテクノロジーを活用して、個客とのコミュニケーションとオペレーションの最適化を図らねばならない。特にネットの活用とオペレーションのデジタル化が重要である。

日本が抱える最大の問題のひとつは、デジタル・テクノロジーで諸外国に後れを取っていることだ。ＩＴ投資を欧米と比べると、売上額に占める比率が、欧米の3～4％に対して、日本は1％程度にすぎない。とくにファッション流通産業では、経営陣の一員としてテクノロジーに戦略的に取り組むＣＩＯ（Chief Information Officer）や最近増えはじめたＣＤＯ（Chief Digital Officer）を配置している企業がほとんどないことも、海外からは脆弱に見える。米国のＬ２（デジタル分野のベンチマーキングと教育を扱う会社）が最近発表した世界の百貨店の〝デジタルＩＱ指標〟では、トッ

プ40社に日本の企業は1社も入っていない。

〝リアルの感動〟が最も重要な価値であるFBだが、それを支えるのは〝デジタル〟という時代に入っていることを、グローバル企業を目指す企業は肝に銘じてほしい。再度強調するが、グローバルにビジネスを展開するには、取引先あるいは顧客との、ネットとデジタルによるスピーディで適切な情報処理とコミュニケーションが不可欠である。

優れたビジネスモデルも、社会の変化、顧客の変化とともに、革新を続けなければならない。とくにこれからの時代に重要になるのは、ターゲットとなる地域や顧客に対して、カスタマイズあるいはローカル化したオペレーションを行うことだ。

店舗展開に関しては、かつてのチェーンストア理論が必ずしも有効ではなくなった。本部で精査し組み立てたシステムによって、店舗を標準化し、効率的なオペレーションを進めることがベスト、という考え方に対して、国内展開と言えども、全国一律運営ではなく各店舗が主体性を持ち、地域とそこに生活する人に密着した商品開発やマーチャンダイジング、ロジスティックスが必要な時代になっている。グローバル化においても、同様だ。本国で組み上げたシステムがそのまま展開できるはず、と生活慣習や文化の異なる新たな国に進出し、失敗して撤退した先進国の主要企業事例は多い。とくにこれからの、モノ（商品）を販売するだけのビジネスから、生活者のエモーションや体験価値を販売するビジネスへの進化においては、現地へのローカル対応が不可欠である。動かしてはならない軸と、柔軟な現地対応のコンビネーションこそが成否の分かれ目である。

④オリジナリティの重視

世界の強力企業と闘うには、オリジナリティが非常に重要である。広く世界市場でブランドが高い評価を得るためには、その商品が自社で企画開発されたものであることが不可欠であり、各種の知的財産権、すなわち意匠権や特許権、商標権などによる自社ビジネスの保護が重要になる。商標登録も、これまでの文字や図形、立体などに加え、音声や動画、色などが日本でも登録可能となった（たとえば婦人靴クリスチャン・ルブタンの靴底の赤色は登録されている）。

そもそもファッションの世界は、パリ・コレクションなどで発表されたデザイナーの作品からアイディアをもらって企画する場合が多い。その〝アイディア〟が往々にして〝コピー（模倣）〟になってしまうケースも多く、訴訟が絶えない。他国より訴訟が少ない日本でも、今年初めて不正競争防止法違反（商品形態模倣）で経営者が逮捕された企業が出た。東京オリンピックのロゴマークの例を引くまでもなく、「模倣は犯罪である」という意識が希薄な人間が多いことを、日本の業界人は肝に銘じる必要がある。

グローバル市場で戦う場合は、マネモノでは、他社の知的財産権を侵害する恐れがあるばかりでなく、力あるバイヤーならば〝オリジナリティがある〟と判断できなければ、新たに仕入れる意味を認めないだろう。

ＦＢにおけるコピーの横行に警鐘を鳴らす画期的な展覧会が、ニューヨークのＦＩＴ美術館で開催されたことは、先に述べた。「FAKING IT-Originals, Copies, and Counterfeits」の表題のＦＡＫ

ＩＮＧ　ＩＴは、『マネものをつくってしまう』といった意味合いだが、副題の〝オリジナル、コピー、偽物〟の「偽物、模造品（Counterfeits）」は、「商標権侵害品」として法的処分の明解な対象になる。日本では、こういった完全な模造品を作って偽ラベルを付けて売る企業はほとんどなくなった。しかし、あいまいなのは「コピー」である。コレクションなどで明らかにトレンドになりそうなもの、あるいはヒット商品をサンプルとして購入し、それを参考に商品企画するアパレル企業は多い。世界を席巻しているファストファッション小売業でも、〝アイディアをもらった〟と称して、ほとんど類似の製品を販売し、訴えられるケースも多い。日本企業が今後、世界のファッション市場に、遅ればせながら参入するには、訴訟からは無縁な〝オリジナリティ〟が不可欠である。

⑤異文化への対応力――海外では「日本の常識」は通用しない

新たな国や文化の異なる地域への展開は、現地のビジネス慣習への理解はもちろんだが、対象国の民族や宗教、生活習慣、天候、さらに、人々のライフスタイルや服種、体型やサイズ。さらには素材や色の好みなど、押えるべき要素は多岐にわたる。「日本の常識は、現地の非常識」の声をよく聞くが、「日本の常識」は通用しない。

たとえば米国は国土的にも広いが、開拓・発展の歴史からくる多様な民族、文化が気候やライフスタイルと混じり合って、大都市でさえ、ニューヨーク、シカゴ、ロサンゼルスが、それぞれ「マーケット」と呼ばれるように、特徴ある市場を形成している。日本では、東部エスタブリッシュメントの感性が濃厚なラルフ・ローレンから、西海岸発祥のギャップなどカジュアル、アンダーアーマーのようなアスレティック・ウエア（最近ではアスレジャーと呼ばれている）、などが、すべてファッションとして消費者の興味の対象となるが、米国では必ずしもそうではない。それぞれの地域の顧客タイプや文化、ライフスタイル、そこからくる服種、ファッション感度などが特徴をもっている。気候の違いも大きい。筆者も「ロサンゼルスでは、ウールはビジネススーツ以外、着ない」ということを（聞いてはいたのだが）現地で生活して初めて実感した。色彩は総じて明るく、日本のシックな色は、全く場違いに感じられる。東南アジアに進出した日本企業で、日本のニュアンスある色が評価されず、明るい色を求められて苦戦した事例などからも、学ぶことは多い。ユニクロがバングラデシュで、現地の顧客の心をとらえるためのリサーチの結果、民族衣装を商品ラインに組み入れ、成功している事例も示唆に富む。

既製服販売が浸透している市場では、顧客は自分のサイズがあるブランドしか見向きもしない。日本企業はサイズ展開に関して、大いに勉強が必要だ。日本で通用している〝3サイズ〟だけでは、顧客対象が非常に狭くなると考えるべきである。さらに、サイズだけではなく、体型の違いも重要である。西洋人が日本人より手が長いことはよく知られているが、日本人は比較的扁平な体型であるのに対して、西洋人の体は丸い。赤ん坊の顔と頭を見ても、その基本的違いはよく分かる。

要するに、海外の、言い換えれば異文化市場に参入するには、まずは自社の製品あるいはサービスの、何が、どの部分、どの要素が、現地の人にアピールするのかを見定めなければならない。そのうえで、現地に対応する商品やサイズの開発、商品ラインを日本とは異なる形で編集やキューレーションする、などが必要となる。

⑥人材のダイバーシティ（人種、性別、年齢を超えた多様性）

海外企業のトップが日本に来て非常に驚くことは、幹部に女性がほとんどいないことだ。企業の主要メンバーが、男性ばかり、日本人ばかりで外国人がいない。また幹部の年齢も高く、これでＦＢができるのか、と問われることが多い。同質化された人間でつくる企業に革新は起こりにくい。人材の多様性がある企業のＲＯＥ（自己資本利益率）が、そうでない企業より高い、というのも、いまや世界の常識となっている。

ＦＢに限らず、現代のように変化が激しく、変化の方向も見極めにくい時代には、多様な価値観を持つ人材が、異なる視点からアイディアや意見を出し、時代に適合する商品開発やマーケティングを進めることが不可欠である。ましてや世界に展開したいと考えるならば、対象となる文化圏や人種を取り込んだ体制が望ましいことは言うまでもない。現地でのビジネスを、日本からの出張者だけで行うことはもはや不可能に近い。現地に入り込み、その環境で最適なビジネスを推進するために、現地採用も含め、多様な人材の登用が望まれる。異なる国や文化に対応し溶け込む能力は、総じて女性のほうが優れていると言われているが、現地駐在員に女性幹部を起用して、成功している企業も出はじめた。

企業経営における人材のダイバーシティは、日本企業の最大の課題の１つだ。

⑦環境、社会、ガバナンスへの意識―― ESG（Environment, Social, Governance）

第一部の「四大潮流」で述べたように、社会あるいは社会が抱える問題に対して、企業がどのような考え方を持って行動しているかが、人々、とくにユーザー（消費者）が企業を評価するうえで、重要になっている。欧米の消費者は、これらに対する厳しい目を持っており、「環境問題」「社会問題」「ガバナンス（企業が自ら行う管理、統治）」のE・S・Gが、グローバル企業として認められるための資格要件といえる重みをもってきた。ビジネスの運営が、エシカル（倫理的）に行われることも、この一部である。

繊維アパレル産業は、自動車産業についで地球に大きな負荷をかけている産業だという。ファッションに携わる欧米の指導的企業は、限られた資源の有効活用や、製品の再利用、シェアリングなど、サステイナビリティへの動きを強めている。日本ではこの点で大きく後れを取っており、グローバル企業としてのポジションを確保するには、対応が不可欠な課題である。

環境問題ばかりでなく、人に対して優しい企業を志向する「意識ある資本主義」（Conscious Capitalism）の考え方と実践。さらには「企業の社会的責任」すなわちCSR（Corporate Social Responsibility）に加え、企業活動が社会問題の解決につながるCSV（Creating Shared Value＝共有価値の創造）の考え方も重要になってきた。企業が「その収益の一部を社会貢献に使う」だけではなく、「企業活動そのものが、収益性と同時に社会性をもち、社会の問題解決を達成する」ことが重要だ。

⑧クリエイティブ、イノベイティブな企業活動をリードする経営力と人材——最も重要な要件

我々が目指すこれからの時代は、史上最もクリエイティブな時代と言える。それは製品のデザインなどにおける創造性にとどまらず、コミュニケーションの手法やビジネスモデル、組織や働き方に至るあらゆる面でのクリエイティビティを意味する。絶え間ないイノベーションと変化のスピードが、旧態にとどまることを許さないからだ。

なかでもFBは、クリエーションとイノベーションのビジネスである。これまでになかった素材やスタイルの創造ばかりでなく、人々にとっての新たな価値を創造する「ビジネスの創造」、すなわち革新である。

創造的・革新活動で成果を上げるには、人材がすべて、といっても過言ではない。イノベーションやクリエーションの発想にかかわる優れた人材、ビジョンを示しその力をフルに発揮させるリーダー。さらに、異なる分野（クリエーションにテクノロジーやマーケティング、ファイナンス）を束ねてマネジメントする経営トップ。これらに世界級の能力をもった人材がいるか？　世界では、有能な人材の争奪戦がし烈になっている。とくに、クリエイティブ領域とテクノロジー領域をつなぐ分野のプロフェッショナルが圧倒的に不足しており、日本ではとくにそれが顕著だ。

優れた人材が、その力を存分に発揮できる企業カルチャーも重要だ。自由闊達で、柔軟性に富み、ヒエラルキーではなく、フラットなプロジェクト的組織で動く創造集団。その組織はアメーバのように変化してもよい。今日われわれが直面する問題は、これまでにない複雑なものだ。解決策は、1つの専門分野だけでは生まれない。それぞれの専門分野で、世界がどのように変わり得るかを見通せるイノベーターたちが、コラボしながら解決策を生み出すことが、すぐれたものを生み出す。世界をリードするグローバル企業は、こういった「イノベーションの仕組み」を開発し、スピーディで効果的な製品やサービスの革新を行っている企業だ。

有能なグローバル人材は、魅力ある企業にしか、興味を持たない。

これまで挙げてきた8項目を意識し、魅力ある経営トップと企業風土で、世界級の人材を確保する日本企業が増えることを期待している。

3．日本企業のグローバル化事例に学ぶ——ユニクロと無印良品

ファッションあるいはライフスタイル分野でのグローバル化成功事例として、ユニクロと無印良品を取り上げたい。海外展開や輸出で学ぶことが多い企業はほかにも多い。テキスタイル（生地）であればデニムのカイハラとか合繊織物の第一織物、染色加工の小松精練やセーレン。ニットの佐藤繊維。製品であれば、メーカーズシャツ鎌倉や靴下のタビオなどなど。もちろん世界的人気をもつデザイナー・ブランドも、スポーツ・ブランドもある。

しかし、この本が主題としている〝これからの価値創造〟、すなわち、「モノの単純な販売から、エモーショナル価値・体験的価値の提供にシフトする時代」に、「革新的なコンセプトとブランディング」で成功しているグローバル企業としては、この2社が多くの示唆に富むものを持っていると考えるからだ。

ユニクロのグローバル化

ユニクロを中心とするファーストリテイリング社の海外売り上げは、2015年8月期で総売上げ額1兆6817億円の35・9%を占めている。海外出店は、2016年7月時点でアジアや欧米にロシアも加えた16の国と地域に900店舗以上を展開する世界的プレゼンスを持っている。最大国は中国で467店、次いで韓国の173店、戦略的に重視している米国はすでに44店舗で、この本の執筆中にも、米国シカゴに旗艦店をオープンした。2015年11月末では、海外店舗の数が国内店舗数を超えた。

ファーストリテイリング傘下のユニクロは、1984年、初めての店舗を広島市に開店したカジュアル専門店である。創業は山口県宇部市。現会長でファーストリテイリンググループのCEOである柳井正氏は、家業の紳士小売業を引き継いだが、新しいリテーリングを目指し、ユニーク・クロージング・ウエアハウスの意味を込めた「ユニクロ」をスタートさせた。今日の、日本でSPAと呼ばれる製造小売業の成功モデル構築のきっかけとなったのは、柳井氏が1980年代に香港で、専門店チェーンのジョルダーノの店舗や商品に接し、また米国のリミテッド社が1アイテム数百万枚の発注をしているのを目の当たりにしたことだ。世界の先端企業のビジネスに大きな衝撃を受け、目から鱗の体験だったと思われるが、この時点ですでにユニクロの視座はグローバルになり、将来への展望を描いたといえる。

ユニクロ発展の歴史は、優れたビジョンに基づく、質が高くて安価な製品の開発と提供、合理性に基づく経営革新の進化の歴史といってよい。商品開発の画期的なものとしては、１９９８年の１９００円フリースの大ヒット、その後のカシミヤキャンペーン、先端技術活用のヒートテックやエアリズム、ジル・サンダーとの提携によるコレクション、などがある。

グローバル化はこれらの商品力、とくにヒートテックやエアリズム、ウルトラライトダウンなどをテコに、クリエイティブで革新的なマーケティング手法と売り場づくり、丁寧・親切な接客で推進してきたものである。しかし、その歴史は決して成功ばかりではなく、多くの苦労や撤退もあった。

グローバル化の始まりは、生産管理業務の充実のため、１９９９年、中国に上海事務所を開設したことだが、海外出店の第一歩は、２００1年の英国ロンドンであった。4店舗のユニクロをオープンし、当初は行列ができる人気で話題も呼んだ。しかし18か月で21店舗にまで拡大する、という戦略に無理があった。日本でうまく機能していたシステム、たとえば物流などのインフラや人事（採用やトレーニング）などもスムーズにゆかない。日本から現地に派遣された、英語も自由にならない、英国の制度や法律や慣習が分からない人間が、現地採用したイギリス人の小売りのプロに、「それはここでは通用しない」と言われて気負されてしまう、といった状態で、結果は約2年のうちに16店舗を閉店し、ビジネスを縮小することになった。各種の問題の解決策としては、物流や店舗オペレーションなどの責任者をイギリスに連れて行き、現場に出かけてどうすれば改善できるかを考え、ひとつずつ潰していったという。

ニューヨークへの出店も、第1ラウンドは失敗だった。２００5年9月から10月にかけて、米国初のユニクロ店舗をニュージャージー州の３つのショッピング・センターにほぼ同時に開店したのだが、製品がいかに良くても、知名度の低い小売店に入る顧客は少なく、閉店した。

この苦い経験を徹底分析した結果が、翌2006年秋、初のグローバル旗艦店となるユニクロソーホーニューヨーク店の立ち上げである。佐藤可士和氏をクリエイティブ・ディレクターに起用して、ユニクロの精神である「超合理性」を、店舗デザインからロゴマークに至るまで、創造的かつ総合的に組み上げたものだ。開店の3か月前から始動したプレ・オープン・キャンペーンは、ユニクロの名前を伏せて「何か分からないが、カラフルな店が来る！」の期待訴求に始まり、トラック店舗での地域巡回、地下鉄の近隣駅構内をユニクロの大小ロゴで埋め尽くすなど、圧倒的なパワーを見せた（巻頭カラー7ページ参照）。これは当時のユニクロが持てる全ての叡智と資金力を投入し、成功させた旗艦店モデルと言えるだろう。このアプローチは、その後も重要な地域への出店に、使われている。2007年には、ロンドンにグローバル旗艦店、パリにユニクロの初店舗のオープンと続いた。

海外での苦労には、生産工場での労働問題もあった。2015年初め、香港のNPOが、ユニクロの縫製を請け負う工場の劣悪な労働環境と長時間労働を指摘した。この問題は、かねてから、デルやナイキなどのグローバル企業を標的とする活動によって表面化しており、ユニクロの工場が「とくに劣悪」とは思えない、との同業者の声もあったが、同社はすぐに改善要求を出し、改善されなければ取引停止、を求めている。


〈成功の要因〉

ユニクロがグローバル化でこれまで成功している要因は何であろうか？筆者が考えるものを挙げよう。

第1は、言うまでもなく、優位性ある商品と、イノベーションへの挑戦であろう。生活のコアとなる機能と品質を押さえ、リーズナブルな価格で提供する商品。それも、ヒートテックやエアリズム、ウルトラダウンといった、他社にない技術を駆使した、科学的根拠で論理的な説得力を持つ製品だ。イノベーションへの意思とたえざる努力は、毎年、年初に発表されるその年のスローガンに、「変革か死か」といった「革新」への強烈なメッセージが何度も現れるのを見ても分かる。「日本人は、よく勉強するが、実行しない。自分はまず実行して、結果を見る。それにより新たな学習ができる」といった趣旨のことを柳井氏は、その著『一勝九敗』に書いている。

第2は、世界のトップブランドになるというビジョンであろう。前項で述べた企業理念のもとに、ビジネスの成長目標を、「2010年売り上げ1兆円」「2020年売り上げ5兆円」などと明快に掲げ、社員のベクトルを合わせた全員経営（グローバル・ワン）を推進していることだ。グローバル企業になるために、2010年には社内公用語を英語にすると発表した。この折には筆者も、「ファッション・ビジネス英語」の10講座シリーズを階層に分けて実施するお手伝いをしたが、社員の熱意と、英語がかなり堪能な柳井会長も一度も休まず率先して出席されたことに感銘を覚えた。

第3は、優れたブランディングである。マーケティングの考え方や手法が突出してクリエイティブであるのは、単純なイメージアップや目先の販促を目的とするだけではないからだ。ユニクロというブランドを、MADE FOR ALLの精神とライフスタイル、優れた商品と品質へのこだわり、顧客へのきめ細かいサービス、カラフルで分かりやすい提示、といったものを総合して、人々の心のなかに育てたいとの強い想いがある。動画ビデオCMの『UNIQLOCK』(ダンシングで時を刻む)が「カンヌ国際広告祭」でグランプリを獲得したのは、それを象徴的に示すものだ。

第四には、意思決定のスピードや問題が起こった時の対応の速さが挙げられる。日本企業が海外展開を行うとき、〝本社の決済〟を仰ぐことで費やされる時間と、現場の状況を把握できていないことからくる判断ミスが、命取りになることが多い。ユニクロの場合は、トップの判断・決断が非常に速く、また幹部はそれぞれの責任において判断を任されている。失敗からラーニング(学習)する能力の高い組織でもある。

第五は、主要部門に、トップクラスの人材やブレインを世界から集めていることだ。それによってこれらの成功が達成されており、外国人を交えたマネジメントは、多様性や異文化へ理解促進につながる。デザイナーやアスリート、アートディレクターなどのプロの起用を見ても、常に世界のトップレベルを狙っていることがよく分かる。日本人の新卒採用に関しても、2016年2月には学生100名をインターンとして世界5都市に派遣する構想など、他に類のないグローバル人材確保への取り組みを行っている。

無印良品のグローバル化

無印良品は、1980年「わけあって安い」をキャッチコピーに、従来の商品規格からは少し外れてしまうような商品の企画からスタートした。ネーミングも「無印（ブランドなし）でも良い製品」の意味を持たせ、名刺にも、All Value, No Frill. と刷り込んだ。筆者の印象に強く残っている開店時の商品は、棒状の固形石鹸で、自分で好きな大きさに切って使う、というコンセプト。無駄を徹底排除した実質本位のアプローチであった。

そもそも無印良品の考え方は、金井政明会長によれば、「消費社会へのアンチテーゼであり、〝こういう生活（商品ではなく生活）が感じよい〟といった等身大の〝生活美学〟を志向するもの。自然・天然・シンプルで本質志向、無駄をそぎ落とした、レベルの良い、役に立つものを、大学生が買える値段で提供することをねらった」ものであった。

スタートは西友のプライベート・ブランドであったが、当初から重視された商品開発の3つの視点、「素材の選択」「工程の点検」「包装の簡略化」は、1989年独立して良品計画となった後も今日まで続いている。現在は、アパレルからキッチンウェア、文房具、収納家具・インテリア、食品、花、住宅など、生活に根差した実質本位の商品7000品目を展開。レストランや内装デザインなどのサービス事業なども手がける、まさしくライフスタイル・ブランドだ。売り上げは3071億9900万円（2015年度）で、2016年度の目標としていた売り上げ3000億円を1年前倒しで達成したという。

商品は、デザインも形もシンプルで本質志向、素材は、オーガニックや生成り（漂白や染色していないもの）を中心に、色彩も自然色重視、というのが無印良品の特徴であり、それが、素朴ながら機能美あふれるデザインの売り場とともに、無印良品の一貫したブランドイメージにつながっている。

店舗数は、国内が414店（直営店284店、供給先およびインショップ117店）で、海外は25か国に計344店を展開。筆頭が中国の160店、次いで台湾38店など。欧米は、イギリス12店、米国11店、フランス、イタリア各9店、ドイツ8店などとなっている（2016年2月期）。売り上げは東アジアが大きく、2016年3〜5月期では全売り上げの25・1%、営業利益は39・4%を占めている。

グローバル化の第1号は、1991年、リバティ百貨店とのパートナーシップでのロンドン出店。次いで同年11月には、香港1号店をジョイントベンチャーで開店したが、当初は事業がなかなか軌道に乗らず、1998年にアジア地域からいったん撤退し2001年に再度上陸している。パリへは1998年に出店した。

中国は現在、店舗が最も多い国であるが、ここでは当初、商標登録で非常な苦労があった。「無印良品」および「MUJI」の商標が、1995年に現地企業によって、25類（被服、履物）で不正に登録されていたからだ。そのため1999年に商標登録申請をしたが却下された。無効取り消しの裁判を闘い、最終的に無効判決が出た2007年までは、本物の「無印良品」が偽物扱いをされるという苦い経験をした。模倣商品も横行していた。そこで係争中の2005年に、「本物を見せてやろう」と、25類（衣料）以外で「無印良品」を開店。人民日報に「厳正声明」を掲載したり、イメージ広告を展開するなどしながら、ブランドを回復、確立させていったという。

ニューヨークへの出店には、失敗はできないと入念な準備で臨み、大成功を収めた。米国1号のソーホー店開店初日の売り上げは、ＭＯＭＡ（ニューヨーク近代美術館）のショップなどで無印良品のファンになっていた顧客も押し寄せ、当時としては驚異的な額となった。

海外出店は原則として直営店で進める。出店の判断は、出店マニュアルに基づいて行う。これは、出店の可否判断をするための業務標準書で、現地調査の仕方、出店した場合の売り上げ予測、など、出店に関する評価業務をマニュアル化し、集めたデータをもとに、点数をつけ、あらかじめ決められたランクのどこに入るかで判断する。海外の場合も、海外出店基準で行う（前会長　松井忠三氏著「無印良品は仕組みが9割」より）。松崎暁社長によれば、出店は1店舗1店舗を丁寧に行い、1年での黒字化を目標に立地も「1等地の2等地戦略」による地道な展開をしている（2015年12月開催の「競争力カンファレンス」より）。

海外事業全体は2001年度まで赤字が続いたが、2002年度にようやく黒字に転じた。2015年8月の中間期には、中国を中心とする海外ビジネスが、大幅な売り上げと利益に貢献している。2016年8月には、インドに日本の小売業として初めての店舗を開店し、今後、「1年に1~2店舗を新設し、着実に店舗単位で黒字化していく」という。

〈成功の要因〉

無印良品が海外で成功している要因は何であろうか？　次の4点を挙げたい。

第1は、無印良品の思想、すなわちコンセプトである。自然・天然と人の営みを尊び、シンプルで無駄を排除したデザイン、使い勝手の良さ。言い換えれば本質志向の商品群が、無印良品が追求する「感じ良いくらし」を実現する。

同社のホームページは「無印良品の理想」を、次のように書いている。「私たちは何のために存在しているのか。美意識と良心感を根底に据えつつ、日常の意識や、人間本来の皮膚感覚から世界を見つめ直すという視点で、モノの本質を研究していく。そして『わけ』を持った良品によって、お客様に理性的な満足感と、簡素の中にある美意識や豊かさを感じていただく」。

２０１５年、誕生から35年を迎えた無印良品は、その理念を受け継ぎ、さらに前へと進めるために、書籍『素手時然』を上梓した。そのエディトリアル・ディレクターで同社のアドバイザリー・ボードのメンバーでもある小池一子氏は書いている。「『素手時然』は、願望と観察を込めた四つの文字から成り立っている。このように生きたい、こういうものがいい、世界がこうであったなら、などの想いを伝えることができる言葉として選ばれた。それは誕生以来、無印良品が大切にしてきた心柱のような概念を伝えてくれる言葉でもある」。

「わけあって安い」に始まったコンセプトが、現在の「感じ良いくらし」に進化するなかで、生産者、消費者などすべての生活者に配慮したモノづくりとサービスを実現し、世界の人に「これでいい」という理性的な生活を提供することで顧客に満足感を感じてもらうこと。この素朴でシンプルな価値観が、他に類のないコンセプトとなっているのだ。

第2は、製品の完成度の高さと、それを支えるクリエイティブ集団の存在である。無印良品の商品開発やマーケティングの背後には、小池一子や杉本貴志、原研哉、深澤直人、須藤玲子などの著名なデザイナーやアートディレクターが存在する。しかし彼らは表に出ることは少ない。創業時の、強いデザイン・マインドの文化が、彼らによって萎むことなく今日に引き継がれ、無印良品の思想の継承と製品開発の方向づけを行い、現場のクリエイティビティを発揮させているのだ。用の美ともいうべきデザインと品質、使い勝手の良さ、寿命の長い製品などがここから生まれている。

「World MUJI」という取り組みもユニークだ。日本で産まれ、日本人によって育てられた無印良品を世界の才能に開く取り組みである。世界の才能、世界のトップデザイナーの文脈から無印良品を創り出そうとする考え方であり、多くのヒット商品も生まれている。クリエイティブな活動は、商品企画やデザインばかりでなく、世界から生活に密着したユニークな製品を見つけてくる、FOUND　MUJIといったプロジェクトにもつながっている。

第3に、顧客重視・顧客密着の基本的姿勢だ。顧客、というより生活者とのコミュニケーションを重視し、商品アイディアの収集や、顧客の声で生まれた製品の紹介などに力を入れている。「あったらいいな」というネットサイトを設置したのは、一般小売業がウェブサイト活用を始める何年も前のことであるが、現在は、「くらしの良品研究所」のIdea Parkが顧客の声を集める。「みなさんとコラボレーションしながら、良品である理由を常に点検し、新しい素材開発やライフスタイルなどにも目を向けていきます。——くりかえし原点、くりかえし未来」の語りかけにその思いがよく表われている。顧客の声は、廃番になった商品の復活を求めるコメントの「まとめサイト」が生まれるほどで、無印良品の熱烈ファンの存在を象徴するものであろう。

第4には、業務のやり方が、仕組みとして確立されていることだ。業務マニュアルMUJIGRAM（ムジグラム）、業務基準書がそれである。個店の業務だけでなく、無印良品全店の業務効率化と「ムダ・ムリ・ムラ」の排除による生産性向上のために工夫された仕組みだ。たとえば店舗向けの業務基準書は、全13冊、２０００ページ近いものであると聞くが、これによって人事異動で新しい仕事に配置された人も、数日で仕事ができるようになる。この業務基準書は、業務の標準化や見える化を個人が自発的・自主的に考え、創意工夫で維持できる風土にすることに貢献しており、現場の工夫や発案により絶えず書き変えられている。ムジグラムは、現在4か国語に翻訳され、世界展開にも非常に役立っているという。

無印良品はグローバル市場でも、国内と同じ商品を販売している。それが可能な理由は、「味を付けたり、色を付けて付加価値を取るのではなく、水そのものを売る。ユーザーにとって、余白を残した形で本質を売るから、どこでも通用するのだと思う」と金井会長は述べている。

無印良品のビジネスが、そのコンセプトを組み上げた田中一光氏の「簡素が豪華に引け目を感じない」という考え方と、ＭＵＪＩの三大用語「媚びず、驕らず、出しゃばらず」とを合わせて、「謙虚な企業文化」を醸成していることも、日本ならではの企業として、グローバルに存在感を持っている。

これはまさしく、次章で取り上げる「日本文化の発信」の好例と言えるものであろう。

4．ブランディング、独自性あるポジショニングの獲得

グローバル時代に存在感のある、また競争力のある企業になるためには、力あるブランドづくり、

すなわちブランディングが不可欠である。ブランドの重要性については、第三部第3章で述べたので、ここでは、グローバルかつデジタル時代のブランディングについて考えたい。

日本では長い間、「製品さえ良ければ、買ってもらえる」という考え方が強く、市場が成熟して競争が激化してからも、短期的なトレンドや販促あるいはイメージ狙いの〝ブランド〟づくりであったり、流通政策としての〝新規ブランド〟立ち上げの傾向が強かった。その結果、〝ブランド〟が乱立し、1社で100を超えるブランドを持つ企業も出るなど、世界の常識では考えられないことが起きている。〝ブランド〟という言葉を使ったが、実は日本でいう〝ブランド〟は、実際には〝ネーム〟（名前を付けただけ）に過ぎないケースが多い。

日本のファッション業界で、長期的な経営戦略として真の意味でのブランドづくりに取り組む企業が少なかった背景には、ファッション特有の流行の存在、目先の商品企画の善し悪しがすべてを決する、という状況があったことも否めない。しかし生活者が自分の価値観で厳選した買い物しかしないこれからの時代には、長期にわたって顧客に「私のブランド」と信頼される関係を築くブランディングが不可欠なのだ。

「製品は工場で作られるが、ブランドは顧客の心の中でつくられる」をどのように実践し、独自性あるポジションを確立するかが、これからのファッション企業の重要課題である。

ブランディングとは

ブランディングとは何か？　平たく言えば、「顧客や消費者にとって価値のあるブランドを構築し、活用・維持・強化・活性化してゆく一連の活動」である。「戦略的ブランド・マネジメント」で著名なケビン・レーン・ケラーは、「ブランディングは精神的な構造を創り出すこと、消費者が意思決定を単純化できるように、製品・サービスについての知識を整理すること」と表現している。

これまでの日本のファッション業界におけるブランドづくりは、主としてロゴやブランド・ネーム、パッケージなどのブランド要素への注力と、ファッション・リーダーとしてのイメージづくりに終始してきたといっても過言ではない。

かっこいいネーミングを付け、ロゴやラベルや店舗を魅力的に作ることには努力するが、自社のブランドが、顧客に対して（顧客の目から見て）独自の（つまり他社とは異なる）価値を提供し、毎シーズンその価値を期待通りに提供して顧客の愛顧を獲得し続けることに努力している、と言える企業が日本にどれくらいあるだろうか？　あるいは自社がコミットし提供している「価値」がどのようなものかを、明確に語れる企業も、多いとは言えない。ましてや自社のブランドを、「資産価値」として長期的に育て、その価値を毀損することなく守り、高めてゆくことを意識している企業も、数少ないのが実態だ。ブランディングが不可欠になっているゆえんである。

日本ブランドの世界での位置

世界のグローバルブランドと比較して、日本のファッション関連ブランドは、どのあたりにいるのだろうか。いくつかのブランド・ランキング調査から、ブランドの意味と、企業として重視するべき方向を考えていただきたい。

ロンドンに本社を持つ世界最大のブランディング会社インターブランドは、毎年グローバルのブランド価値評価ランキング〝Best Global Brands〟を発表する。これは、グローバルに事業展開を行うブランドを対象に、そのブランド価値を金額に換算してランク付けするものだ。16回目の２０１５年の結果は、第1位と第2位をAppleとGoogleが3年連続で確保、Appleのブランド価値は１７０２億ドルで昨年に比べ43％増となった（２０１５年10月発表）。Amazonが初めてトップ10に入ったのは、ブランド価値が３７９億ドル（前年比29％増）に上昇した結果だ。ちなみにアジアのブランドでは日本のToyotaが6位でトップ。Honda、Canonもそれぞれ19位と40位に入っている。

ラグジュアリー＆アパレル部門でトップ１００に入ったのは世界で11社。Louis Vuitton（20位：ブランド価値は２２２・５億ＵＳドル）、Ｈ＆Ｍ（21位：同２２２億ドル）、Zara（30位：同１４０億ドル）。以下はHermes（41位）、Gucci（50位）、Cartier（57位）、Tiffany & Co.（66位）、Prada（69位）、Burberry（73位）、Ralph Lauren（91位：同46億ドル）、Hugo Boss（96位）である。

日本のユニクロや無印良品が１００位内に入っていないのは残念であるが、同社の「Japan's Best Global Brands ２０１６」（日本のグローバルブランドTop 30）では、ユニクロは7位、アシックスが19位に入っている（２０１６年2月発表）。

Best Global Brandsのランキングの対象となる基準は、ブランドの財務的評価に必要な各種の財務諸表が公開されていること、自国地域以外の売上高比率が30％以上であること、北米・欧州・アジア地域で相応のプレゼンスがあり新興国も幅広くカバーしていること、資本コストを織り込んだ経済的利益が長期的にポジティブであること、などである。

評価方法は、こうした条件で抽出した企業ブランドを、①「財務分析」―企業が生み出す利益の将来予測を行う ②「ブランドの役割分析」―利益のうち，ブランドの貢献分を抽出する ③「ブランド力分析」―ブランドによる利益の将来の確実性を評価する、という3つの分析による。

別の調査として、アジアにおけるグローバルブランド調査を紹介しよう。日経新聞がアジア主要6か国で製品・サービスを対象に、「買いたい・利用したい」ブランドを聞いたランキングだ（2015年12月12日掲載）。5分野のうち、「高級ファッション」分野では、1位をグッチ、2位をシャネル、3位をルイヴィトンが占めている。「ファストファッション」分野では、1位がザラ、2位がH＆M、3位がユニクロとなっている（ユニクロはファストファッションではないが、この調査の発表をそのまま引用した）。ユニクロは、中国とタイでは1位の座を獲得している。これらは言うまでもなく、一般消費者が「買いたい・利用したい」と思っているブランドのランキングであり、それぞれのブランドが、アジア地域でプレゼンスを持ち、憧れ、あるいは関心の対象となっていることがうかがえる。ブランド価値をランクづけたインターブランドとは異なる順位となっているのは、当然ではあるが興味深い。

3つ目に、米国におけるネットビジネスを調査したL2社の「デジタルIQインデックス」を見てみよう。ウェブサイト、Eコマース、デジタル・マーケティング、ソーシャルメディア、モバイル／タブレットなどを含む測定基準により、ブランドを評価しているものだ。2015年のファッション分野では83のブランドのうち、1位がBurberry、2位がKate Spade、Ralph Laurenが3位、と報じられている。バーバリーは、モバイル戦略への注力が奏功したという（ＷＷＤ紙11月30日付）。

興味深いことは、この調査では、トップ10ブランドで全トラフィックの３分の２を占めていることだ。買い上げ率は不明だが、売り上げでは70～80％に達しているのではないか、と、Ｌ２の創業者であるニューヨーク大学のスコット・ギャロウェイ教授はいう。ネットビジネスは〝民主的な（誰でも平等にビジネスできる）世界〟と言われるが、実はそうではなく、Winner takes all（成功者がすべてを得る）の世界だ。氏は「ファッションは、店舗ビジネスでは細分化され売り上げが分散しているが、カテゴリーが飽和状態のラグジュアリーのネットビジネスでは正反対になっている」とも述べている。ネットの世界では、強力なブランドが他社に先駆けた戦略を巨額を投じて実行することで、圧倒的な成果を得られるのだ。

これら３つの調査結果は、ブランディングに取り組む企業に多くの示唆を与えてくれる。インターブランドの企業経営視点によるランキングは、大型グローバルブランドの成功例を探る代表格と言える。また日経新聞の調査は、マーケティング的視点から、アジアという地域で大衆が「欲しい・買いたい」と考えるファッション・ブランドを探るものだ。米国Ｌ２社のものは、Ｅコマースの急拡大時代の新しい評価基準のランキングだと言えよう。

これらから、グローバルブランドになろうとする企業は、「グローバルブランド」の、自社としての定義を明確にすることの重要性が見えてくる。

もう１つ重要なことは、これからの時代には、ブランド・ランキングで上位を占めなくても、ビジネスとしてしっかりした基盤をつくり、他との明確な差異性により顧客との親密で発展的な関係性を持つ生き方がある、ということだ。ネット時代の顧客への働きかけは、これまでのファッション雑誌など紙媒体の広告からSNS活用にシフトしている。たとえば2015年のフェイスブックの広告収入は雑誌の2・5倍になると予測されている（L2予測）。またファッションやラグジュアリー分野では、インスタグラムの影響力が強まっている。つまり、企業規模の大小にかかわらず、デジタル・メディアを有効活用する企業が、顧客のマインドと心をとらえることができるということだ。ブランドの認知度や上位ランキングだけでなく、顧客がデジタル手段を使って自ら発見したり発信・拡散する情報のほうが、意味を持つ時代になる、と言える。

日本のファッション・ブランドは、世界での存在感がまだまだ弱い。しかし越境Eコマースを含めたネット時代のブランディングにおいては、優れた戦略とスピードがあれば、成長も大いに期待できるものと考える。

「自分が何者か」を語れる「物語」をもつ――FBでのブランディングは「Story Telling」

これからのファッション・ビジネスにおけるブランディングで筆者がとくに重視するものは、下記の5点である。

★ミッション――どのような使命を持ち、どのような価値を提供するブランドなのか
★ポジショニング――どのような位置づけのブランドなのか
★パーソナリティ――どのような個性と独自性をもっているのか。他との差異性はなにか
★ブランド・プロミス――顧客はだれで、どのような約束をするのか

★ブランド・アイデンティティ――ブランドのエッセンスを目に見える形にできているか（そのブランドの名を聞いただけで思い浮かぶ製品やサービスをもっているか）

ブランド・アイデンティティは、ブランディングのコア（核）になるものである。「アイデンティティ」とは難しい概念で、辞書を引くと「自己の存在証明、自己同一性」などとあるが、端的に言えば、「自分は何者なのか？」ということだ。アイデンティティはIdentify、つまり「…を…に相違ないと）確認する、見分ける」から生まれた名詞である。同根の名詞、Identificationは、IDと略され、身分証明や身元確認の意味で使われる。

フィリップ・コトラーが「ブランド・アイデンティティとは、ブランドを消費者の〝マインド（Mind＝意識）〟のなかにポジショニングすることだ。競合がひしめく市場では、そのポジショニングはユニークでなければならない」としていることは、第三部の「マーケティング」の項で述べた。したがって、ブランド・アイデンティティとは、自分のブランドが持つ、他とは異なる理念や考え方と、それを形にした商品やサービスを、消費者に意味のある形で提示することで、消費者の意識のなかに、明らかに差異性のあるものとして、位置づけることだ。

ＦＢのブランディングでは、とくに、このアイデンティティすなわち「自分が何者か」を語れる「物語（ストーリー）」をもつことが、非常に重要である。競合が多いだけでなく、もはや生活必需品ではなくなった「ファッション」を扱うビジネスだからだ。「物語」とは、他とは異なる理念や考え方、それを形にした商品やサービスへの想い、あるいはブランドのヘリテイジ（伝統や遺産）

である。それが他との差異性を際立たせ、人の心に浸み込んでゆくからだ。

海外に進出するとき、必ず聞かれることがある、とファーストリテイリングの柳井正会長は言う。それは「あなたはどこから来ましたか？　この国に対してどんなことをしてくれますか？」だというのだ。その意味は、あなたのブランド（ビジネス）は、どこから、どのような特徴をもってやってきて、何をもたらしてくれるのか、ということだろう。

ユニークな物語を語ってくれるブランドは数多い。バーバリー・ブランドの象徴ともいうべきトレンチコートの物語。第1次世界大戦で登場した防水加工の将校用の機能的コートだ。トレンチは塹壕《ざんごう》を意味する。ラルフ・ローレンではロゴになっているポロ・プレイヤーが広げる英国貴族の世界。リーバイスのForty Niners（金鉱発見を機に、1849年以降のゴールドラッシュでカリフォルニアを目指した男たち）が愛用したジーンズに始まる物語。ノードストロムも同社の優れた顧客サービスについて（彼らが自ら語ることは少ないが）伝説的な物語を多く持っている。これらはブランドのアイデンティティとして様々に活用され、ブランディングに貢献している。

日本でも、先に挙げた無印良品やユニクロ、あるいはオニツカタイガー、メーカーズシャツ鎌倉など、創業の思いや理念が、物語を語れる優れた商品に体現されている企業がある。日本の百貨店には、何百年の歴史と優れたヘリテイジを持つ企業が多いが、それを現代に生きる形のストーリーに発展させていないのはもったいないと感じる。

ルイヴィトンは、長年にわたるテーマである〝旅〟を、物語としてブランディングに活用している。貴婦人の衣装箱（トランク）の職人であったルイ・ヴィトン氏が創業した同社は、移動手段が馬車であった時代から船、汽車、あるいは自動車、そして飛行機と進展するとともに、発展したそれぞれに対応する機能を持つ素材や技術を開発し、新たな形やデザインを創造して、確固たるブランドと顧客ベースを築き上げたからである。その歴史とアーカイブとしての製品（有名人の特注品をオークションで買い戻したもの、たとえばマリア・カラスの化粧ボックスなどを含む）コレクションを見せてもらったことがある。パリ郊外セーヌ川のほとりのアニエール、かつてヴィトン・ファミリーの住まいであり、現在も特注品を作る工房がある場所に設営された特別招待客のためのメゾンとミュージアムであった。そこには、ルイヴィトンの歴代の製品のほか、世界中から集めた〝旅〟にかかわるものが展示されていたが、その中に、「富山の薬売り」が持ち歩いたかと思われる日本製の超小型の天秤ばかりや薬箱までが並んでいたことに、感銘を深くした。

最近、この場所にルイヴィトン美術館が開館したと報道されており、そこではファッション（服）も併せて展示されているという。ルイヴィトンが折に触れ、イベントや広告で語る〝旅ものがたり〟は、見事にブランディングに貢献している。

第2章　ファッションの新しい形を日本から世界へ

「グローバル時代の、日本企業と個人の課題」を考える第四部第2章では、「〝ファッションの新しい形〟を日本から世界へ向けて発信する」ことについて考えたい。本書のテーマである、ファッション流通に「革命が起きている」「既存の考え方や仕組みのディスラプションが不可欠」の視点から、西洋ファッションの追従から脱皮し、日本製ファッションを世界へ発信することが必須だからだ。そしてそのためには、「発想の転換」と「ゲームのルールを変える」ことが求められている。

日本のファッションを世界へ展開したい、というのは、長年の日本のファッション業界の願望であった。かつて、日本の絹織物や合繊の技術革新による画期的素材で世界を席巻した時代。森英恵がニューヨークで喝采を浴び、パリのオートクチュールで初めての日本人デザイナーとしてコレクションを見せた時。あるいは１９８０年代から90年代にかけて、高田賢三、三宅一生や川久保玲、山本耀司といった日本人デザイナーが西洋の常識を覆す革命的ファッションで世界への影響力を高めた時代。日本国内でも、デザイナー／キャラクター・ブランドと呼ばれる個性的なファッションが市場を盛り上げた時代があった。その延長線上に、日本のデザイナーやアパレル・ブランドが世界のファッションをリードすることを夢見た時代も、まだ記憶に新しい。

しかし、バブル崩壊以来、低価格を志向する市場の動きに押された産地の疲弊や製造メーカーの弱体化が進んだこと、さらに、海外ブランドやファストファッションの日本参入も加わって、ファッションの輸出願望とは裏腹に、輸入品の比率はますます高まり、現在では日本市場のアパレル製品の97％を占めるに至っている。

そのなかで「Made in Japan」あるいはMade by Japanといった国内生産の商品を強化する動きも、「ジャパン・クオリティ」の認証制度などで、改めて強まりを見せている。また、世界がクールジャパンと評価する日本のソフト・パワーを包含するビジネスをグローバルに展開するために、諸々の施策や官民協力によるファンド、クールジャパン機構なども立ち上がった。

しかしファッション製品の輸出は、想像以上に課題が多い。そもそも日本製品のグローバル展開は、戦後に繊維製品が主導した後は、カメラやウォークマン、自動車、家電製品にはじまり、エンジニアリング技術やプラント輸出、新幹線などのインフラを含む総合技術の輸出といった〝文明的製品やシステム〟、つまり〝機能と高品質〟製品の製造販売や関連技術が中心であった。

これに対しファッションの輸出は、これらの「機能と品質が良ければよい」から、個人の嗜好性や感覚や価値観が大きくかかわる〝文化の発信〟になっている。市場が成熟し、人々の感性が高まったからだ。素材や生地の輸出は別として、ファッションは、ハンドバッグやアクセサリー類を除けば、体型やサイズが個人にフィットすることが不可欠で、この点も、サイズではなく着付けでこなす着物文化の流れを引き継ぐ日本企業にとっては難しい課題だ。即席カップ麺や内視鏡を売るようにはいかない。

また生活者のファッションの買い方も変化し、ネットやSNSによるコミュニケーションで情報を得たり、発注することも多くなってきた。そのため、伝統的売り方、つまり「小売業に卸す」卸売りでは、狙う顧客を捉えにくくなった。小売業自身がブランド化し、自主企画を中心に顧客が信頼をおく店になろうとし、他方、消費者は、スマホとSNSで欲しいものを自分で探し出す、速くてイラつかない方法を求める傾向を強めているからだ。商品の企画・生産と消費者へのデリバリーを、できるだけ直結させ供給チェーンを短くし、効率化することが重要になっている。

さらに、現在のFBの構造的問題とメカニズムがある。つまり、欧米のオートクチュールやラグジュアリー・ブランドを頂点とするファッション産業がグローバルに構築され、パリやミラノといった世界主要都市でのファッション・ウィークに発表される新コレクションからのトレンドやアイディア提示とそれをコピー（ヒントをいただく）する仕組みができ上がっていること（この仕組み自身の問題点、顧客の感覚から乖離したシーズンのタイミングや、メゾンデザイナーの負担の大きさがデザイナーを疲弊させている現状等の問題については後述する）。こういった強豪がひしめき、打ち壊しがたいFBの世界的構造の中で、日本企業が勝利を収めることは、非常に困難な挑戦であるからだ。

以下に、4つのテーマで考えを述べる。
(1)世界で評価される日本の製品とは？
(2)日本のファッション輸出はなぜ少ないのか？

(3)ファッションは文化である――〝文化〟の輸出には〝文明〟の輸出とは異なる視点とアプローチが必要。クールジャパンはなぜ人気？
(4)日本文化を独自性あるファッション、ライフスタイルに発展させ世界をリードする
(5)日本の文化に誇りと自信を持とう――日本の美意識の現代的表示に取り組む人たち

1. 世界で評価される日本の製品とは？

どんな製品やサービスが、世界で評価されているのか？

①「世界に誇る日本の商品100」にみる日本商品への評価

ファッション商品の話に入る前に、ファッション以外の産業や生活全般で、日本はどのような、世界に誇れるものを持っているかを、改めて考えてみよう。

日経ビジネスが2012年、「世界に誇る日本の商品100」という特別企画を組んだ（10月15日付）。4年前の企画で、現時点であれば、もっと付け加えるべきものがあるとは思われるが、今見ても、斬新な視点からの優れた特集であった。

冒頭のメッセージは言う。「ニッポン ブランドの存在感が失われつつあると言われて久しい。かつて世界を席巻した電気製品の輝きは色あせ、日本の商品やサービスはもはや、世界で通用しないのか――。（しかし）改めて世界を見渡せば、多くの人に愛されている日本の商品がある。そのなかには、グローバルでトップの地位を得たものや、世界が抱える課題の解決に一役買うものも含ま

れる。何よりこれらには、これまで培ってきた〝日本の強さ〟があふれている。世界に誇ることができる商品に、日本の未来がある」。

選ばれた100の商品は4つのジャンルに分けられており、その第1の「『日本発』が難問を解決する――世界を救う商品・サービス」には、たとえば、ゲイシャ缶（サバのトマト煮、貧困国などの安価な蛋白源）、VAPE（電気式蚊取り器）、水質浄化剤、ナノパスニードル（痛みゼロ志向の世界一細い注射器）、内視鏡（消化器系がん早期発見用、世界7割のシェア）、家庭用血圧計、野菜の種子（ブロッコリーでは世界の6割のシェア）、地雷除去機、警備サービス、介護用ベッド、ハイブリッド車、などが上がっている。

第2の「シェアトップつかむ秘密――世界で売れる商品・サービス」では、デジタル一眼レフカメラやカップヌードルなど一般に知られているもののほか、寒暖から身体を守る「使い捨てカイロ」や額に貼る「冷却シート」など、中国や東南アジアでは「すごく便利」なのに現地では考えられたこともない製品があり、各地域で大きなシェアを獲得している。日本の「より快適な生活」狙いで生まれた製品が、世界の一部では必需品的価値を持つ商品になっているのだ。繊維関連でも、日本の高度な工業技術と継続的・革新的な製品開発で世界を席巻しているYKKのファスナー（金額ベース世界シェア4割超え）と、工業用ミシンのJUKI（世界シェア約3割）が選ばれている。いずれも並々ならぬ地道な努力を続けて世界をリードする企業になった。

これら、ハードパワーともいうべき領域に対して、第3、第4の括りでは、ソフト・パワー、まさしく本章のテーマであるファッションに近い商品やサービスを取り上げている。

第3のジャンル、「日常に入りこむ『ニッポン』＝世界の暮らしを変える消費・サービス」の冒頭は、見開き2ページを割いたハローキティ。日本の〝カワイイ〟の代名詞的存在であるキティちゃんは、この時点で世界１０９の国・地域で販売され、子供ばかりでなく大人にも愛され、レディ・ガガもファンだという、日本のCool（かっこいい）文化の象徴的存在だ。この特集以前にも、米国の最高級ファッション店ニーマン・マーカスが、ホリディ用ギフトとしてダイヤとルビーをちりばめた「キティちゃんペンダント」などを1点約５０００ドルで販売した時には筆者もびっくりした。高価なカシミヤ・セーターもある（巻頭カラー3ページ参照）。ハローキティを展開するサンリオは、何年か前からライセンス事業に舵を切り、その結果世界２０００社以上の企業からいろいろなキティちゃんが登場しているが、その基本イメージは日本のサンリオがコントロールしている。

このグループには、ほかに、ガンプラ、ドラえもん、ポケットモンスター、ＮＡＲＵＴＯ、マリオ、初音ミク、バイオハザード、などフィギュアやゲーム、アニメのほか、電池時計、Ｇ―ＳＨＯＣＫ、カーナビゲーションシステム、温水洗浄便座などの生活用品、あるいはTofu、SoySauce（醤油）、ヤクルト、カニカマ、ジャパニーズ・ウィスキー、といった食用品（最近であれば、黒霧島や獺祭も含められるだろう）。さらに、１００円ショップ、ヤマハ音楽教室、ＫＵＭＯＮなどのサービス業。また、化粧筆、釣り具、デニム生地も挙がっている。

これらのなかには、日本でなければ絶対に生まれなかったであろうものが多い。たとえば、アニメやマンガは、12～13世紀にまでさかのぼる鳥獣戯画の絵巻物にルーツをさかのぼることができるし、大人もはまる高度な組み立てのトランスフォーマーやガンプラ、プラモデルなどは、日本人の繊細さと器用な手先、技巧と技術を、高度な「あそび思想」に結集させたものといえる。

サービス分野でも、コンビニの完成度の高さ（さらに革新中）や、百均ショップの多様な品ぞろえと品質、ＭＵＪＩやユニクロのシンプルで高度な精神性を核とするコンセプトから、数独やＫＵＭＯＮといった知的な領域に至るまで、世界でも抜きん出た優れたものがある。日常生活を、より豊かに楽しく便利に、しかし合理性や機能性だけの追求に終わらせないで、情緒や感性を大事にする、という日本の価値観、いわばＤＮＡが息づいていることを改めて感じさせられる。

第4のジャンルは、「安全・快適・愉快を売り込め――日本の未来を創る商品・サービス」だ。ファッションやデザイン関連の、ゴスロリファッション、渋谷１０９系ファッション、つけまつ毛等が入っている。また、アニマルラバーバンド（動物の形に仕上げた色とりどりの輪ゴム）や、ニューヨークの近代美術館MoMAに評価されたgeografia（紙製の地球儀）を、自分で色を塗れるように改良した製品で世界23か国に販売されているものも挙がっている。

ちなみに、この「安全・快適・愉快」に挙げられた他の商品としては、ＬＥＤランタン／テント、Mume（京都祇園白川沿いの小ホテル、接客サービスを外国人観光客が最高評価）、消防車、キリンフリー、宅急便、新幹線、漫画カメラ、フリクションボール／ジェットストリーム（書いて消せる／なめらか書き心地）、ＡＢＣクッキングスタジオ（仕事帰りの働く女性、男性にも好評）、超小型車（コムス・高齢者に優しいクルマ）などがある。

「安全・快適・愉快」は、言い換えれば「心と身体が喜ぶ、高質のライフスタイル」に関わるもの、と言えるだろう。「豊かさ」が「お金をたくさん持っていること」や「高級な持ち物に囲まれていること」ではなく、快適で楽しい日常があること、また安心して使う・食べる・利用することができること、などが日本流である。

②これらの商品やサービスが世界で成功している理由は何か?

それは、以下の6点に集約されると筆者は考える。

＊日本が持つすぐれた要素技術
＊ユーザー（使い手）の立場に立った問題解決や創意工夫
＊まじめで真摯な商品開発の姿勢
＊一過性の宣伝やマーケティングではなく地味で地道な販売努力
＊ハードとソフトを合体した総合的（ハイブリッド）アプローチ
＊すべての面での妥協しない高度な品質

世界に誇る日本の商品は、日本人ならではの感度、感受性、ユニークな発想。それらを大事に磨き育て守ることで、優れた商品やサービスに結実しているものと言える。

2. 日本からのファッション輸出はなぜ少ないのか?

日本発の文明的商品やサービスが世界で高い評価を得ているのに対して、ファッション・アパレルが、一部のデザイナーとストリート系（ポップカルチャー系）をのぞいて、世界（とくに欧米）へ進出できない理由は何だろうか？

ファッションのグローバル展開に必要な要件については、第1章のグローバルの項でも書いたが、とくに〝ファッション衣料〟に絞って考えてみたい。ファッション商品に関しては、前出の6点を十分全うするだけでなく、感性やエモーション、いわゆる〝感性価値〟を扱う商品であることから、次の4つの課題をクリアする必要がある。

①日本では、ファッションを〝トレンド（変化する流行）〟として捉えすぎる

市場の動向を追いすぎるため、ブランドとして継続性と差別性ある優れた製品を提供する能力と意思が企業に不足している。

優れた製品とは、デザインの感覚やデザイン、素材や仕立てなどのクオリティばかりでなく、顧客のサイズやフィットを含むスタイル感である。現在のような成熟社会では、人々は自分が本当に欲しいものしか買わない。着用して快適で自分が魅力的に見えるもの。そして良い体験を持ったブランドに、継続的に関心を持ち支持をするのだ。競合のひしめく世界で評価されるには、それを独自性あるクリエイティブなスタイルとしてのブランドを確立し、アッピールする必要がある。

②ビジネスモデルのイノベーション不足――明解なビジネスモデルが、合理的な仕組みで運営されることが少ない

グローバルな展開のためには、優れた製品だけでなく、それを生み出すビジネスモデルがしっか

りしていることが不可欠だ。商品の企画・販売と生産（モノづくり）が一体化に近い連動性をもって合理的に無駄なく運営されていることが重要であり、卸売りモデルより小売りを取りこんだ垂直型モデルが、スピード面、コスト面で有効である。いわゆる〝ストアブランドSPA〟、メーカーであれば吉田カバンやメーカーズシャツ鎌倉のような〝カテゴリー特化型〟の垂直モデルだ。日本のアパレル企業の場合、土台となる日本でのビジネスモデルが日本特有の商慣習を前提としているため、卸業者の介在や委託・返品など、「顧客価値創造」の視点から見ると非常に無駄の多い仕組みになっており、世界に通用しにくい。結果として、高コスト、不明瞭なビジネス契約になりやすい。テキスタイル段階を含むサプライチェーンの無駄のない構築が必要だ。

③ブランド力の欠如、ブランディングが未熟

海外で展開するには、自社が何者なのか、何のためにその地で商品提供をしようとしているのか、といった強いメッセージが不可欠であり、それをトータルとして具現するのがブランドである。

ブランド力とは、単なる知名度ではない。知名度は必要だし、対象市場が未成熟な場合には、知名度だけで売れる場合も多い。よって、有名人やタレントを使って知名度を上げることに注力している企業も見かける。しかし、ブランドとは、企業の哲学や使命感を反映した長期的視点に立ったものでなければ長続きしない。「ブランドの物語が語れる」ことが、重要である。製品のベースとなる素材や生地では、日本は世界的に高い評価を得ているが、その素材や生地のブランド名が、「○○を使用しています」と紹介されることが少ないのも残念なことだ。これも、コンピュータでの「イ

ンテル入ってる（Intel Inside）」のように、製品の価値を上げる重要なパーツとして表出し、ブランド化する施策が求められる。

ブランドの確立は、個人が欲しいものを検索し、自分でリーチするネット／スマホ時代には決定的に重要であることは、言うまでもない。

日本のブランド名が、日本人の西洋好みを反映して横文字（ネイティブ・スピーカーから見ると意味がおかしいものも多い）が多かったり、日本市場を念頭においた思い入れの強いカタカナ横文字になっている場合が多いことも、検討を要する。

④海外に展開したい、という意思と決意（コミットメント）が企業トップに不足

長年にわたって、豊かな日本市場だけを対象とすればビジネスが成り立っていたことから、〝海外に出る〟ことに、自信がない、あるいは躊躇する企業や経営者が多い。またこれまで海外とのビジネスは商社がつないでいた場合が多く、自ら海外市場をリサーチしたり、海外ビジネスができる人材の開発や確保においても、後れをとっている。国の施策として海外進出が課題に挙がってからも、行政の指導や助成金に頼る姿勢が繊維ファッション業界に強いことは、誠に残念である。

3. ファッションは文化である――クールジャパンはなぜ人気？〝文化〟の輸出とは

文化の輸出に求められるものは何か？

今、日本文化への関心が世界で高まっている。なかでも、日本の食文化への注目は、2013年、ユネスコ無形文化遺産に「和食」が登録されたことが象徴している。寿司が世界中で食されるようになり、〝だし〟や〝うまみ〟が国際語になるとは、つい最近まで想像もできなかったことだ。2015年に開催されたミラノ国際博覧会でも、日本館は人気で8時間待ちの行列ができ、行列を嫌うイタリア人も並んだと聞く。「自然と技術の調和」が評価された日本館は、展示デザイン部門で「金賞」を受賞し、来場者から「詩情と科学技術のバランスが絶妙」といった称賛の声も聞かれた。「日本館」出展の政策目的の筆頭には、「日本食や日本の食文化、食器や調理器具等の関連産業を含め、その魅力を国際社会に広く発信するとともに、クールジャパン戦略との連携を図り、食を絡めた「ジャパンブランド」の確立を目指す、とされている（経済産業省ホームページ）。

しかし、日本の文化を世界へ「発信する」ことと、世界に「売る」こととは、必ずしも同じではない。文化を世界へ「売る」こと、すなわち「輸出すること」は、文明的製品の輸出より、難しい問題を持っているからだ。

ファッションが、文化であることに異論を唱える人はいないだろう。我々が広義で使う〝ファッション〟のなかには、機能を主要価値とするスポーツ衣料や実用衣料も含まれるが、おしゃれを主要価値とする、いわゆるファッション衣料は、〝文明〟というよりは〝文化〟の主要部分である。では、文化の輸出に取り組むうえで重要なことは何か？　2つ挙げたい。

まず第1に、文化は商品として〝売る〟ものではない。それを理解し共感する人が、〝ファンになって買ってくれる〟ものである。

第2に、文化としての製品は、それ1つだけを取り出して、まったく無関係の環境で売ろうとしても、その価値が十分表現されないだけでなく、魅力的に見えない場合が多い。つまり、〝コンテンツ〟と同時に、〝コンテキスト〟（文脈、それが置かれている場、置かれた状況）が重要である。コンテキストなしでは見向きもされない場合も多い

クールジャパンと日本独特の文化について、改めて考えながら、この2点について述べたい。

(1)クールジャパンはなぜ人気?

クールジャパンの言葉が、一般的に使われるようになって久しいが、実はこれは、日本人ではなく、海外、それも西洋の文化圏から日本を見た時に、そこに独自な日本文化の要素があることに注目したことで使われ始めた言葉である。

①クールジャパンは、日本独特の「ハイブリッド文化」「ポストモダン」の象徴

「クールジャパン」（cool Japan）の言葉が世に出たきっかけは、米国人ジャーナリストのダグラス・マクグレイが外交専門誌 Foreign Policy に発表した〝日本のＧＮＣ＝Japan's Gross National Cool〟という２００２年の論文（日本語訳は２００３年）であった。ＧＮＰ（国民総生産）をなぞって、〝国民総カッコよさ〟という新たなコンセプトを打ち出した言葉であり、日本は〝クール〟尺度で測れば、世界最強の国になる、というのだ。

クールジャパンと言えばマンガやアニメがすぐにイメージされるが、実はマクグレイ論文ではそ

う説明しているわけではなく、日本が〝グローバルな文化的影響力〟の可能性としての〝ソフト・パワー〟を持っているとしている。日本は〝外国に着想を求めて文化を融合させる〟形で、〝ポストモダン〟の世界を展開している、と分析し、それが世界でもユニークなものだ、というのだ。

ポストモダンについて、ここで論じるつもりはないが、日本文化やクールジャパンに造詣の深いフランスのジャン・マリー・ブイスウ氏の端的な説明を紹介しよう。氏は、筆者がＩＦＩビジネススクール時代に企画実施したＪＦＷシンポジウム「世界が見る日本――クールジャパンのファッションと文化」で招いた、日本の政治・経済・文化の専門家だ。「ポストモダンとは、第１に、考え方の（既定の）枠組みを排除し、好みに自由さを与えること。様々な影響の異種混合です。第２に、カテゴリーの破壊です。破壊されたすべてのカテゴリーがミックスされています。これまでの思考では、論理や時間といったものは一次元的（で起点と到達点が明解）です。しかしポストモダンでは、論理はあいまいであり、それらを導く基準は、フィーリングなのです」。「欧米人にとって日本は、様々な意味の記号が混ざりあって、混在している国といってもいいでしょう。これがある豊かさや素晴らしい柔軟性を与えているのです。宮崎映画の『もののけ姫』で、優しいイノシシが自然を守るために犠牲になるような内容は、ディズニー映画で毒リンゴを食べた白雪姫が王子様に救われ、眠りから覚めるというストーリーよりも強いメッセージがあります」（講演リポートより。繊研新聞２００６年４月６日付）。

②日本人自身が、日本の文化の特質・独自性を理解すべし

日本の文化といえば、日本人が思い浮かべるものは、歴史や伝統の蓄積である文学や美術や工芸品、あるいは能や文楽や歌舞伎などの芸能、茶の湯や華道、武術などの道、さらに信仰に絡む仏像や寺院、浮世絵に象徴される江戸の町人文化、あるいは季節の変化を愛でる伝統的な行事や地域色豊かな祭り、などである。

しかし明治維新以来の日本が、西洋にキャッチアップしようとして積極的に海外の考え方や文化を採り入れ、多様な異文化を日本的ハイブリッドに組み上げてきた部分については、日本人自身が十分に理解し、納得するものにはなっていない。歴史として総括するにはまだ年数が足りないこともあるが、第2次大戦での敗戦もあり、日本の伝統文化を誇りに思うことはあっても、西洋化して発展した近代の部分については、先進国に後れを取っているとの劣等感的な意識が、今日まで何かにつけて支配的であった。

だが世界は、伝統文化をもつ日本が、異文化を現代的あるいは未来的にハイブリッドする、あるいは文化的要素とテクノロジーの日本的ハイブリッドのユニークさに注目している。単なる異文化の混合・合体ではなく、既成概念の否定や既成概念への反逆を含む、東洋と西洋、文化と文明、自然と人、といった相反する要素を、日本独特の価値観や美意識で融合させ新たなものを生み出している点にである。かくいう筆者も、海外発の〝クールジャパン〟の見方に触発され、日本文化がDNA的に持っている、ポストモダン、ポストデジタル、あるいは未来的な要素について、改めて学んでいるところである。80年代以降に急速に花開いた日本のファッションも、まさしくその要素が強い。この新しい文化を我々自身がしっかり理解し、それを基に新たな価値創造に取り組むことが、日本文化の輸出につながるだろう。

(2) 文化は〝売る〟ものではない。それに共感して〝買ってもらう〟もの

クールジャパンへの世界の関心や評価が高いと言っても、ビジネス面で世界を席巻しているかといえば、そうではない。クールジャパンに象徴される現代の日本の文化は、〝売る〟ものというよりは、理解し、共感・体験して、その結果、〝買ってもらう〟ものだからだ。日本の文化の多くは、この点に関して、まだ十分に展開、あるいはプレゼンテーション、コミュニケーションの手法を開発しているとは言えない。

「世界に誇る日本の商品１００」に関連して、ハローキティの世界的人気について述べた。キティちゃんの魅力はどこにあるのか？　目と鼻だけで口のない猫ちゃんのぬいぐるみ。その発想とデザイン面での創造力にも感服するが、極め付きは、キティちゃんの「愛らしさ」「かわいさ」であろう。「感性価値創造」の真骨頂を見る思いがする製品であり、まさしく「日本のユニークな文化」の一端である。

これに関して、興味深いエピソードがある。文化をコミュニケートすることの難しさを示す目から鱗の話だ。もう何年も前のことだが、キティちゃんのぬいぐるみを中国の工場に発注していた会社の女性社長が語ってくれた。どうしても「キティちゃん」の顔に、可愛さが出てこない。眼と鼻をつける位置に原因があることが分かったので、工場にその指摘をすると、「完全に指図通り作っている。ほら、ここが○○センチ、こちらも△△センチ。指示通りじゃないか」と譲らない。確か

に物差しを当てるとその通りなのだが、ふわふわと毛羽を立てたぬいぐるみの生地の上では、寸法だけで片付けられないものがあるのだ。日本から持ち込んだサンプルと比べて見せて、「ほら、こっちの方がかわいいでしょう?」といっても、全くそれが理解されない、という実体験の話だ。

現在の中国ならば、多分、工場で働く人のなかにもこの違いが分かる人もいるだろうと想像する。しかし、こういった感性の問題は、生活のゆとりや民度が育む感性、文化の成熟度にかかわる要素が大きいのだ。ここでは「かわいい」という言葉のなかに含まれる、言語では説明しつくせない暗黙知的な感性のコミュニケーションが、文化の伝達に求められているといえる。

(3) 〝文化〟の輸出には、「コンテンツ」を際立たせる「コンテキスト」が不可欠

① 〝コンテンツ〟と〝コンテキスト〟

〝コンテキスト〟とは、モノが提示される文脈(場、背景)を意味する言葉だ。ある意味で「見立て」と言い換えることもできる。千利休は独自の美意識によって、本来茶の湯の道具でなかったものを茶の湯の道具と「見立て」て、その世界を作り上げた。主流であった唐物の茶碗ではなく、朝鮮半島の雑器の高麗茶碗をわび茶の道具として取り入れたのがいい例であろう。日本各地の伝統工芸や伝統産業の活性化においても、すぐれた美意識をともなった「見立て」が果たす役割は大きい。

文化の輸出にコンテンツ、コンテキスト、あるいは「見立て」が重要な理由は、モノ(コンテンツ)を、それだけを取り出して提示したのでは、その意味や価値が伝えにくい場合が多いからだ。

〝コンテンツ〟とは、中身、内容(物)、容量、といった意味の言葉で、ファッションであれば服

やハンドバッグといったモノを指す。ＩＴやデジタル関連分野では、アニメやマンガがコンテンツだが、これらは、わざわざコンテキストを明示しなくても、内容を伝えることができる。なぜなら、ここでのコンテンツは、そもそも物語や伝えたいメッセージの背景、つまりコンテキストを含むものであるからだ。

しかしたとえば、お抹茶を点てお菓子を楽しむ文化を伝える場合には、それにふさわしい茶器や茶室、床の間の風流な掛け軸やさりげなく活けた花などがあって初めて、つまり場や環境というコンテキストがあって初めて、お茶とお菓子というコンテンツが〝おもてなし〟という本来の意味を表わし、その感性価値をフルに伝えることができるのである。衣服の世界でも、着物文化を〝日本の民族衣装〟として美術館・博物館の展示物的に見るのではなく、日本人のだれもが時節や場に応じて日常的に着分けし、愛着を持っていた文化としてこれを理解してもらい共感を持ってもらうことは、なかなか難しいであろう。

日本の〝カワイイ〟とか〝クール〟と言われる、サブカルチャー的なストリート・ファッションについても、同様のことが言える。それらは「衣服のデザイン」における変革というよりは「衣服の新しい編集、着方」とも言える感性価値、あるいはライフスタイル的な変容であり、日本のポップカルチャー、アニメや漫画といった、一見子供向けのように見えても実は他国の追従を許さない、非常に繊細で高度な感性や奥深さをもっているものだからだ。歴史や文化の異なる海外の若者がこれに熱中するのは、日本文化が現代の機械化あるいはデジタル化社会に欠けている人間性を表現する、ポストモダン的なものであるからであろう。

日本を代表するセレクトショップのビームス。米国西海岸のカルチャーをコアとしてきたビームスが、「匠からサブカルまで」とうたって、新宿のビームス ジャパンを、ジャパンをキーワードに掲げる店に大刷新した。それも、日本のカルチャーやモノを、エクレクティックな（異種のものを取捨選択・折衷させる）キューレーションにより、まとめたものだ。まさしくポストモダン、大人のCool Japan ともいうべき世界を実現している。1階の「祭～日本の銘品と珈琲」から、「衣～日本の洋服」へと階を上がると、「眼～日本のセンス」ではこだわった別注品やコラボ商品、さらに「趣～日本のカルチャー」、「匠～日本のクラフトとアートギャラリー」と、日本再発見のワクワクドキドキが続く。ビームスの感性が光る、日本文化の新たな世界を拓く売り場だ。

まさに、新宿という多様な文化や人種が交わる街、というコンテキストのなかで、Cool Japan のコンテンツが生きている、といえる。

②FIT美術館によるJapan Fashion Now展

日本のファッションを、〝コンテンツ〟と〝コンテキスト〟を合わせて展示した画期的なエキジビションがある。ニューヨークのファッション工科大学（通称FIT）の美術館が2010年から2011年にかけて開催したJapan Fashion Now「日本ファッションのいま」と題する展覧会だ。

この展覧会のねらいを、企画・開催に当たったFIT美術館のチーフ・ディレクター、ヴァレリー・スティール氏は、「1980年初頭に〝ファッションの未来〟と言われた日本が、〝今も革命の先端にいるか？〟の問いに応えるべく企画した」と説明する。「80年代の日本によるファッション革命は終わったが、日本のファッションが、いままた、いかにエキサイティングで多様になっているかを見て欲しい」とする氏は、ポスターに、h.NAOTOのドラマティックな衣装を着たアーチストHANGRY&ANGRYを起用し、日本のCoolなファッションを強調している（巻頭カラー6ページ参照）。

このJapan Fashion Now展の展示では、ファッションを東京の未来的光景のなかで提示するという、画期的な手法がとられている。広い会場の各壁面にプラットフォーム（ステージ）をつくり、4つの街、具体的には、表参道、銀座、原宿・渋谷、秋葉原を設置。正面には伝統を象徴する銀座和光ビルを背景に立つアバンギャルドなメンズ・デザインを配置（スティール氏は、メンズウェア分野は日本が世界で最も革新的だ、と説明する）。左には、表参道のハイファッション（コムデギャルソン、三宅一生、山本耀司、サカイなど）、右には渋谷・原宿の若者ファッション（ポップやストリート・ファッション、ゴスロリや森ガールなども）、入り口近くには秋葉原のコスプレ、という具合に塊で見せる。背後にはそれぞれの街の界隈性を、目立ったビルの写真をコラージュした風景で表現。まさしく、コンテキストづくりである。

ファッションの展覧会といえば、作品を1点ずつ個別に展示し解説する形式がほとんどであるのに対して、ファッションというコンテンツ（作品や製品）を、街・界隈というコンテキスト（文脈・環境）で見せる手法は、「文化」としての日本ファッションを伝えるのに最適の方法であると、痛感した。異文化の紹介は、その一部分だけを切り取っても、その価値を十分に伝えることは難しいのだ。

日本の文化とファッションを深く研究するスティール氏は、２０１２年東京で講演した際、「日本は、世界でもファッションの感覚を早くから持っていた国。平安時代にすでに、紫式部や清少納言が、〝いまめかし〟(up-to-date) という表現を褒め言葉として使っていた。それが「わび・さび」(質素で渋い) や、江戸時代の「粋 (いき)」(高度に洗練された connoisseurship) へと進化し、さらに明治時代の鹿鳴館に象徴される西洋化を経て、今日の日本文化に繋がっている」と述べている。さらに、日本ファッションは、１９８０年初頭に一世を風靡した「アバンギャルド (美意識を高級アートの域に押し上げる)」に、現在の「サブカルチャーとストリート・スタイル」の要素をミックスすることによって、世界的に重要な位置を占めるようになった、とも言っている。

③コンテキストとしての、パリ・ジャパンエキスポ展と Tokyo Rebel

フランスの「クールジャパン・フェスティバル」とも言うべきジャパンエキスポは、２００１年以来毎年パリで開催される大イベントだ。SEFA EVENT (JTS GROUP) が主催するこのイベントは、２０１５年には、13・5万平方メートルの巨大な会場に、出展者数７２８社が商品やパーフォーマンスを展開し、24・7万人が来場した。日本のポップカルチャーを中心に、食もファッションも多種多様なパーフォーマンスもありの大会で、ファンは、着物も含め自分流に着飾った日本的クール・ファッションで参加し大いに盛り上がる。16回目の２０１６年はパリ・ノールヴィルパント展示会場で7月上旬の２日間で開催されたが、来場者は25万人ともいわれている。

これも、日本文化の紹介のうえで、効果的なコンテキストになっていると考えられる。年1回の開催ではあるが、こういう場によって、日本に関心を持つ人々が情報を得たり、日本的体験をしたり、互いのインスピレーションで刺激し合ったりすることができる。また、大好きなコスプレで、そういったコミュニティに参加したい人たちにも、格好の場を提供している。ここでいうコンテキストとは、コンテンツ（この場合は、クールといわれる日本的文化やファッション）がその本領を発揮できる場や環境づくりである。

ニューヨークのTokyo Rebelというパンクやロリータ・ファッションで人気のブティックもコンテキストの役割を果たしている。店名を訳せば「東京の反抗」となろうか。原宿ファッションが好きだった日本人女性が、マンハッタンにパンクやロリータを買える店がないことから、２００９年、イースト・ビレッジにオープンした。狭い店ながら、最新のファッションを東京や大阪から直輸入で提示している。ＫＥＲＡなどの雑誌の最新号もそろえ、そこに掲載されているファッション商品や雑貨の注文もできる。販売価格は、日本から来る商品についた値札の小売価格（円表示）をその日の為替レートでドル換算し、これに配送料を少額加算するだけというシンプルなビジネスモデルだ。顧客は原宿ファッションが好きな、年齢・職業など幅広い層だという。ソーシャル・メディアでつながった顧客が、いろいろなイベントを企画してファンが集まることも多いというが、これもユニークなコンテキスト機能を果たしている。

④日本自身が作るコンテキスト——海外へ向けての日本クリエーションの効果的提示を

TGC(東京ガールズ・コレクション)は日本国内で展開される、優れたコンテキストといえるだろう。ステージに繰り広げられるファッションショーやアート・パーフォーマンスはもちろんのこと、入場料を払って集まる膨大な数のファンたちによる会場の熱気、SNSによるコミュニケーションなどなど、ファッションというコンテンツをシェアし伝達する最高の環境である。

さらに言えば、日本ならまさしく、街そのもの。原宿や代官山、あるいは銀座、といった街とそこに集積されたレストランやなじみの顧客がコンテキストをつくっている。日本ファッションのコンテキストを見てもらうベストの方法は、実際に日本に来てもらって、日本の製品を、人々のライフスタイルや街の界隈性などとともに、体感してもらうことだ。その意味で、日本への訪問を勧誘する「ようこそジャパン」のキャンペーンは、その焦点を「日本ファッション」に合わせれば、大きな効果を上げることになるだろう。

⑤文化の輸出の5C

文化の輸出には、コンテンツとコンテキストの2つに加え、重要な5つのCがある。筆者はこれらを〝文化輸出の条件〟と考えている。

文化輸出の5つのCとは、

★Contents (製品)
★Context (場、舞台、背景)
★Customer (ターゲット顧客はだれ)

★Communication（マーケティング、ブランディング、インフルエンサー）
★Commitment（企業の強い意志）

Customer（カスタマー）は、アッピールしようとする対象はだれなのか？　ということだ。ただ漠然と、「世界の人」、では、だれにとって意味のある、どんなコンテンツを見てほしいのか、が明確にならない。どの国、あるいはどの地域の、どんなニーズやライフスタイルを持った人なのか。つまり、通常のビジネス同様、マーケティングの第一条件である『ターゲット顧客』の明確化だ。

次に、その顧客対象に対して、どのようにコンテンツあるいはメッセージをコミュニケートしてゆくのかだ。コンテキストをどう作るかも含め、ブランドをどのようにポジショニングし、顧客にリーチする手段をどう構築するか？　SNSの場合には、インフルエンサーなどをどう使うかも重要となる。

最後に、Commitment、コミットすること。つまり企業としてビジネスを成功させる、という強い意志、あるいは決意だ。海外展開には、積み重ねて築く信頼が非常に重要である。ちょっとやって見よう、的なアプローチでは、相手が本気になってくれないばかりか最初の商談も成立しないであろう。そして約束をたがえないこと（得意先はもちろんだが、その先にいる顧客も含め）、で信頼を積み重ねてゆくことだ。

4. 日本文化を独自性あるファッション／ライフスタイルに発展させる

日本文化の特質、独自性とは何か。

日本の文化、あるいは人々の考え方、生き方には、海外から見ると独特のものがある。日本人自身はあまり意識していないが、これらはいわばＤＮＡ的に、日本人の心のなかに、あるいは日常の行動や作法のなかに、浸み込んでいる。日本から世界への発信を考えるうえで、改めて、日本文化および日本人の美意識、日本人の精神的あるいはメンタルな独自性について考えてみたい。

日本を初めて訪れたインテリのフランス人に、とくに印象に残ったことを聞いたところ、〝Raffiné.(洗練されていること)〟との答えが返ってきた。人々の端正な身だしなみ、マナーの良さや他人への思いやり、街の清潔さ。特別なレストランでない普通の店でも出てくる料理がおいしく、多様な器に盛られた料理の配置が美しい、などを挙げた。

来日する外国人が驚くことは多い。日本人の礼儀正しさや、親切さ、小売店などでの顧客対応。ほとんど定刻で運行する便利な交通機関。故障していることのない券売機や自動販売機。また、そこここに見られる、伝統的な「匠の技」と先端的テクノロジーの共存も、よく指摘される点だ。日本人のモラルも高い評価を得ている。東日本大震災のような巨大災害に遭遇しても、被災地では目立った略奪もなく、人々が互いに助け合い、給水の長い列にペット容器をもって整然と順番を待つ。ごみの落ちていない街。財布やスマホを失くしても戻ってきた、と感動する声もよく聞く。

自然、とくに四季の変化の素晴らしさを称賛する声も多い。その自然に寄り添って人々の生活が形作られ、里山や棚田などに見られるように、自然条件と折り合いをつけ創意工夫をしながら、優れた自給自足の生活を築き上げてきた日本。自然の恵みに感謝する多様な祭りや祝いの行事なども、長年にわたって厳かに展開されている。食事の前後の「いただきます」や「ごちそうさま」のあいさつも、食事の提供主への謝意だけでなく、自然と神々に対する感謝と敬意である。

安全・安心・健康志向への評価も高く、価格が高くても日本の食材を求める動きも見え始めた。

日本のファッションには、こういった日本文化の独自性が組み込まれている。それを生かして、世界にアピールするには、何をすべきか。以下に4つの提案をしたい。

(1)「新しい価値提案」ができる日本ブランドが、どんどん世界に進出する

日本ブランドが、世界の主要都市で存在感を見せることが、大きな波及効果になる。

ニューヨークに2015年秋、3つの日本ブランドが開店した。世界で最も競争が激しいと言われるマンハッタンに、である。トゥモローランドは米国初出店で、ソーホーに売り場面積360平方メートルでオープンし、店舗デザインとともに話題を呼んでいる。無印良品は、5番街の41丁目に米国最大（売場面積が1000㎡超）の旗艦店、MUJI FIFTH AVENUEを開店。米国では11店舗目で、エントランスにはMUJIのコンセプトを動画像で提示するなど、強いメッセージを発信している（巻頭カラー7ページ参照）。また、メーカーズシャツ鎌倉は、ウォール街に近い世界貿易センター跡地に開発された高級ショッピング・モール、ブルックフィールド・プレイスに、米国

第2店舗目をオープンした。

ユニクロは同じ時期に、シカゴ旗艦店を開店。ニューヨークの5番街店に次ぐ大型店で、米国中西部への初めての進出だ。米国では2006年のソーホー店オープン以来43店舗目となる。

いずれも、それぞれの独自性ある商品（コンテンツ）を、それにふさわしい店舗とプレゼンテーション（コンテキスト）で見せる、素晴らしい店となっている。

小売店出店による海外進出は、かかる経費やリスク面でのハードルは高いが、卸販売に比べて、ブランド・コンセプトやイメージを自分でコントロールして表現できるという点で、非常に重要である。とくにこれからの、ネット販売によるグローバル展開の時代には、その核として大きな戦略的意義を持っている。デザイナー・ブランドなどが卸販売をする場合にも、その独自性あるコンセプトやデザインを集積としてアッピールできる〝ショップ〟（店内ショップを含め）をもつことが重要だ。

日本の若手デザイナーが世界で注目されるようになった。この執筆中にもパリやミラノのファッション・ウィークでは、ファセッタズムの落合宏理、アンリアレイジの森永邦彦、リトン・アフターワーズの山形良和、ウジョーの西崎暢、アツシ・ナカジマの中島篤などが、それぞれ独自性あるコレクションを見せ、森英恵のデザイナーには天野優が就任した。こういったデザイナーのコンテンツは、それぞれの個性と文脈を持っている。しかしこういったコレクションをまとめて、伝統にとらわれない大胆でクリエイティブな〝日本の若手デザイナー集積〟といった形でキューレートして見せることも、非常に有効であろう。日本が得意とする、伝統への挑戦、異文化の融合、クリエーションとテクノロジーの合体、といったコンテキストにのせて、世界の主要都市で展開すれば、デザイナー・ファッションの紹介や販売に大きく貢献する。そのための新たな発想と、官民のリーダーシップが大いに期待される。

「クールな日本」の海外展開を後押しする官民ファンド、クールジャパン機構の太田伸之社長によれば、２０１６年3月時点で15の案件が同機構により進行している。そのうちファッション／ライフスタイル関連はまだ2件だが、そのうちの１件、三越伊勢丹ホールディングスが２０１６年秋にクアルランプールとパリに開館予定の The Japan Store は、〝日本〟という唯一のテーマで、すべてが設計されているストアだ。プレスリリースでは、「日本への関心が高まっているなか、日本の歴史や文化、テクノロジーや多様性、暮らしの様式まで、海外の皆さまの日常に取り入れて頂き、お役に立てるような〝本物の日本〟をお届けします」とうたっている。「本物の日本」のコンセプトを支えているのは「和の心」だ。異なる価値観を求め、他者を尊敬する日本古来の精神「和の心」によって、これまでにない「顧客体験」を得てもらう、という。売り場は、４つの美意識、「雅（みやび）、粋（いき）、織（せん）、素（そ）」を、５つの展開分類、「食べる、暮らす、過ごす、楽しむ、学ぶ」を掛け合わせて編集する、とのことだ。日本というコンテキストで、日本のコンテンツが、最大に展開されることと期待している。また、こういう事例が増えることを、切に願っている。

今後の日本からのファッション輸出を考えるとき、かつての繊維やテキスタイルあるいは低価格製品輸出時代のような、大量生産の大量輸出、大量卸販売、はあり得ない。企業は、魅力ある小売店舗（あるいはショップ）をてこに、ネット販売を重視したブランドを展開することになるだろう。また、日本国としてのファッション輸出は、こういった主導的企業やデザイナーが、日本ファッションのイメージを高めることで、その他の企業の輸出活動にも総体的・波及的効果が及ぶことを狙うべきだと考える。生地などの素材を扱う企業も、そういったリーディング・カンパニーに起用されている自社の製品を、〝○○素材使用〟といった形でアッピールするマーケティング戦略が必要だ。

(2)「用の美」——クリエーションとテクノロジーの融合による「新たな価値創造」

クリエーションと技術力や匠の技。この両方を、日本ほど高いレベルで、また生活に根差した形で、持っている国は少ない。

これをもっと生かして、次世代の製品やスタイル、ファッションを生み出すことができるはずだ。ビジネスとして成功させるには、優れた製品以外に、その価値が評価されるための有効な戦略とマーケティング力が不可欠だが、日本の優位性を打ち出すことが可能な分野である。

日本には、日常的な暮らしのなかに入り込んでいる「用の美」、つまり実用的な機能と、無駄をそぎ落とした美しさの合体が、器などの日用品から各種の道具、あるいは建築に至るまで数多く存在する。宮大工の西岡常一氏の言葉、「樹齢五百年の檜を使ってお寺を建てるなら、五百年もつものを建てなければ神さまに申し訳ない。そのためには、その地域で育った檜を、それが生えていた状態に近い形で使うのだ」（たとえば南向きに生えていた木材はその向きに合わせて使う、という）の言葉は、自然との共生の考え方とともに、「用の美」の思想を表わすものである。

三宅一生は、クリエーションとテクノロジーを、人間的な視点を大切にしながら工業的な発想で合体させた卓越したデザイナーだ。「一枚の布」のテーマに繰り返し立ち戻る半世紀を超えるキャリアにおいて生み出した製品、というより新たなコンセプトは、PLEATS PLEASE ISSEY MIYAKE、A-POC、132 5.ISSEY MIYAKE、など、多岐にわたる。プリーツ・プリーズは、〝トースターからパンがポンと出てくるような作り方〟を志向し、布地にではなく縫製した後にプリーツ加工を施すことで、デザイン企画と生産のプロセスを抜本的に革新したものだ。またA-POC（A Piece of Cloth）では、最終製品のデザインを、生地作りの設計に組みこみ、糸から生地そして製品までを一貫して生産する。正確には、出来上がった生地に、適宜はさみを入れることで、製品になるという画期的なシステムである。

「132 5」は、ユニークなネーミングの服やバッグのコンセプトだ。ブランドの1・3・2・5の意味するものは、一枚の布（ネーミングの1）から作られる三次元（3）の造形を、折り畳みプレスをかけて平面（2）に仕上げる。その、幾何学的な形で折り紙のように畳まれたものを、持ち上げるようにして広げて着用する（5）というものだ。デザイナーがコンピュータ・サイエンティストによるアルゴリズム（課題解決のための計算手順や処理手順）に出会って完成したものだ。素材には、天然繊維に加え、帝人フロンティアが開発した合繊のリサイクル原糸と畑岡の織布技術を合体したコラボレーションの枠を極めるものもある。まさしくアップサイクルであり、未来を示唆するクリエーションである。

このような、クリエーションと工業的テクノロジーの融合の事例は、他の国にはほとんど見られない。業界の他の企業でも、三宅一生のアイディアを真似るのではなく、別な形での、デザインとテクノロジー、あるいは企画と生産に関するプロセス革新が、日本なら可能であろう。あるいは、知財権で保護されているであろうこれらの技術を正規に利用することも考えられる。

日本における、テクノロジーのアパレルへの活用事例はほかにも多い。素材面では、ユニクロのヒートテック（東レと共同開発）やエアリズム（旭化成と共同開発）、製品ではワコールのコンディショニング・ウエアの「CW-X」などは、第二部第3章のファッションを生み出す牽引力で紹介した。今後の成長領域である、アスレジャーやシェイプウェア、健康管理やユニバーサルデザイン思考のウェアラブルなどの領域もある。島精機のホールガーメント編み機も、単なる〝生産手段〟を超えて、そういった、クリエーションとテクノロジーを合体する手段を提供するものだ。

世界が注目する日本の合繊素材、たとえばポリエステルやナイロン長繊維による高密度織物、あるいは「天女の羽衣」のように世界一軽く薄くてしなやかな天池合織のオーガンジー（髪の毛の5分の1ほどの細い糸を高度な技術で織り上げた）、といったものも、日本ならではの高度な技術と匠の技に日本的美意識が合体したものである。これらは、グローバルなラグジュアリー・ブランドが注目し、毎シーズンかなりの量を使っているものだが、彼らがそれを公表したがらないため、その事実が知られていないことは残念である。先にも述べたように、何らかの方策を講じたいものだ。たとえば素材ブランドとして確立し、その使用がファッション・ブランドの興味深い、あるいは優位性を示すストーリーになる、といったこともできるのではないか。

また、こういった優れた素材があるにもかかわらず、肝心の日本のアパレル企業がこれらをフルに使って「日本ならではの価値創造」に取り組んでいないことは、今後の大きな課題だ。

ファッションは、「美」と「用」と「社会性」を融合させたものである。純粋な意味での美術や芸術ではないが「美」を追求し、身に着けるものであるからパーフォーマンス（性能・機能）も追求する。それらを社会の要請や個人のニーズ、そしてファッションに対応する形、またビジネスとして成立する形で製品にまとめ上げるという、非常に複雑で高度なものである。そのために先端テクノロジーを活用することが、これからのファッションにおける価値創造のかなめである、と考える。

(3)「もったいない」精神と「着物」の知恵から、未来型サステイナブル・ファッションを創造する

日本人の、人は自然の一部であり、自然と共に生きることを重視する姿勢は、自然が与えてくれる恵みには、感謝するだけでなく、これを無駄なく利用せねば申し訳ない、という考え方に発展している。「もったいない」の精神、である。これは今後の世界共通課題である、サステイナブルにつながる。

日本の伝統的な着物文化は、美的に優れているばかりでなく、その作りや使い方に、多くの知恵が盛り込まれている。着物の生産プロセスは、蚕を育て丁寧に引いた糸で生地を織り、それを着物に仕立てるのだが、その着物や生地が何度も再利用される。絹の着物であれば、何度も染め直し、仕立て直して、着物として何度もリメイクして使う。そして、生地が傷んできたら細長く切ってハ

タキにする。最後には、細かく裁断して漆喰の中に混ぜる、といった具合だ。浴衣であれば、最終段階では、赤ちゃんのおむつになり、さらに雑巾になり、最後は漆喰へと、最後まで無駄にしない。

優れた知恵が、この染め直しや仕立て直しを可能にしている。織物はいわゆる細幅の規格品仕上げ。着物に仕立てる際、ハサミを入れる個所もわずかに数か所、という設計になっている。手縫いであったから、ほどくのも容易。サイズは、仕立て直しの時にアジャストするか、着付けや、たくし上げなどで対応する。このコンセプトを現代に合った形で展開できれば、これからの価値観である、「高質のものを、大切に着用し、何度も再利用する」ライフスタイルが可能になるだろう。

NHKの朝ドラ「とと姉ちゃん」に、かつて「暮らしの手帖」が紹介し当時の話題になった〝直線裁ち〟が登場した。物資不足のなかのおしゃれとして、着物1枚分の生地にわずかにハサミを入れるだけで3着のワンピースになる、というものだ。

21世紀の最大の課題である、資源の枯渇、地球環境への負荷を軽減する対策として、この着物のコンセプトを再評価し、新しい時代に合ったデザイン（設計）や、生産システム、生地や製品の再利用（リユーズ、リメイク、リサイクル）の手法を開発することができれば、日本は、世界をリードすることができる。世界の急速な人口増や、開発国の生活水準の上昇は、「新しい材料で服を作り、着なくなれば、廃棄する」というこれまでのFBのやり方を、継続不可能にするだろう。課題先進国、そして生活の知恵と技術をもつ日本こそが、そのデザイン力やテクノロジーを活用して、新たなファッション領域を開拓する国にふさわしい。

着物そのものを、日本人がもっと愛用することも大切だが、伝統的な着方にこだわると、今日の忙しく活動的な生活には、フィットしにくい、という声も多い。着物に、フォーマルウェアとしてだけでなく、もっと日常的に愛用できるように、革新を起こすことも考えられる。現代風におしゃれで着やすくした、「ドゥーブルメゾン」の取り組みもある。着物小売業であるやまとの矢嶋孝敏会長が、着物を「ファッション化」「カジュアル化」する事業の一環だ。

実は、着物についてこの原稿を書いているところに、偶然入電したメルマガがある。米国のファッション専門店として評価の高いアンソロポロジーのものだが、テーマは〝KIMONO―新しいレイヤードへのこだわり〟。アイテムは、優しい花柄プリントの袖なし羽織スタイルでゆったりしたチュニック丈。魅力的な着こなし例3点の画像には、それぞれ、『羽織りものとして』『ベルトをしめてドラマを演出』『ストラップドレスのラップに』のコピーが付いている。まさしく着物のエッセンスを押さえた提案だ。シンプルなスタイルは、忙しい女性にとって、ワードローブのコア・アイテムになる、と書いている。こういった企画が日本からどんどん発信されることを望みたい。

重要なことは、洗濯機で洗える、また着方も複雑でない浴衣が若い人に人気が高まっているように、人々は着物へのあこがれや愛着をもっていることだ。これを、合理性と美の合体という観点から、日本の着物が作り上げてきた、生地作りから着物の設計に至るまでの、ある意味で未来的な、モノづくりのアーキテクチャーを再開発したいものだ。

「もったいない」という言葉はいまや国際語になっている。アフリカ女性初のノーベル平和賞受賞者でケニアの環境副大臣であった故ワンガリ・マータイ氏が2005年初来日した際、自然と共生する日本でのこの精神に感銘を受け、環境を守る国際語「ＭＯＴＴＡＩＮＡＩ」として世界に広げることを決意し、ＭＯＴＴＡＩＮＡＩキャンペーンが始まったからだ。奇しくも東日本大震災の半年後に亡くなられたのは残念であるが、この日本固有の伝統的価値観が、震災を機に世界に広がり、資源や環境問題への意識を新たにし、逆に日本を支援する動きにもつながっている。「もったいない」の精神をモノやサービスに体現した事例は日本には数多くあるだろう。このスピリットをファッションやライフスタイルに応用したい。

(4)「自然との共生」から発想・開発・発展できるもの、をストーリーに乗せて発信する

日本文化の独自性のベースにあるのは、「自然との共生」である。西洋の「自然は支配するもの」という考え方とは異なり、「人も自然の一部であり、自然と共に生きる」ことが、日本人の日常生活や考え方に根付いている。この考え方をベースに、日本ならではのコンテンツの開発が進むことを期待したい。

三越伊勢丹が２０１１年から取り組んでいる、「ジャパン・センスィズ」のプロジェクトがある。日本の伝統・文化・美意識が創り出す価値を再認識し、新しい価値として提供する目的で、日本各地から優れた製品・作品を取り上げ、展示販売する時宜を得た企画だ。

そのなかに日本独自のテキスタイルとして、「麻世妙」（マヨタエ）が取り上げられている。大麻から作る「大麻布」を現代風にネーミングをしたものだ。大麻布は、古代縄文時代から、神にささげる素材として、また日本人の生活の重要な部分を担ってきた。原料は固いが、これにいろいろと

手を加えることで、綿のように柔らかで、速乾性と同時に保温性にすぐれたものになる。戦後、大麻栽培が制限されたことや、紡績や織布が難しいことから工業化が遅れ、現在ではほとんど使われなくなっていたが、これを、改めて工業化し、好感度・高品質のおしゃれなファッションに甦えらせようと、山本耀司などのデザイナーとの共同企画も含めて、新しい価値を吹き込んでいるものだ。

日本の伝統的な刺し子や和紙で作る衣服も、長年にわたって活用されてきた。東北地方の白石紙布などが知られていたが、最近では、熊笹がもつ抗菌性を和紙にすきこみ、細かくスリットして撚りをかけ生地にした「笹和紙」もある。日常生活に、気持ちよさ、健やかさをもたらすものとして、糸井テキスタイルが、肌に優しい衣服や、寝具、インテリアなどに展開している。これも自然の力に人間の創意工夫を加えた産物だ。

日本のデニムも、藍染の伝統技術に、生地作りを含む多種多様な創意工夫を加え、世界で高く評価されるものになった。福山市に本社を持つカイハラは、藍染を工業化したデニム素材を一貫生産して世界中のジーンズメーカーに提供する国内トップの企業だが、そのモットーは「自然の恵みを生かした最高の技術から、最良のテキスタイルを生み出すことを永遠のテーマにする」としている。２０１５年には、タイに大規模な工場を開設して、グローバル展開を強化する動きだ。

これらの日本独特の開発製品のなかには、必ずしも20世紀型の大量生産には向いていないものも多い。しかし、だからこそ、必要とされる分だけ丁寧に生産し、それを真に評価する顧客に、特別な価値があるものとして購入し、大事に楽しんでもらえるものにできるのだ。

衣料ではないが、自然との共生からビジネスが生まれた素晴らしい事例として、徳島県上勝町の〝いろどり〟、いわゆる〝つまもの〟ビジネスがある。刺身など料理の盛り付けに使う南天やもみじの葉っぱ（〝つま〟）を自然界から採集し、商品としてインターネットで全国の高級料理店に販売する。高齢者による地域活性化を目指して1986年にスタート、いまや2億6千万円の売り上げになるという。高齢者による、新時代の、そして〝料理を、目でも食べる〟、日本ならではの価値創造である。

これまでにない新しい視点と発想で、自然との共生のなかに、新しいアイディアや製品づくりのヒントを見つけ、日本の得意技にしたい。

将来へ向けては、現在サステイナビリティの分野で始まっている研究、自然の優れた営みや仕組みに学び、自然を傷つけない形の製品開発などへ向けての、「バイオミミクリ」や「ネイチャーテクノロジー」と呼ばれる研究も、成果を生むことになるだろう。一匹のカイコが口の中から1300～1500mにもなる丈夫できれいな糸を吐く仕組みをミミック（模倣）する、といったことだ。ちなみに世界的に注目されたクモの糸（鉄鋼をはるかに超える強度や、高耐熱力を持つ）の新素材「QMONOS®」の開発は、日本人による山形県のベンチャー企業の研究成果である。

5. 日本の文化に誇りと自信を持とう——日本の美意識の現代的表示に取り組む人たち

ここまで日本文化の独自性と、その底流にある日本人の精神性、美意識について述べてきた。日本のファッションを世界に発信あるいは展開したい、との思いで書いているから、日本の政治や社会、あるいは世界とのかかわりあいの歴史などに、必ずしも誇れるとは言えない事柄もあることについては触れていない。しかし、日本は素晴らしい文化的遺産、そして文化的資産をもっている。また自然を愛で、自然との共生を大事にする人間の生き方、あるいは「小さきもの」「かそけきもの」を、「うつくし」とする感性。そしてそれらが、匠の技により繊細で高質の、無駄をこそぎ落としたスタイルとして完成される日本。この美意識に、私たちは自信を持ち、誇りに思うべきである。

ユナイテッドアローズの創業者で名誉会長の重松理氏が、〝日本の美意識を体感してもらう場〟として、「順理庵」を銀座に2016年4月にオープンした。

ホームページには、「この度、衣料品および生活の道具としての木工品や漆製品などを扱う専門店として『順理庵』を東京銀座に開店いたしました。日本と日本人の高い精神性と美意識が詰め込まれた施設の創造を通して、日本の一つの真正なる美の基準＝The Genuine Nippon Standard を次世代に伝承し継承を促すことを理念とした、京都鷹峯「洛遊居」というプライヴェートな別邸の茶室に由来しています」とある。

「洛遊居」は、「数寄屋造りの茶室」「社寺建築の技法による総檜つくりの東屋」「楼閣付きの書院」など、全4棟が、日本古来の木造建築の工法で、2年後に金閣寺北の鷹峯に完成予定だという。

「順理庵」は、和風の作りの8坪の店。外観は、かつての染物屋を思わせる縦格子の引き戸の横に出窓的な和風ショーウインドーがあり、メンズのジャケットが1点だけ、存在感をもって飾られている。店内空間は、日本特有の美といえる「気」があふれるよう、桑や楡など日本の木、あるいは銘木を使って作られ、数少ないジャケットやシャツと、女性向けのドレスなどが、匠の手による茶道やお香の道具などの調度品とともに展示されている。洋服、和服ともにオーダーも受けるが、そのため並べた反物は、米沢から奄美大島までの日本の伝統的な着尺だ。小さな店にしては大きな床の間的空間には、椿が美しく活けられている。

40年にわたる洋服のファッションを追求するなかで、重松氏の意識のなかに芽生えてどんどん拡大していったと想像される〝日本人ならではの日本の美意識〟を、まさしく茶の湯の心で体感する思いがする空間なのだ。

〝まとふ〟のブランドで活動するデザイナー、堀畑裕之・関口真希子氏の志向するファッションも、日本の伝統文化に根差す「日本の美意識」である。

大学でそれぞれ哲学と法学を学んだ後にファッションを専門的に学んだふたりが追求するのは、流行を追うのではなく、日本固有の文化をテーマとする、息長く着られる服だ。デビューから5年は、桃山時代末期から江戸初期にかけての「慶長期」、芸術家が多く生まれた自由で斬新な美意識をテーマとし、辻が花や織部の陶芸のエッセンスを現代的で洗練された服に落とし込んだ。最近では、「日本の眼」のシリーズとして、おぼろ、かろみ、ほのか、といったテーマのコレクションを発表している。たとえば、2016年秋冬コレクションのテーマ、「おぼろ」という言葉の文脈（コンテキスト）は、〝水ぬるむ季節の霧。とくに春の霧を「霞（かすみ）」といい、それが夜には「おぼろ」となる〟とし、大江千里の、〝照りもせず曇りもはてぬ春の夜のおぼろ月夜にしくものぞなき〟に詠われている「おぼろ」の世界を服に表現するのだ。「おぼろ」は英語をはじめとする他の言語に翻訳することが全く不可能な、日本独特の美意識の世界である。

「日本の眼」について堀畑氏は、民藝運動の指導者、柳宗悦が、死の4年前に病床から世に問うた小論、『日本の眼』を引用し、日本人が「西洋の眼」ではなく「日本の眼」で見ることの重要性を強調している。柳いわく。「東京にある国立近代美術館は『現代の眼』と題する月刊誌を出し、また同じ題目で展観を催したことがある。しかるに不思議でならないのは、よくよく見るとそれがすべて『西洋の眼』なのである。さながら『西洋の眼』が『現代の眼』だとか、あるいは『現代の眼』は『西洋の眼』だとか言っているごとくで、私はそれに大いに反発を感じた」（中略）「日本はもう自信を抱いて、自らの見方を進めるべき時に来ていると思える。『日本の眼』を『西洋の眼』より鈍いと思っているのか。また『現代の眼』とならぬ後れたものと卑下しているのか。私の考えでは、西洋で充分に発達していない鋭い深い見方が、『日本の眼』に豊かにあると思われてならぬ。それも間に合わせの、急ごしらえの見方ではない」。これは、ほぼ半世紀前の小論である。

「日本人はもっと自信を持つべきだ」

日本ラグビーのヘッドコーチ、エディー・ジョーンズ氏の言葉だ。

ラグビーW杯で、日本独自の戦い方「ＪＡＰＡＮ　ＷＡＹ」で優勝候補に快勝するなど世界の注目を浴びた日本チームだが、２０１２年、氏の就任時には、「選手は世界で一番良いチームになれるなどとは信じていなかった。日本の選手たちは大学やクラブでの〝日本一〟にしか興味がなく、それで満足する、ドメスティックな考え方だったからだ。私はそうした選手たちのマインドセット（考え方の枠組み）を、世界で通用するように変えようとした。その結果、今は世界のだれに対しても怖がることはないし、世界レベルの戦い方ができている」とメディアの取材で述べている。

リオ・オリンピックで日本選手の活躍が報道されている。この勢いをスポーツばかりでなく、日本の文化や日本ならではの商品の世界発信に使いたいものだ。

異なる価値観が共生するグローバル時代には、独自性ある文化や価値観、美意識が、非常に重要であり、またリーダーシップのもとになる。日本人の、謙虚、控えめは、美徳であるかもしれないが、自信がない、自己主張しない、のではグローバル世界では闘えない。

日本は、日本人が、誇りと自信を持つだけのアセット（文化や美意識）を持っている。そこから発想する新たな価値を、未来へ向けて発信してゆきたい。

そのためには、新たな時代へ向けた人材や能力開発が不可欠である。それが次の第3章のテーマである。

第3章「創造する未来――企業と個人への期待」

これまで見てきたように、日本のFBは、ディスラプション、すなわち、これまでの秩序を覆すような大変革が不可欠になっている。そこには、取り組まねばならない多くの課題――人々のファッションへの価値観や消費行動の変化、旧態依然たるビジネス慣習、等々がある。しかし同時に、多大なチャンスもある。ビジネスのグローバル拡大や、新テクノロジーの登場、日本文化への注目、等々だ。

未来は、自然に発生するものではない。未来は、創るものである。

創る人、とはだれか？　企業のリーダーはもちろんのこと、専門分野に明るいプロフェッショナル、また、顧客と日々接して変化を体感している現場の人など、FBにかかわるすべての人だ。

この章では、日本のFBの未来を創造するために、「企業に期待すること」と「個人に期待すること」について述べたい。変革への取り組みが、ビジネスを活性化させるだけでなく、それにかかわる人の「個人としての成長」と、「達成感」につながるものであることも、ここで強調したい。

提起する内容が、「人」や「考え方」や「人の行動」にかかわるものであるため、抽象的であったり、理屈で説明できない場合もあったりで、筆者の実体験も、あえて具体的に紹介することになるが、長年の筆者の「思い入れ」とご理解いただきたい。

本題に入る前に、前章「グローバル企業になる」で見た「新パラダイムでグローバルに成功するFBの条件」で挙げた8条件を、再度確認したい。

①明確な企業理念がある ②優れたブランドとブランディング ③合理的なビジネスモデル ④オリジナリティの重視 ⑤異文化への対応力 ⑥環境・社会・ガバナンスへの意識 ⑦人材のダイバーシティ ⑧創造的・革新的な企業活動をリードする経営力と人材、である。

これらをふまえて、ファッション関連企業と、そこで働く個人が、未来へ向けて取り組むべき重要課題を挙げる。

①「新しい価値」の創造――クリエーション、イノベーションがかつてないほど重要

トレンドを追うだけでなく、「新たな価値をもつ商品」と「優れた体験」の開発、そして、それらを「顧客に、すばやく提示し、簡便に届ける」、付加価値の高い仕組みを作ることが不可欠だ。これまでのトレンド価値中心とは違うサービス価値や、「モノ＋体験＝心の満足」をもたらす新しい価値である。

②顧客セントリックの考え方に基づくオムニチャネル構築――実現のための「意識」と「組織」の変革

企業の視点ではなく、真に顧客の立場に立ったビジネスの運営。顧客も、「個客」に照準を当てたアプローチが必要。ショッピングを面倒くさがる人に、簡便なサーチ方法とレレバントな（その人に意味のある）商品やサービスの提案を。パーソナルな価値が重要。

③デジタル時代への対応――テクノロジーのフル活用

ネット、ＡＩ（人工知能）、ＶＲ（バーチャルリアリティ）、ＡＲ（拡張現実）ロボット、３Ｄ（３Ｄプリンティング）など。アナログの感動を、デジタルで支援。企業トップ・幹部の、デジタル・リテラシーの向上も急務

④ビジネスの無駄の徹底排除――価値を生まないプロセスや業務をなくする

ビジネスの効率化と価値創造の新たなビジネスモデルの開発（原価率、つまり商品の原価が消費者購入価格の４分の１、５分の１、となってしまう現行の無駄は、許されない）。

⑤世界に開かれた企業になる――インバウンドも含め、グローバル対応の態勢を作る

グローバルなビジネス展開、世界からの人材の受け入れ、世界に通用する評価・登用。外国人の積極登用も含め、多様な文化を内蔵する企業になる。

⑥働く人が、やり甲斐・幸せ・生きがいを感じて成長する、達成感ある仕事・職場作り

人は、報酬よりは、やりがいで大きな力を発揮することが多い。ワクワクドキドキの価値を創るＦＢの仕事は、「毎日終電で帰宅」の生活では全うできない。

⑦社会に貢献――環境に優しい事業活動、社会の問題解決

貧困問題、高齢化、等の社会問題の解決への取り組み。また、社会貢献を希望する社員の積極的

サポート、あるいは、社会問題に取り組む団体などの支援。

1. ファッションをビジネスとする企業への期待

「企業に期待すること」は次の5点である。

(1)イノベーション（変革・革新）・ディスラプションを起こす
(2)クリエイティブ活動を活発化する
(3)「優れた人材」が競って集まる企業になる
(4)人材の育成と起業の支援——教育機関もディスラプションを
(5)企業組織のダイバーシティを達成する——革新にはダイバーシティが不可欠

(1)イノベーション（変革・革新）・ディスラプションを起こす

企業に期待する最大のものは、「イノベーション」だ。とくにいま求められるのは、これまでの改善・改革的イノベーションとは一線を画す〝ディスラプション〟、すなわち〝これまでの秩序を破壊するような変革と創造〟を起こして、新たなステージを拓くことである。

「小売りに革命が起きている。産業革命以来の大革命だ」のメッセージが、今や世界中に拡大している。ウーバーやairbnbなどのディスラプションがいい例で、日本にも浸透を始めている（日本の場合は、細かい規制に阻まれることが多いが、それを崩していくのも、ディスラプションである）。

「ディスラプション」は「自ら旧態を破壊する」のでなければ意味がない。「自分がやらなければ、他社にディスラプトされてしまう」からだ。メイシーのラングレンCEOは10年前、Eビジネスへの巨額投資を、反対を押し切って、「われわれがやらなければ誰かがやる」と断行した。店舗小売りがネット販売に進出するのは、カニバリゼーション（共食い）になる、との議論が当時の主流であった。現在も、ショールーミングを積極活用することを、同様に避けている企業がある。

アメリカン・エクスプレス社がその事業を、当初の貨物輸送からトラベラーズチェックへ、さらにクレジットカードへと変容させてきたのも、顧客ニーズに応えたディスラプションであり、継続的な自己否定的革新である。稼ぎ頭のトラベラーズチェックからクレジットカード事業への移行は、勇気のいるディスラプションであったが、今やクレジットカードさえも不要なモバイル支払いが急伸。ウーバーでは顧客も無意識のうちに支払いが自動完了するし、ミレニアル世代はポイントで支払いをする時代になっている。

ファッション関連業界でのディスラプションの事例は、先に紹介したように、ワービー・パーカー（無駄を徹底排除したメガネの垂直型オムニチャネル・ビジネス）やレント・ザ・ランナウェイ（高級ファッションのレンタル）、Stitch Fix（会員制のファッション・パーソナル提案）など多様なものがある。いずれも、製品ではなく、サービスやビジネスの仕組みの革新、言い換えれば、顧客が抱える問題解決（面倒・不便など）に取り組む、「新しい仕組みによる顧客価値の創造」と「顧客の創造」である。また、デジタル・テクノロジーをフルに取り込み、さらに企業の立場ではなく顧客の立場に立ってビジネスのパーソナル化を進める〝ディスラプション〟である点で、小売り革命と言われている。

イノベーションとは、インベンション（発明）ではない。素材や製品における発明的技術開発も、それがビジネスとして新たな価値創造につながらなければ、イノベーションとは言えない。イノベーションとは、経済的な価値を生み出す新しい組み合わせ（新統合）とも言える。既存の技術や製品の改善、それらを新たな視点やコンセプトで組み合わせ、新たな商品やサービス、ビジネスモデルに発展させることである。組み合わせのためのタネが多くなるほど、また異なる視点を持つ人材が貢献するほど、イノベーションは、他社の追従を許さないものになる。社外から新技術や革新的なサービスを取り入れる、いわゆるオープン・イノベーションが、有効となるゆえんである。

ファーストリテイリングの柳井正会長兼社長の著書、「経営者になるためのノート」（柳井正著）が注目されている。折に触れ若手育成のために、「世界を変える経営者をめざせ」と叱咤激励されている氏は、この本で「経営者とは、一言でいえば、『成果を上げる人』です」と述べ、経営者に必要な4つの力に言及している。その第一が「変革する力」。他に「儲ける力」「チームを作る力」、そして「理想を追求する力」を、4つの力とする。

柳井氏は、「変革する力」について、次のように述べ、変革の重要性を強調する。

ある意味、市場は暴力的です。

顧客にとっての付加価値がなければ、売れないものは全く売れません。

また、変化のスピードと競争が激しい時代です。

顧客が、その企業を新鮮で魅力的と感じる期間はどんどん短くなり、かつ顧客満足の要求水準はどんどん上がっていきます。

そして、昨今の世の中の劇的変化は、顧客が望むものを一瞬のうちに変貌させます。

変革か、さもなくば死か。

変革する力を持たない企業はもはや「顧客の創造」を実現することができないのです。

また「変革する力」について、経営者になるために大切にしてほしい視点を見てみると、
目標を高く持つ——非常識と思えるほどの目標を掲げよ
常識を疑う。常識にとらわれない
基準を高く持ち、妥協とあきらめをしないで追求する
リスクを恐れず実行し、失敗したらまた立ち向かう
厳しく要求し、核心を突いた質問をする
自問自答する——自分はできている、と思わないようにする
上を目指して学び続ける——学びにどん欲になれ
とある。
ユニクロ・グループの絶え間ない革新が、ここから生まれるのだ。

①変革は経営トップから始まる

イノベーションは、トップの危機感とビジョン、そしてリーダーシップによってのみ達成される。未開拓の領域への進攻は、成功を保証するものではなく、失敗を恐れず進む以外にない。また最近のように、いつ、どこから、予想もしない競争相手が現れるか分からない時代には、強い危機感と柔軟で素早い、また確固たるリーダーシップを持たないトップでは、対応ができない。ビジョンを描き、チームをモチベートし、果敢な決断をするのが真のリーダーだ。

イノベーションのアイディアやタネは、現場にある。顧客の不満や不便、非満足などの問題の解決が、最も強力な革新のきっかけになるからだ。しかしそれに大きな投資が必要になった場合はもちろん、そもそも顧客の問題解決をビジネス革新の核とする、という考え方は、トップが主導せねばならない。

組織や働き方の革新も、トップのリーダーシップなしでは考えられない。高度成長時代に成功体験をもち、おみこし的に昇進したサラリーマン・マインドの経営者では、つとまらない。

企業トップのリーダーシップについて、米国のビジネススクールで貴重な経験をした。ハーバードで経営者向け10週間コースであるＡＭＰを受講した際、最後に著名な経営者を招く講義があり、ここで筆者は「すぐれたリーダーの条件は?」、と5人のＣＥＯそれぞれに質問した。彼らの共通項は、次の5点であった。

★ビジョンがある ★人の話に耳を傾ける ★コミュニケーション力がある ★チーム（スタッフ）

をインスパイアすることができる　★勇気がある。とくに最後の「勇気」が最も重要、とコメントしたCEOが3人いた。

この話を帰国後、日本のファッション関連企業の管理職の人たちにしたところ、「責任を取る」というのはないのですか?との質問が出て驚いた。トップに限らず、人の上に立つ者が「責任を取る」のは至極当然で、米国では議論にもならない。日本では、「責任を取らない」「何か他のせいにする」幹部がいかに多いか、改めて考えさせられた。管理過剰・リーダーシップ不在の企業は、これからの時代に発展は望めない。

②イノベーションが起こる企業風土づくり

トップのリーダーシップの重要性を強調したが、イノベーションが、トップダウンばかりでなく、トップのビジョンに基づき、ボトムアップで生まれる企業は、パワフルである。というのは、革新のほとんどは、顧客起点、つまり顧客の感動や満足、あるいは顧客ロイヤルティを高め、他社にない差別性を確保するために行われるものだからだ。

H&M（Hennes & Mauritz）はスエーデンの会社だが、非常に自由でオープンな会社である。組織はフラットで、日本のようにヒエラルキー的な組織図もなく、社長といえども、スタッフは名前（姓でなくファースト・ネーム）で呼び、日本社でも、それを実行している。社員はみな、自分の意見を遠慮なく発言し、マネジャーに対して反対の考えであっても、堂々と述べる。マネジャーもそれを気にしない。日本のアパレル企業から同社に移った女性は、まったく違う社風に感銘を受けたという。そんななかで、様々な提案が試みられ、日々の革新につながっている。

日本企業の事例としては、優れた業績と、企業風土の変革で注目されているカルビーにも注目したい。同社の会長兼ＣＥＯの松本晃氏の話を聞く機会があった。ハーバード・ビジネススクール日本同窓会の「２０１５年度ビジネス・ステイツマン・オブ・ザ・イヤー」の受賞スピーチである。題して、「夢なき者に成功なし――仕組みを変える　悪しき文化を変える」。〝２０２１年には１兆円企業になる〟との夢をビジョンに描く氏の、「夢のない仕事はやらない。経営者は、夢のない仕事を社員にやらせてはいけない」、という言葉が強く印象に残っている。夢を語り、強力なリーダーシップでそれを実現しようとする経営者は、企業の風土を変える。

この考え方は、同社の女性の活躍の面でも大いに成果を上げている。企業の革新・変革は、多様な価値観の人材が、オープンでフラット、公平な組織で、互いに刺激し合うなかで生まれ、進行する。

③イノベーション・ラボの設置

最近の米国では、「イノベーション・ラボ」と一般に呼ばれる研究所を、シリコンバレーなどを中心に設置する企業が増えている。イノベーションが、ＥＣをはじめとするデジタル・テクノロジーに絡むものが多いことによる。たとえばメイシー百貨店やウォルマートは、何百人という技術者（ＩＴ中心に多様な専門家で構成）をここに配置し、ビジネスの将来展望を探るとともに、自社に必要な開発を行っている。多くは博士号などを持つ専門性の強い研究者だ。

アパレルでは、ＶＦコーポレーションが２０１４年に、３つのイノベーション・センターを開設している。ジーンズ・センターは北カロライナ州のラングラー本拠地に。パーフォーマンス・アパレル分野のためにはカリフォルニアのノースフェイス本拠地に、靴のセンターはニュー・ハンプシャー州のティンバーランドを本拠地に、という具合だ。配置されているのは、科学者やエンジニア、テクニカル・デザイナーをはじめとする、多様な専門職で、総勢50～60名、半数以上が博士号保持者だという。テクニカル・デザイナーとは、ＣＡＤやＣＧなどを含む、アパレルに関するデジタル技術を身につけたデザイナーだ。

日本ではワコールが早くから研究所で優れた研究を行ってきたが、素材メーカーは別として、百貨店や大手量販店業界では、商品の品質検査やファッション・トレンドに関する研究所はあっても、ＩＴ／デジタル技術者を併せ持つ研究所がほとんどない。今後に期待したい。

(2)クリエイティブ活動を活発化する

ＦＢには創造性が不可欠である。それを一段と評価し、強化せねばならない。

わがファッション業界は、クリエイティビティを十分に評価し、能力あるデザイナーや発想力豊かな人材がフルに活躍できる環境を提供しているとは言えない。ファッション・デザイナーを、新しいデザインの絵型を描く機械のように扱ったり、あるいは抜きんでた創意工夫と技術で開発したテキスタイル生地を、価値あるクリエーションとして評価しない、といったことだ。

最近では、ファッションにかかわるクリエイティブ活動も、服のデザインや色、テキスタイルといった領域を大幅に超えて、ブランド・イメージや店舗デザインまでカバーする、クリエイティブ・

ディレクションの分野にまで拡大している。そしていま、デジタル技術の進展とともに、クリエイティビティとテクノロジーを融合させた世界に、デザイン（すなわち設計）活動が広がりはじめた。テクノロジーが、いわゆる工学分野（エンジニアリング技術）だけでなく、情報技術やＡＩをも融合する方向に発展している。

21世紀を〝クリエイティブ・クラスの世紀〟とした経営学者のリチャード・フロリダは、クリエイティブ・クラスの説明として、〝デザイナーなど、創造活動に従事する者ばかりではなく、ブルーワーカーでも、創意工夫をする人たち――たとえばトヨタの工場でカイゼンに現場で取り組む者も――クリエイティブ・クラスである〟とし、21世紀の価値創造には、こういった人たちが重要だと述べている（『クリエイティブ・クラスの世紀』（リチャード・フロリダ）ダイヤモンド社２００７年）。

日本のＦＢが欧米に後れを取っているのは、このように、クリエイティビティの世界が拡大しているにもかかわらず、服のデザインといった狭義の造形活動にとらわれ、広義のクリエイティブ、あるいはデザイン活動を追求していないからだ、とも言える。

①創造活動の仕組みづくりを――「デザイン思考」の活用

「デザイン思考」（Design Thinking）という考え方が、世界の先進企業の間にイノベーションのひとつの手法として広まっている。デザイン思考とは「デザイナーがモノを作るときに使ってきたマインドセット（思考様式）、すなわち思考プロセスを、今日の複雑な問題に適応すること」だ。この概念をビジネスに応用し１９９１年にＩＤＥＯ社を設立したのがデビッド・ケリー氏だ。たとえばサービスの開発だったり、行動様式の転換といった、問題の解決である。

ＩＤＥＯは、カリフォルニア州のパロアルトにある世界的なデザイン・コンサルティング会社で、人々の潜在ニーズ、行動や欲求に応える新しいアイディアやコンセプト、とくに、人間中心のコンセプト創出を得意とする会社である。

「デザイン思考」プロセスの要素を彼らは、「共感」「実験」「物語」に分解できる、としているが、なかでも最も重要なのは、「共感」で、実際に利用者の気持ちになることだ。そのためには、消費者の家を訪ね、仕事場に同行し、あるいはその課題を抱えている現場に出向いて、人類学者のように観察する。それがデザイン思考の第一歩だ。たとえばスーパーのショッピングカートの再デザインに取り組むとすれば、カートに求められる本質的要素、つまり期待される機能や使用者の利便性、情報装備（ＩＴ機能）などをゼロベースで見極めるところから始める。これにかかわるのは、デザイナーだけではなく、エンジニアや生物学者、心理学者、医者やマーケッターなど多様な分野の専門家で、博士号保持者も多く、肩書や上下関係なしのフラットな6〜7人のチームだ。異なる専門的な視点から、徹底したブレーンストーミングでコンセプトを議論し、モックアップ（簡易試作品）を作る5日間の集中プロジェクトの事例を筆者は見たことがある。試作品ができれば、「実験」をする。それが受け入れられれば、「物語」を組み立てる。消費者の心を動かすのは製品スペックの説明よりも、「物語」が効果的なのだという。

これはまさしく、この本がテーマとする、新しい時代の、多様な欲求を持つ顧客の立場に立った、新たな商品やサービスやそれを提供する〝仕組みの設計（デザイン）〟である。スタンフォード大学の人気コースである、「dスクール」も、この考え方に根差すものだ。

②FBにおけるクリエーションのあり方

デザイン活動が大きく拡大しているとはいえ、FBの核になるのは、服のデザインである。そのファッション・デザインの仕組みが変容しつつある。

パリの有名メゾンのデザイナー(クリエイティブ・ディレクター)が、2015年秋に相次いで辞任を表明した。「ディオール」のラフ・シモンズと、「ランバン」のアルベール・エルバスといった、人気を博した大物デザイナーで、ファッション業界に衝撃を与えている。根源的要因として、ファッションスケジュールの過密さが表面化した。年に6回のコレクション、それもメンズとレディスを別々に。その合間に特別なイベントやメディア取材、といった殺人的スケジュールで、デザイナーが疲弊しているのだ。FBという巨大な商業システムが、人間的活動を圧迫するようになっている。

ファッションの世界で重要な役割を果たしてきたファッションウィークにも、変化が起きている。長年の伝統として、シーズン半年前にパリやミラノ、ロンドン、ニューヨークで発表される有名デザイナーのコレクションの、実施のタイミングとやり方が、問題になっているからだ。インターネットやスマートフォンが格段に普及した現在、コレクションはブロガーなどによりリアルタイムで配信される。それを見て、ワクワクした消費者も、商品が店頭に並ぶ半年後まで購入を待たねばならない。あるいはその時点では、すでに見飽きたファッションになってしまって、欲しいと思わなくなっている、といった問題だ。See Now Buy Now、Buy Now Wear Now への動きだ。

これに対して、ニューヨークのデザイナーズ協議会では、大手コンサルタントを起用するなどして、解決策を探っている。世界の関係者が合意できるかに注目したいが、少なくともニューヨークでは変化が起き始めた。実需シーズンに近づけてショーをやるとか、紳士と婦人のショーを合体するとか、ショー形式をとらずに顧客が新しいファッションを親しく体験できる場をつくる、あるいはショーへの招待者に消費者（顧客）も入れる、といった、変革を起こすデザイナーが出はじめた。これも、現代のニーズにそぐわなくなったＦＢの伝統的システムを、ディスラプトするものと言えるだろう。

③ファッション業界における、デザイナーの起用と評価――ニコル・ミラーに学ぶ

クリエイティブ活動においては、適切な人材の登用が、不可欠である。とくにデザイナーの採用や起用は、そのブランドの性格を決定づけるものであるが、日本企業では、ブランドのコンセプトや目指すスタイルを熟慮したうえで、デザイナーの選定にあたることが少ない。

デザイナーの起用に関して、感銘を受けた事例がある。ニューヨークのデザイナー・ブランド、Nicole Miller（ニコル・ミラー）の立ち上げの話だ。

米国の中堅アパレルの社長であったバド・コンハイム氏は、日本の合織素材に優れたものがあるのに目をつけ、ドレスを得意とするデザイナー・ブランドを立ち上げることにした。デザイナーの募集をかけたところ、デザイナー名をブランドにするというので、何百人の応募があったという。

そこでコンハイム氏は、優秀な人材を一人でも見逃すことがないように、全員を自らの手でスクリーニングする方法を熟考した。目から鱗の、以下の選考方法だ。

テスト①「異なる生地を何百点も机上に山積みし、そのなかなら自分がデザインしたいと思うものを選ばせる」――生地は、素材の特性（ドレープや落ち具合）が分かる大きさに切ったものだ。そのなかに、これを選んだら完全にアウト（氏がイメージしているラインにならない）、というものと、これを選んだら有力候補、とするサンプルを、複数混ぜておく。自分が同席しなくても専攻可能な方法であり、この段階で候補者は、数十人に絞れた。

テスト②「パターン（型紙）が悪いドレスをハンガーに掛け、どこを直せばよいか指摘させる」――1対1の面接型審査だが、ここでも、候補は、かなり絞り込まれたという。

テスト③「デザインのディテールが重要なサンプルをハンガーに掛け、それを正確にスケッチさせる」――これは、工場や、営業に対して製品指示などを的確に行うために重要な能力だ。この間、コンハイム氏は、話しかけたり、質問したりして、実際の仕事場のようなプレッシャーをかけ、それでも正確な絵型が描けるかを見たという。デザイナーの活動環境は、静かなアトリエとは限らないからだ。

テスト④「デザイナーとしてのあなたの目標は何か?」――この質問で、ヴォーグ誌の表紙を飾りたい、などと答えた候補者は全部落とした。最終選考に残った2名の答えは、「自分がデザインした服を着ている人を街で多く見かけること」であったが、これはまさしく氏が期待していた回答だったという。

「最終試験は？」と聞いたところ、「美人のほうをとった」と笑いながらの答えが返ってきた（現在なら、セクハラになりかねない発言だが）。

感心するのは、この選考手法で必要な能力をしっかり見抜いていることだ。すなわち、①素材重視のドレス・ブランドとして自分のイメージに合うデザイナーの選択　②生地とパターンについての専門能力の高さのチェック　③細部にいたる観察力と、絵型によるコミュニケーション力。そして④ビジネスとしてのデザインの重要性を理解している、ことだ。

ニコル・ミラーのブランドは、ニッチ・ブランドとして、現在も多くのファンを持っている。

クリエイティブ業務にかかわる人材の評価も非常に重要である。成果を上げるために不可欠なことを挙げたい。

★まず自社が真に必要とする人材を採用・調達すること（有名人でも、一般に優秀といわれる人材でも、自社の目的に合わない人は採用すべきではない）。

★職務内容と責任と権限、成長・昇進のチャンス、そのための研修や指導者（メンターなども）を明確にする。

★評価の基準を明確にし、報酬も含めて初めに合意をとり、契約書を作る。

★個人の成果、チームの成果、を見える化する方策を考え、定期的にフィードバックする。

評価に関して重要なことは、人は必ずしも、報酬や役職で動くものではないことだ。次項でも述べるが、クリエイティブな人間は、自分が発案したものが、人の役に立つ形で実現することが、最高のリワード（報酬）である場合も多い。

日本で自社ブランドを大事にする企業が増え、デザイナーの起用と活躍に注力することを期待したい。

(3)「優れた人材」が競って集まる企業になる――優れた人材は革新的企業に集まる

グローバルに闘わねばならなくなった企業にとって、優秀な人材の確保が最大課題になってきた。War for Talent（有能な人材の争奪戦）の時代と言われて10年近くが立つが、グローバル化の進展と、テクノロジーの急速な発達により、人材争奪戦はますます激化。変化のスピードも加わって、企業内で育成するのでは間に合わなくなっている。終身雇用体制のもとで社内での人材育成を得意としてきた日本企業も、昨今のビジネスが要求する、若くてバイタリティと柔軟性を持ち、かつ専門能力とリーダーシップに長けた人材の育成は、容易ではない。とくに深刻なのが、ＩＴ関連の技術者、そしてグローバルに活躍できる人材だ。

育成が難しければ、外部から採用するしかない。その場合、企業が魅力的であることが不可欠である。また、優れた人材を確保することに加え、彼らをリテイン（自社にキープ）し、そして能力をフルに発揮し達成感をもって活躍してもらうためには、報酬以外に重要なことがある。それは、その会社がどれだけ革新的であるか、どれだけやりがいがある仕事ができるか。どんなキャリア展望が描けるか。あるいは人によっては、仕事とプライベートな生活の両方を充実させる働き方ができるか、といったことが重要になるのだ。とくに、ＩＴ関連やグローバル人材の獲得には、世界市場から人材をリクルートすることになるため、グローバルに通用する仕事への価値観、評価や報酬などの仕組みが不可欠だ。欧米流の成果主義などを部分的に採り入れても、従来の終身雇用制度を引きずっている日本的な考え方や価値観、勤務条件では、まったく魅力を感じてもらえない。

①優れた人材とは何か

「優れた人材の確保」といっても、すでに出来上がった専門家を雇用して、それが自社のニーズや企業風土にピッタリ合っていることを望むのは、とくに日本企業の場合、ないものねだりだと言える。優れた人材とは、自らのモチベーションで、目的や目標を達成し、必要な環境へのアジャストも行える人材であり、企業はその可能性を買い、自社の戦力に磨き上げねばならない。

それでは「優れた人材」とはどのような人材なのか。キャリアや経験、実績は別として、資質としての「優れた人材」とは、を考えてみたい。企業はこういった資質を持つ人材で、専門性を兼ね備えた人材を確保し、彼らをディレクトし成長させ、リーダーに育て上げることが重要だ。

筆者が、企業や教育現場、海外を含むプロフェッショナルとの仕事などを通じて、「優れた人材」の資質と考えるものは、次の通りである。

★優れた人材は、自らが成長できる仕事や職場を求めている（肩書の昇進ではなく）
★優れた人材は、夢を持っている
★優れた人材は、知的好奇心が旺盛である
★優れた人材は、プロフェッショナルを志向する（単なる専門職の意味ではない）

★優れた人材は、努力や自己研鑽を厭わない

★優れた人材は、変化にたじろがない。変化への対応力を持ち、変化やチャレンジを楽しむ

★優れた人材は、謙虚であり、他から学ぶ姿勢がある

★優れた人材は、困難な状況でも、諦めない

魅力ある企業とは、このような資質や期待や願望を持った人材にとって、働きたいと思う場所であることを意味する。

「プロフェッショナル」については、若干の説明が必要かもしれない。

長年、旭化成ＦＩＴセミナーやＩＦＩビジネススクールの仕事で、海外から講師を招聘してきた経験から、筆者は「プロフェッショナル」の言葉の重みを、失敗経験も含めて、痛感させられている。

「プロフェッショナル」は、２つの意味をもっている。１つは、特定の専門分野で生かせる知識や技術、あるいはノウハウを持っていること。もう１つは、いわゆるプロ意識を持っていることである。具体的に言えば、仕事に取り組む姿勢や見識、モラルや哲学である。「優れた人材」の資質として、「プロフェッショナルを志向する」人材としたのは、専門的能力を磨くことはもちろんであるが、「本当のプロと言われる人材になって、その評価に恥じない仕事をしたい」と願う姿勢を意味している。

米国の経験だが、業界で「あの人は、本当のプロだ」と言われる人材は、自分の能力、あるいは期待されていることを、正しく把握している。そのため、自分が完全にできると考える仕事でなければ、引き受けない。これに対して、プロフェッショナルとしての経験や見識が十分でない、言い

換えれば一流とは言えない人物は、「これくらいのことなら、自分もできる」と考えてしまうのだ。
米国のファッションや流通業界では、「プロフェッショナル」の言葉を、非常に慎重に使っている。

②グローバル人材に魅力ある会社になる――グローバル人材の採用と活用

ファッション関連業界も、グローバルなビジネス展開が必須の時代になり、「グローバル企業」を志向する会社が増えている。

「グローバル企業」とは、売上額に占める海外ビジネス額の比率、社員に占める外国人の割合、小売業なら店舗数の海外比率、などで一定のレベルをクリアした企業、とすると分かりやすいが、尺度はいろいろあるだろう。重要なことは、その会社が、「世界に展開する」という意思と、そのために必要な「グローバルに通用するビジネスの仕組み」を持ち、グローバル・ビジネスの実績を作っていること。そして「グローバル企業」と名乗るにふさわしい企業文化、すなわち多様な価値観の共有や社員のダイバーシティ（多様性）、風通しの良い組織風土、などを持っている、あるいは懸命にその努力をしていることだ、と言えるだろう。

「グローバル人材」、言い換えれば「グローバルに通用する人材」が、好んで集まる会社を考えるうえで、「グローバル人材」とはどのような人材なのかを、あえて書き上げてみたい。英語ができるだけではないことは確かだ。

★異文化体験がある（価値観の異なる外国での生活、留学、駐在などの経験）

★海外や異文化への関心、理解、敬意をもつ（十分の理解ができてなくても、相手の国や文化に

ついて、敬意をもって学ぼうとする態度がある

★外国語が、少なくとも1つ、日常のコミュニケーションが不自由ないレベルで使える

★外国人と対等に接することができる（卑下もしないし、優越感ももたない。日本人としてのアイデンティティや誇りを持ちつつ、相手のアイデンティティにも敬意を払う）

★活動する国のビジネスや社会のシステムにアジャストできる（郷に入っては郷に従う）

★Win-Winでことをまとめる姿勢がある。

★人間性が豊かである

これらは、筆者の留学体験と、長い海外生活体験、外国人との諸事にわたる折衝などを通じて得た、ある意味で信条と言えるものである。

こういった人材をいま現在、日本のファッション業界で見つけることは、かなり難しいが、外国人にも門戸を開き、ヘッドハンティングやリクルート会社を起用することを考えるべきである。その際に重要なことは、採用の意図と期待を明確にすることだ。どういう職務で、どのような責任と権限を持つポジションか。どのような知識やスキルや経験を求めているのか（抽象的でなく具体的に）。だれにリポートするのか。契約の期間と報酬の仕組みは。評価の仕方は。どのような昇進のチャンスがあるか。などを明確にし、契約書を交わすことが不可欠である。これらはこれまで日本のFB企業が決して慣れているとはいえない、グローバルなリクルートや採用の際の最重要ポイントだ。

グローバル時代に、「若者が世界で生きるための教育」に関して、小型モーターの世界で圧倒的

存在感を持つ日本電算の永守重信会長兼社長は、「価値観が変わる体験」をさせることの重要性を強調している（日経新聞２０１６年１月13日付）。

筆者は高校・大学・大学院の３回の留学で、まさしく「価値観が変わる体験」をした。１つだけ例を挙げれば、16歳でＡＦＳ高校交換学生としてミネソタ州の日本人が一人もいなかった町、マンケイトに留学した時の世界地図だ。地図が米国を中心に描かれていて、日本が左の隅によじれ曲がった小さな列島でしかないのを見て非常なショックを受けた。もちろん赤く塗られてもいなかった。ものごとは視点によって、こうも変わるのか。

外国人留学生の採用にも、真剣に取り組む必要がある。欧米に留学した日本人が、労働ビザ取得などの苦労はあっても現地で活躍できていることを考えると、わが国はこの点で世界に大きく後れている。日本に留学し、専門知識や技術を身に付けた外国人留学生の70％が、日本で就職できないために帰国したり日本以外の国に流出している事実。日本語を学びながらファッションや美容やアニメなどを学んだ留学生（修士号保持者も多い）を、みすみす手放しているのは、何としてももったいないことだ。これまで移民政策はとらない、としてきた政府も、「専門能力を持つ人材の積極的受け入れ」の方向に動きつつあるいま、業界を上げてそれを加速するよう働きかけることが重要であろう。

グローバルに開かれた企業になるため、社内公用語を英語にした楽天やファーストリテイリングが、グローバル人材の調達はもちろん、それ以外でも優れた人材があこがれる企業として、１つのモデルといえる。

(4)人材の育成と起業の支援──教育機関もディスラプションを

「人材育成」のお題目は、もう聞き飽きた、という人も多いだろう。この問題は、それだけ重要でありながら、実現できていない課題なのだ。その最大の理由は、ビジネスが急速に変化していることにより、求められる人材のスペックが変化していること、にある。言わば〝動く標的(moving target)〟にもかかわらず、企業側から教育内容についての明確な要請がなく、あったとしても、教育機関の対応が、標的の動くスピードから大きく遅れているからだ。大学や専門学校では、卒業後少なくとも10年は使える能力やスキルを教えねばならないが、教師のほうは、少なくとも10年以上前に専門技術や考え方を身に付けた人たちが多い。とくにファッション流通産業については、単独の専門分野の知識や技術だけではなく、クリエイティビティとテクノロジー、そしてビジネスを融合する新職種に人材不足が顕著だからだ。

このテーマだけで1冊の本になる「人材育成」について、ここで詳細に論じることはできないが、企業が果たすべき重要な役割と、教育機関への自己革新の期待について述べたい。とくに、起業家の育成と支援が急務である。

①企業は、求める人材のスペックを明快にすべし

「いいデザイナーが欲しい」「優れたＥＣサイトを立ち上げたい」など、人材を求める声はよく聞くが明確なスペックが語られることは、日本では少ない。

しかし、扱い商品や業態、戦略によっても企業が必要とする人材のスペックは、必ずしも同じではないから、それを明確にしないと人材の育成も募集も的を射たものにならない。とくにネットやデジタル・テクノロジーなどの新しい領域については、企業自身もよく分からないために、「専門家」とみなす外部に丸投げしているケースも多いように見受けられる。自社の差別化の生命線である「デザイナー」などのクリエイティブな業務まで、外部に依存する企業が多いことは、誠に残念だ。

企業に期待したいのは、少なくともコア（中核）になる業務には、自社独自の人材を配置し、それが司令塔になって、外部の専門家を活用することである。それがスピード対応面でもコスト面でも、有効である場合が多い。

また、トップ・マネジメントのデジタル、あるいはＩＴリテラシーを上げることが非常に重要である。また、ＣＩＯ（最高情報責任者）やＣＤＯ（最高デジタル責任者）を設置し、経営トップの右腕、左腕的な役割を果たさせることも、米国では一般的になっている。多様なテクノロジーが利用可能になっているが、どれをどのように起用し展開するかは、企業の戦略的判断にかかっているからだ。

米国で企業が最近求人欄に挙げている募集人材は、テクノロジー関連が圧倒的に多い。ＮＲＦ（全米小売業協会）の求人リストの直近のものでは、ビジネス・インテリジェント・アナレティックス（ラルフ・ローレン社）、サーチ・エンジン・マーケティング・マネジャー（専門店のバックル社）、サプライチェーン・アナレティックス（ウォールグリーン社）、など、ビッグデータ分析や、検索エンジン、Ｅメール・マーケティングといった、従来では考えられなかったものばかりだ。ビッグデータ分析の技術者需要が急伸し、求人は４０００倍だとも聞く。

テクノロジー関連の人材については、日本は大きな課題を抱えている。日本のコンピュータ専攻の学生数は、１万６０００人だが、米国では６万人、中国では30万人と、格段の差がついている。その他のデジタル関連技術者、あるいはＡＩやＶＲでも、日本の大学が教育内容の質や学生数で、先端を行っているとは考えにくい。ファッション関連企業は、どんな人材が将来必要になるのかを明らかにし、教育機関に対して、産業としての要請と支援をすることだ。

②起業を目指す人材の開発・育成と支援

ファッション関連産業における変革、それも破壊的革新（ディスラプション）が求められる現在、巨艦である大手企業が変革するのが難しいならば、企業内ベンチャーも含む、起業家（スタートアップ）の開発育成に期待したい。新コンセプトのビジネスを立ち上げるためである。

日本では、いわゆるベンチャー企業立ち上げのハードルが高い。リスクマネーが少ない（米国の40分の１と言われる）ことから、資金やベンチャーキャピタルの支援などが得にくいこともあるが、失敗を許さない、日本の風土の問題が大きい。ファーストリテイリングの柳井会長の著書、「一勝九敗」にあるように、「十回新しいことを始めれば九回は失敗する」ものであるといった考え方が重要である。昨今の起業事例を見ると、やってみなければ分からないことも多い。

米国で毎日のように誕生する新規事業の「スタートアップ」が、どれくらいの成功率かは知らないが、失敗しても、それが次なるアイディアにつながることも多い。米国では、Make a mistake in a right direction という言葉がある。「失敗も、正しい方向へ向けての失敗ならば、次なる事業の糧となる」の意味である。

起業に関するコンテストやアワードも日本でもなくはないが、企業が積極的に、アイディアをもって起業したい人材を、支援してほしい。経験の浅い彼らにプロのマネジメント集団を編成してアドバイスを与えるなども、期待したいところである。

この原稿を執筆中に、米国のウォルマートが「テクノロジー・イノベーションの公募」を2016年秋に実施すると発表した。同社の415-Cラボの技術ソーシング・チームが、250件を募集し、最終選考に残った25～30社には、ウォルマート経営陣にプレゼンテーションの機会を与えられる。最優秀のものはウォルマート社傘下での開業となるのだろうが、広い範囲の起業家たちに、チャンスを提供しているのだ。ちなみに、シリコンバレーにあるウォルマートの技術研究所には、優秀な人材が競って集まってくる。その理由は「ウォルマート社で働くこと」ではなく、自分の革新的アイディアを開発・展開する機会を得られるからだという。野心を持っている優秀な人材は、革新的企業に集まるのであり、革新的企業は、彼らのパワーを借りて、新たなビジネス革新に進むのだ。

日本の事例としては、専門店チェーンのアダストリアが取り組んでいる未来創造プロジェクト、「シー キューブ（C-Cube）」がある。「10年後を皆でつくる」をメインテーマに、アルバイトを含む国内外の従業員約1万4000人を対象とする社内公募により、3つのC、すなわち、「チェンジ」「チャレンジ」「コラボレーション」を掛け合わせた新事業案を募る企画だ。書類選考で選ばれた応募者は、事務局メンバーによる面談やレクチャーを受け、戦略立案や企画のブラッシュアップを行ったのち、社内の取締役や社外有識者に向けたプレゼンテーションを行う。優秀な提案に関しては5万~100万円の賞金を用意する他、プロジェクトチームを編成し、合宿などを経て来期からの事業化を目指す、というものだ。筆者も最終審査員を務めさせていただいたが、発案者の想いの熱い、新たな事業展開が期待できるプレゼンテーションが多かった。

ディスラプションが求められる時代だ。従来のビジネスを一気に破壊することはできなくても、新たなアイディアによる革新をエンカレッジし、小規模のスタートでよいから、新たな業態やビジネスモデルの試行にチャレンジすることが、成長のエンジンになる。

③教育機関のディスラプション的革新——FITにみる戦略転換とその実践

産学協同で知られる、ニューヨークのFIT（ニューヨーク州立大学 Fashion Institute of Technology）は、1944年にアパレル・デザインや生産を教える職業学校としてスタート、すぐにコミュニティ・カレッジ（産業発展のために各州に設置された州立大学）になり、以来、4年制コースや大学院開設などにより、今日のファッションとビジネスとテクノロジーの総合大学として世界最大の規模となった。

FITは産業のニーズに応えて、つねに業界の変化を取り入れたカリキュラムや教師陣で教育してきたが、IT革命がビジネスやクリエーションに劇的なインパクトを与えるようになって、抜本的革新に取り組んだ。2004年に学長主導で推進した「2020に向けた戦略」であり、その策定には1年かけ、ＦＩＴコミュニティのすべてが参画。学生、教員、アドミニストレーション（学校運営）、スタッフ、ＦＩＴと財団の評議員、業界代表などを巻き込み、学内のあちこちで活発な議論が交わされたという。

戦略では大きく5つの目標を設定、その進展を追跡する細かいシステムも設定した。5つのなかには「リベラル・アーツ（一般教養）の強化」（学生が批判的に考え、問題の分析・解決する力をつける。文化的に洗練された人材をつくる）「サステイナビリティの重視」（修士プログラムを新たに設置）「グローバリゼーション」（グローバル市民の育成。次項〝個人への期待〟で紹介するGFMコースもこの一部）などがある。他方、手作業のパターンメーキングの講座を廃止し、デジタルによるテクニカル・デザインの一部に統合するなどの変化も起こっている。

注目したいのは、「未来のファカルティ（教師陣）」戦略だ。未来のファッション・リーダーを育てるための、教員のスペックの特定と採用である。２０２０年には業界がどのように変化しているかを考え、新規にフルタイム教員を40人確保する予算も取った。それまでのフルタイム教員の20％増である。

未来の教師に求める5つの資質は左記だ。

★グローバリズム――グローバル化を理解し説明できる知識とスキル。グローバルな事象を理解するための学際的把握、多様な文化への対応など。「世界市民」をつくる能力

★指導構想力（Instructional Design）――未来の学生が必要とするものを想像し、そのために必要なものを構築、それをどうコミュニケートするか

★学びを豊かにする——指導の際の態度。学生の学びに関する情熱の醸成、学生を引きこみ啓発する能力
★プロフェッショナリズム——業界について、既存の、および新たに登場する専門知識と能力
★テクノロジー・リテラシー——自分が指導する分野の、技術用語や手法に明るいこと
実際の教師陣の採用は、これによって着実に進められた。カリキュラムの開発もしかりだ。

この戦略が実行に移された２００５年から8年後の２０１３年末には、さらなる発展のための、「FIT Beyond 2020」（ＦＩＴ ２０２０年を超えて）が策定され、３つの目標が設定された。
★Academic and Creative Excellence——学術的およびクリエイティブ分野での卓越。
★An Innovation Center——イノベーション・センターの設置（世界の産業が抱える課題への取り組みと起業家精神を推進する文化を醸成。創造性をアクションにつなげるインキュベーション）。
★An Empowering Student Community——学生がそれぞれに違いを発見し、互いから学び、互いをインスパイアーする、学生を包含するコミュニティの構築

これらはいずれも、日本も抱えている世界共通の課題である。教育機関が、教師のスペックやカリキュラムの再定義を継続的に行い、さらに学生同士の啓発にも人材育成の効果があることを意識して取り組んでいることを評価したい。

環境が急速に変化するこれからの時代は、「教え続ける」ことは不可能である。「人が、自ら育つ」仕組みをどう作るか。日本の教育機関にもこのようなアプローチと実践が不可欠だ。

魚を捕らえて与えるのではなく、魚を自ら捕る方法を学ばせるのである。

(5) 企業組織のダイバーシティを達成する――とくに女性の登用

日本の企業は、歴史的に、日本人だけで構成するモノカルチャー（単一文化）で発展してきたが、大きく変化する経済環境、社会環境のなかで、組織のダイバーシティ（多様性）が、極めて重要になってきた。それも、人権や平等といった社会的視点だけではなく、経済的視点、すなわち、多様性が革新を生む、の考え方だ。生活実感をもつ女性の貢献も不可欠になった。また労働人口減少対策として未活用の女性や高齢者の活用などが重要になってきた。

ダイバーシティは一般に「多様化」と説明されているが、簡単に言えば「個々の人間がもつ違い」を多様にすることである。「違い」には、目に見えるもの（性別や年齢、人種など）と、目に見えない違い（学歴や専門能力や経験、宗教や所属する組織、育った環境や文化など）および心理的傾向（価値観や職業観、ライフスタイルなど）がある。

日経連は２００２年のレポートで「多様化」を、「異なる属性（性別、年齢、国籍など）や従来から企業内や日本社会において主流をなしてきたものと異なる発想や価値を認め、それらを活かすことで、ビジネス環境の変化に迅速かつ柔軟に対応し利益の拡大につなげようとする経営戦略」としている。

①革新にはダイバーシティが不可欠

同質化したコミュニティ、すなわち同じ価値観の人間、同じ文化や環境で育った人間の集まりでは、革新的なアイディアは生まれない。モノの見方や思考方法、重視する価値や行動などが同質であれば合意はとりやすいが、その分だけ、これまで未経験の画期的なアイディアは生まれにくい。たとえ新規の提案が出されても、異端扱いされて採用されない。日本社会は、民族的にほぼ単一であることにより、コンフォーミティ（慣習などに従うこと、協調性）の高い社会である。企業も、20世紀の高度成長時代のように規模拡大など目標が明快で、それを一致団結して達成するには、企業文化や社員のコンフォーミティが極めて有効であった。しかし現在のように、ビジネス環境の変化や競争が激しい時代には、新商品開発はもとより、企業が目指す目標も、企業それぞれの強みや戦略により、独自に組み上げねばならない。

多様性と企業の業績の関係についての、マッキンゼー調査が興味深い。「ダイバーシティは重要（Diversity Matters）」と題する２０１５年２月公表のレポートだが、米国・英国・カナダ・南米の３６６社の業績調査（２０１０～２０１３年）に基づき、〝上位４分位にある企業の業績が、各国の下位４分位の企業を上回る可能性を調べた結果、「男女の多様性を実現している企業」は16％高く、「人種・民族の多様性実現企業」は35％高いものであった。とくに米国では、人種・民族的多様性と業績とは、直線的な比例関係にあり、企業上級幹部における人種的多様性の比率が10％上がるとともに、税引前利益は０・８％アップしているという。

日本企業では、外国人の雇用が諸外国企業に比べてとくに少ない（平成26年10月末現在、雇用者全体の５６４９万人のうち外国人労働者数は78・７万人で、１・４％に過ぎない)。外国人の就業がまだ多分に規制されていることもある。これは日本の将来にとって大きな課題であり、企業は自ら、外国人や女性や高齢者の活用に取り組むべきである。

日本社会におけるダイバーシティの重要性に関して、痛感したことが２つある。筆者が経済同友会の教育委員として都内のある有名私立中学校に「キャリア開発」の講師として出向いた経験だが、１つは〝ＫＹ〟という言葉を初めて聞いたことだ。生徒が〝ＫＹ＝空気が読めない〟ことを非常に嫌うだけでなく、そういうクラスメートを疎んじる傾向が強い。生徒に質問をしても、まずは周りを見て自分が答えてよいものか、また、何と答えれば皆の支持を得られそうか、を確認する様子なのだ。悲しみの席などで、場の空気にふさわしくない言動を慎むことは当然だ。しかし日常的な場でのＫＹ意識は極めて日本特有の問題であり、大人社会でも、人と違うユニークな発言やアイディアを抑圧する空気がある。非常に残念なことだ。

もう１つの経験は、帰国子女が２～３人いるクラスは、発言が多く、活気があることだ。ちょっと変わった発言でも、みなが顔を見合わせることは少なく、指導するほうもワクワクする。そもそも外国、とくに欧米では、個性を大事にする傾向が強い。幼い頃から人と違う自分を意識し、堂々と人と違う意見を発表したり行動をとったりする。米国では、ほとんどの幼稚園や小学校で、Show and Tell というセッションがある。児童や生徒が、みなに見せたいものを各自持参して、〝見せながら語る〟プレゼンテーションの訓練だが、これにより、大人になっても自分の意見をしっかりと述べ、他人の意見もしっかりと聞く態度が身に付くのだ。

　また、多様な人材の集団にすると、チームプレイが難しくなる、との意見を聞くことがあるが、その点にこそダイバーシティの価値がある。リーダーは、相反する意見を発展させ、相互に建設的火花が飛び交うようにリードしながら、それぞれが持つ専門性やユニークな発想を、行動を起こす方向にまとめてゆくのだ。チームプレイとは、同質の仲良しによる協調ではなく、それぞれがもつ個性的な考えやエネルギーにチーム全員が互いに敬意を払いながら、目的とする方向に進むために協力することである。

②ファッション業界での女性の活躍

　ファッション業界での女性の活躍が、日本ではいまだに世界水準にはほど遠いことは残念である。そもそも日本の全産業を含めた実態は、国連からも改善を要請されるレベルにある。

「日本のGDPは、女性が男性並みの就業率になれば、12・5％上昇する」と、〝ウーマノミクス〟の言葉とコンセプトを発想した、ゴールドマンサックス証券副会長でチーフ日本株ストラテジストのキャシー松井氏は予測する（注：ウーマノミクスとは、ウーマン＋エコノミクス、を意味する言葉で、女性の活躍により経済が活性化する、の意味）。それを達成するには、行政による保育施設の増強ばかりでなく、企業自身が社内保育所を持つとか、フレキシブルな働き方、企業風土、男性の意識などの改革を推進することが不可欠である。

　女性の就業率が上がると、出生率が下がる、と日本では考えられているが、世界各国のデータを分析すると、女性の就業率と出生率は、正の相関関係にあることも、分かっている。ワーク・ライフの両方を充実させ、生活の質を上げたい人が増えている時代の流れを、企業が積極的に汲み上げ、実行することを期待したい。

＊日本全体の女性活躍の現状

いくつかの観点から、日本における女性就業の実態を見てみよう。厚生労働省の資料によれば、平成26年の雇用者総数に占める女性の割合は43・5％だが、就業希望の女性は303万人いて、就業率と潜在的労働力率の差は大きい。保育園だけでなく保育士の不足が緊急の課題とされている所以である。就業形態では、「正規の職員・従業員」は25〜29歳がピークだ。その後、35〜39歳を底に就業率は再び上昇していくが、パート・アルバイト等の非正規雇用が主となっていく。そのため収入は低下。働く意欲も低下する。男女の賃金価格差は、一般労働者でも、女性が男性の72・2％にとどまる事実も、出産後、職場に復帰しない女性を増やしている。

育児環境も厳しい。約6割の女性が第1子出産を機に退職している。これには、残業が多いなどの働き方の問題と、配偶者の家事分担が日本は極端に少ないことがある。6歳未満児がいる家庭で、夫の1日の家事全体における分担時間は、米国・英国・ドイツなどの3時間前後に対して、日本は1時間。そのうち育児の時間は、上記3国ではほぼ1時間であるが、日本は39分となっている。

女性管理職については、「2020年までに女性管理職を30％にする」というのが、女性活躍支援を重点施策にしている安倍政権の目標だ。しかし、管理職の女性比率は上昇傾向にあるものの、国際的にはアジア諸国と比べてもとくに低い水準にある。管理職女性比率のトップは、フィリピンの47・1％、その他、米国43・4％、フランス36・1％、ドイツ28・6％などに対して、日本は11・3％（2014年）と、韓国の11・4％よりも下位にある（厚生労働省）。

2016年4月に、「女性活躍推進法」が施行になった。301人以上の雇用者を有する企業には、①自社の女性の活躍状況の把握・課題分析 ②行動計画の策定・届出 ③情報公表などを行うことが義務付けられた。活躍状況とは、「採用者に占める女性比率」「勤続年数の男女差」「労働時間の状況」「管理職に占める女性比率」などであり、これにより、各社の女性活躍推進に関する実質的な行動が進むことが期待されるが、いまだ道半ばである。

＊ファッション業界における女性活躍の実態

ファッション業界は、女性で成り立っている業界、といっても過言ではない。ファッション製品の顧客の8割は女性であり、小売業では社員の7割が女性、といった企業も多い。商品企画分野では女性が活躍しているし、工場でも、縫製を担当するのは圧倒的に女性だ。その女性が、ビジネスの意思決定に参画し、女性顧客のニーズやウォンツ、購買心理、あるいはライフスタイルに関する感度や生活実感を活かした判断や戦略的業務を担当することは、企業にとって、非常に有益であろう。

しかしながら、ファッション関連業界の女性管理職比率は、課長職では全産業平均を上回っているものの、執行役員や取締役となると、まだまだである。

繊研新聞社が、２０１３年と15年に、ＦＢ関連企業の調査を行っている。その結果、15年11月のＦＢ業界90社調査での女性管理職比率は、平均で、課長級12・1％、部長級６・３％、執行役員・役員７・０％であった。13年度調査（対象は上場企業のみ57社回答）では、それぞれ10・5％、３・７％、３・３％であったから、２年前より上昇していると想定される（ちなみに２０１４年の全産業女性管理職比率は、課長級９・２％、部長級６・０％）。ただし、社員数に占める管理職数（課長＋部長＋役員）の比率は、男性の32％に対して女性は６・７％と、女性管理職の比率が低いことが分かる。女性の数が多いにもかかわらず、である。

企業間の差も大きいが、興味深いのは業種別の傾向だ。製造卸業（アパレル・雑貨卸）と、製造小売業（ＳＰＡなど）と小売業（百貨店・専門店・ディベロッパーなど）を比較すると、課長職の比率は、それぞれ、15％、42・1％、17％。部長級では、７・２％、26・８％、８・２％。執行役員・役員では、それぞれ、６％、10・２％、11％となっており、製造小売業の突出が、とくに課長級、部長級で目立っている。これが、何を意味するのか。革新的な業態であることで、合理的な仕事の進め方をしているからではないか。

企業側の意識もようやく変化しつつあり、女性が働き続けるための整備も進んでいる。「育児休暇・時短の充実」は企業によっては中３まで。「社内窓口の設置・ママ社員のための研修」や「同僚や上司の理解促進」のための意識改革セミナー実施、「復職・休職の制度」「多様な働き方の選択」が可能、などだ。また、女性活用やダイバーシティ推進のための社内組織を設ける企業も増えてきた。「働き方を変える」ことが、企業にとって、生産性向上の面でも、優れた人材確保の面でも、喫緊の課題だ。今後拡大が想定される、ＡＩ（人工知能）やロボットの活用、フリーのネットワークや在宅での勤務などが、人間にしかできない業務を明確にし、人間が人間らしい働き方をすることを要求するからだ。

ＦＢでの女性の活用が不可欠であることを立証する、ある実験を紹介したい。女性はおしゃれに関心が強いだけでなく、生活実感もあり、社会のニーズにも敏感で、感受性に富んでいる。男性が、一般的には女性より論理的だといわれるが、女性は、その分、より感覚的だといえる事例である。

ニューヨークのＦＩＴで、女性と男性のバイヤーの商品セレクトの行動パターンを比較する実験を行った。バイヤーとして同じ力量とみなされる男女各1名のバイヤーを、婦人服メーカーのショールームに連れてゆき、「この秋、最も売れると思われる商品をウインドーに飾りたい。このなかから3点を選ぶように」という課題を与えた。２人は数十点の商品ラインを吟味しながら3点を選んだのだが、興味深いのは、そのやり方とそれに要した時間であった。男性バイヤーが、1点1点を丁寧に吟味し、消去法で3点に絞り込んでいったのに対して、女性バイヤーの方は、全体にざっと目を通した後、その中から3点を抜き出してきたという。所要時間は、男性が約45分、女性の方は15分もかからなかった、というのだ。しかも選んだ商品が、まったく同じであった、という落ちがついている。

そういった感性を持つ女性が、リーダーとしての能力を身につけ発揮できたらどうなるだろうか。日本のＦＢは大きく飛躍するに違いない。

③WEF（一般社団法人ウィメンズ・エンパワメント・イン・ファッション）のミッションと活動
——You can, We must

ファッション関連産業での女性の活躍を目指して、2014年に一般社団法人　ウィメンズ・エンパワメント・イン・ファッション（WEF）が設立された。筆者の呼びかけに女性エグゼクティブ8名が賛同し、2年間の設立準備を経て創立したものだ。業界のリーダーや主要デザイナーの方々に発起人や基金のファウンダーになっていただき、現在40社を超える企業会員と多くのキャリア女性の個人会員が活動に参画している。会長としてとくにありがたく思うことは、年々参加企業も個人も増え続け、公開イベントは常に満席になることだ（詳細は、www.wef-japan.org）。

WEFの目的は、「ファッション業界の女性リーダーを育てる」ことにある。「管理職」ではなく「女性リーダーを育てる」ねらいは、これからのビジネスが必要とする柔軟性とスピードは、ヒエラルキー的な組織での「管理」よりも、フラットでフレキシブルなチームを「リード」するやり方のほうが適している。また女性が得意とするリーダーシップも、軍隊型よりは、プロジェクト・リーダー型だと考えるからだ。

WEFの活動内容を決めるにあたって、「女性の活躍を阻む問題」は何かを会員企業にアンケートしたところ、次の4点に集約された。①ロールモデルが居ない（見えない）②女性自身の意識の問題（自信がない、責任ある仕事に就きたがらない、個人生活を犠牲にしたくない、など）③男性の意識と企業文化の問題④働き方の問題、だ。これに基づき、WEFの主なプログラムを、「公開シンポジウム」「キャリア・フォーラム（会員向け）」「会員企業のダイバーシティ／女性活躍推進責任者会議」「経営者懇談会」としている。

たとえば「公開シンポジウム」は、「ロールモデルの表出」が目的だ。毎回テーマを設けて、基調講演と多様なパネラーに登壇いただく。基調講演者は、初回の髙島屋代表取締役専務として肥塚見晴氏、以来、厚生労働省次官の村木厚子氏、DeNA創業者の南場智子氏、BTジャパンCEOの吉田春乃氏、一橋大学名誉教授の石倉洋子氏などが登壇。直近のゴールドマンサックス副会長のキャシー松井氏と、H&Mジャパンのクリスティン・エドマン社長の講演では、〝I Can. We Must.〟のスピリットが強調された。女性の活躍を実現するには、「女性は〝私にもできる〟と考え、企業は〝我々がやらねばならない〟」と考えて、積極的に行動すべし、とのメッセージである。

④女性活躍のために、企業に期待すること――まとめ

何よりも、企業のトップが女性の可能性を信じて、自ら「女性が活躍できる会社にする」と宣言し、実行していただくことが重要だ。

また、働き方を一律に管理することは、個人の家庭や生活環境などが異なるため難しいし、全員が満足できる仕組みはないから、個々の社員の主体的選択と、それを補完・支援する方策を講じることがベストと考えられる。そのうえで、期待したいことを挙げる。

★女性の能力（生活実感・柔軟性・現場力・コミュニケーション力など）を活かす育成と配置を

★評価は〝平等〟ではなく〝フェア〟に――「男女差別はしていない」の認識が「男のように働けば差別しない」ではないように

★働きやすい（辞めなくて済む）企業にする―働き方の多様性の開発（時短、ワークシェア、テレワーク、ネットのフル活用等）
★働き甲斐がある企業になる―個人が成長意欲を持ち、成長の喜びを実感できるようにする（女性にもストレッチ・アサインメントを―背伸びの努力が成長のベスト手法）。
実力＝〈地頭（元からの能力）〉×〈経験値〉×〈本人の成長意欲〉
★男性中間管理職が女性を活かす企業になる―能力の過小評価や過度の保護をしない
「女性は早く帰っていい」は、女性の「2流社員」扱いと考えてほしい
★女性管理職を一定量にする―クリティカル・マスの3割に到達すると、イノベーションが加速する
★家族を大切にする考え方とその実践の徹底を―幸福家族は企業にプラス。夫の家事・育児時間が長いほど、第1子出産後の妻の継続就業率が高い

2．個人に期待すること――個人も自己革新を

グローバル競争とデジタル・テクノロジーの発展の先には、『現存する仕事の49％がロボットに置き換えられる』時代が来る。そのなかで、優れた人材として活躍するためには、個人にも自己革新が期待される。仕事やキャリアにおける能力は、学校で学んだ基本のうえに積み上げる、毎日の仕事や生き方を通じて蓄積されるものだからだ。そしてそれは、どのような姿勢で生活を生き、何を目標として、何を意識して、毎日の仕事に取り組むかで、磨かれるものである。

筆者が強調したい3点を挙げる。

(1)プロフェッショナルになる――2つ以上の専門能力を

「プロフェッショナル」になるには、先にも述べたが、2つの意味がある。「特定の専門分野の能力」を身に付けることと、「プロ意識」を持つことだ。前者について、さらに強調したいことがある。これからのFBにおいては、専門的能力を、2つ以上持つことが望まれる。ビジネスが複雑になり、多くの専門領域にまたがるものになっているからで、今後その傾向はさらに強まるからだ。

たとえばファッション・デザイナーが、服のデザインだけでなく、それをネット販売で成功させるためのデジタル技術やウェブに関する専門的知識をもっていれば、デザインそのもののレベルも上がり、非常な強みになる。世界各地に出向いて仕入れをするバイヤーであれば、それぞれの国や地域の文化や歴史を専門的な深さで理解できれば、商品セレクトの目利き度合いも上がるだろうし、商品のマーケティングのためのストーリーづくりも優れたものになる。その国の言語が話せる、というのも、もちろん優れた専門能力だ。そんなことはやっている、という人が居るかもしれない。そうであれば嬉しいが、「専門知識」や「専門能力」とは、表面的で薄っぺらなものではない。

筆者が考える「プロフェッショナル」とは、次のような人だ。

①その専門能力で、お金が取れる　(それが採用の理由になる)

②その専門能力に、絶えざる研鑽で磨きをかけている　(成長意欲が高い)

③その分野での自分の立ち位置が分かっている　(山でいえば何合目あたりにいるのか)

④謙虚である（自分の足りない部分を、他から学ぶことに熱心）
⑤期待された結果を出して、プロとしての名に恥じない仕事をする

このような専門性を開発し、ものにすることは、たとえて言えば、深い穴を掘るようなものである。深い穴を掘るには、周りの土もかき出して、間口を広くしていかなければならない。つまり専門性を深く極めている人は、その周りの関連領域にも、かなり明るい、ということになる。高い山が、すそ野が広いのと同じだ。

専門能力を2つ、といったのは、まったく関係のない分野2つでもよいが、「隣接しているが、それぞれ奥が深い別な専門分野」であれば、なお生かせる範囲が広がるであろう。

2つ以上の専門能力を身に付けるには、戦略的に考えねばならない。たとえば20代で1つ、30代で1つ、という具合にである。会社で配属された部署の仕事でも、与えられた〝ジョブ〟だけやればいいというのでなく、全体を理解し、その仕事（部署）のポイントがどこにあるかを絶えず見極める努力をするだけで、自分にアンテナが立ち、とらえられる情報や技術が拡大する。上司の立場に立ったつもりで、自分の仕事を磨くのも有効である。

(2)グローバル人材になる

グローバル人材とは、グローバルに通用する人間、という意味で、語学力の問題ではない。先の企業への期待で述べた通り、グローバル人材には、「異文化体験」「海外や異文化への理解・敬意」「外国語」「外国人と対等に接する」「人間性」などが求められる。

この中で、「異文化体験」と「外国語」、そして「世界に通用する人材に求められる資質」について、筆者の考えを述べたい。

①異文化体験

これは、実際に、異文化のなかでの実体験がなければ身に付けにくい。それには、人に頼らない海外旅行（旅行社が引率までつけるパッケージ・ツアーではなく）も考えられるし、海外派遣要員や駐在員を自ら買って出ることもあり得るだろう。また日本で展開する外資系の会社で、日本企業のカルチャーと全く違う体験をするのも、1つの考え方だ。いずれの場合も、目的を明確にして取り組まないと、単なる体験で終わってしまう。

いちばん一般的なのは、留学である。費用がかさむが、とくに有名な大学を志望するのでなければ、事前の手続きと、必要な語学力と基礎学力があれば、チャンスは多様にある。ただし、何のために（何を学びに、あるいは何を体験するために）留学するのか、明確でなければならない。そのうえで、計画的な資金づくりと語学力アップに取り組むことだ。リサ―チの過程で、世界にはどのような教育プログラムがあるのかを知ることも、世界を知るうえで大きな収穫になる。

最近ファッション業界で注目されているFITの大学院コース、Global Fashion Management（略称GFM）を一例として挙げよう。MBAではなく、MPS（Master of Professional Studies）の学位が授与されることから分かるように、ファッションの専門能力を実学で学ぶコースである。詳細は、FITのホームページを参照されたいが、FBの経営、マーケティング、マーチャンダイジング、生産、財務、法務（契約・知財権）などを、夜間講座と、ニューヨーク、パリ、香港での集中セミナーで学ぶ、社会人対象のグローバル・プログラムだ。パリ、香港の専門大学と提携し、パリのラグジュアリー・ビジネス、香港では中国まで足を延ばして生産やソーシングを学ぶ、という立体的なコースで、終了研究では、ビジネス現場の課題を取り上げ、解決策や発展計画を発表する。まさしく新しい時代に求められるグローバル人材の養成コースである。

②外国語の習得

グローバル人材は、語学力だけの問題ではないとは言ったが、コミュニケーションのベースとなる外国語の習得は不可欠であり、また、これからの時代の戦略的武器になる。言語は文化そのものであることから、言葉を学ぶことで、その国や民族の生活や慣習を理解し、共感を持つことができる。

外国語の習得は、一朝一夕にはいかない。地道な努力、特に語彙を広げる努力が必要だ。日本人にとっては、「聴く耳」をつくることにも、時間をかけた訓練が必要だ。それには、お手本となる録音を、何度も聞いて覚えてしまうのも有効だ。日本人が手こずるイントネーション（抑揚）も、耳から覚えることができる。元ＮＨＫの名キャスター国谷裕子さんは、英語放送のニュース解説を、何度も繰り返して聞き、スピード感と抑揚を身に付けたと聞く。キング牧師の〝I Have a Dream〟やスティーブ・ジョブスのスタンフォード大学卒業式でのスピーチ、などを丸暗記するのも有効だろう。声に出して体で覚えるのだ。

語学の勉強で重要なことは、「間違うことが恥ずかしい」とは絶対に思わないことだ。ＩＦＩビジネススクールやファーストリテイリングで「ファッション・ビジネス英語」を教えた経験から、「間違いを気にせず、どんどん発言する」ことが、上達の秘訣だと痛感している。仕事で使う専門的な言葉や文章から入るのも、有効であろう。

「グロービッシュ」という考え方もある。世界で英語を使う人たちの8割以上が、英語が自国語でない人たちであり、彼らが使う英語は、発音やアクセントも文法も、〝King's English〟とはほど遠い、Globish、つまり、グローバル・イングリッシュだというのだ。したがって、「間違って当たり前」とリラックスして、英語に慣れることが、まず重要である。

③グローバル人材に求められる5つの資質

世界で活躍するためには、現地の人にリスペクトされることが重要である。総合的な人間力とも言えるが、とくに重要だと考えるものを挙げたい。

第1―「コミュニケーション力」。語学力が十分でなくても、相手に敬意を払い、自分の考えをゆっくりでも、とつとつとでも、誠意を込めて伝えることが重要だ。立て板に水のように話しても、要点が明確でなかったり、内容に深みがなかったりしては逆効果だ。コミュニケーションとは、単にしゃべることではなく、相手がこちらの言いたいことを理解することだ、と肝に銘ずる必要がある。

筆者自信の経験で恐縮だが、ハーバード・ビジネススクールAMPコースの卒業式で、外国人学生を代表してスピーチをする機会があった。草稿の段階で彼らに、「何か、アッピールしたいことがあれば」と尋ねたところ、「米国人は、もっと他国の文化や歴史に対して謙虚になってほしい」

との声が多数出てきた。慣れない英語で苦労したことが大きい。それを上手くコミュニケートする方法はないか考えた結果、最初の30秒を日本語でやることにした。会場は唖然とし、静まりかえった。次いで英語に切り替え、「私たち外国人にとって、この10週間はこんな感じでした。でもお陰で、アメリカン・ジョークも分かるようになりました」と、人気教授のお決まりのセリフなども交えながら話すと、大爆笑。スピーチが終わると米国人学生たちが駆けつけてきて、「ヨーコ、ごめんね。あなたが英語で苦労しているなど思ってもみなかった……」と。こちらの思いが伝われば、人はすぐに対応するのだと、痛感した次第だ。コミュニケーション力とは、言葉ではなく、こちらの考えが伝わることなのだ。

第2―「現場力」。現場を知っている、現場が分かっていることが重要で、評論家的なコメントや議論は評価されない。

第3―「当事者力」。当事者としての責任が感じられない発言をする人をよく見かけるが、これは非常に問題である。日本人が海外でビジネスをする場合に、本社の意向に沿った折衝が求められることが多いが、その場で結論が出せずに、「本社に確認します」を繰り返すようでは、信用を失ってしまう。欧米では「責任をとらない、とれない」のでは、一人前のビジネスパーソンと認めらないし、忙しい時間を取って商談をしているのに、と相手が立腹することも多い。全権委任でない場合でも、「自分の責任において、ここまではやる」といった腹が括れるように事前の準備や根回しをもって、ことに臨むことが重要だ。

第4―「主体性」。他とのコミュニケーションや折衝に、主体性をもって臨むことである。対話のイニシャティブを取ること。少なくとも、相手に振り回されずに対等に話を進めるためには、自己の確固たる考えを持っていないと、目的達成はおぼつかない。

第5―「自己のアイデンティティ」。これを大事にすること、を挙げたい。グローバルあるいは異文化の世界では、自分が何者なのか。どのような考えを持っているのか、を自分自身が意識することが重要だ。海外滞在で、日本人としてのアイデンティティが持てなくて、自己喪失に陥る人もある。外国人、それも知識人や、グローバル体験の豊富な人と親交を深めるうえで、日本の文化や歴史に関する深い見識を持つことも不可欠だ。

(3)人と違う自分を創る――個性ある存在に

グローバル、あるいは多様な人種のミックスの世界では、個人の個性や存在感が重要である。自分が「そこにいる」ことを意識させ、発言の機会を逃さず意見を述べ、主張をする。「沈黙は金」は、日本の外では通用しない。

「顧客満足」戦略の第一人者、レナード・シュレッシンジャー博士からハーバードの教授時代に聞いた話は示唆に富む。氏は、「顧客満足」の研究者としてトップを目指したいと考えたが、それには同じ分野ですでに高い評価を得ている学者を超えねばならない。そこで彼は、「顧客満足」の新領域を拓くことを考え、それまで研究されていた領域の、「オペレーションとしての顧客満足」あるいは「マーケティングとしての顧客満足」とは一線を画す、「経営としての顧客満足」を専門にすることにしたという。自分の考えで独自の「顧客満足」の理論を展開し、自ら切り拓いた分野で比類ない存在になったのは、このような選択の結果であった。

「Different」(違っている)であることは、日本では、周りに溶け込まないとか、目立ちたがっている、などとよい評価をされない場合も多い。しかし、欧米、とくに米国では、褒め言葉である。人と違う個性を持っているからだ。

筆者は、高校交換学生で米国に留学した際、〝ディファレント（different）〟が褒め言葉だと教えてもらうまで、登校するたびに、日本で仕立てた洋服について、〝Yoko, That's so different!（それ、ちがってるわね）〟と言われ、批判されたと思い込んで滅入っていた。目立ちすぎないほうがよかった当時の日本とは180度反対の、人間の価値観にかかわる貴重な体験であった。

学校で自由課題の宿題が出たときも、人と同じことはしないし、選ばない。「人と違っていていい」というより、「人と違っていないと自分の存在理由がない」という米国の考え方を知ることで、自信をもって発言したり、言語のハンディがあっても対等に渡り合うようになった。

(4) あえて「女性に期待したい7カ条」

女性の活躍が世界で目立つようになり、大国の首相や国際機関の女性トップも増えている。日本も遅ればせながら、管理職レベルの女性を増やす機運が盛り上がってきた。

女性の強みについて、生活実感がある、感受性に富んでいる、変化への対応力が高い、おしゃれに関心がある、などFBでプラスになることを述べてきた。

もう一点、女性が柔軟性に富み、同時並行的に、複数の問題についての対応力を持っていることを強調したい。英国のトップ小売業の一つであるアズダ社のCEOはハーバードでの講演で「21世紀は女性の時代」とし、「女性は1日に200もの意思決定をしている。よって現在のように変化が激しく対応にスピードを要求される時代には、女性のリーダーが不可欠だ」と強調した。「1日に200の意思決定をする」と言われれば筆者も、毎日、職場で、家庭で、育児で、近所付き合いでと、大小取り混ぜた膨大な数の判断と決定をしていることに気づく。

そこで、キャリアを目指す女性に、日本のFBにおけるリーダーになっていただくために、あえて「女性に期待したい7カ条」を記したい。

①ビジョンをもち、主体性を持って進む――

人生はマラソンだ。とくに女性は多くのライフイベント（結婚・出産など）に遭遇する。すべてが一直線にはいかないことも多い。しかし生涯を通して達成したいビジョンがあれば、時折スローダウンしたり、遠回りすることも可能だ。重要なことは、「主体性を持って進む」ことである。人生は自己責任だ。Control Your Own Destiny. Or, Someone Else Will.（自分の運命は、自分でコントロールせよ。さもなくばだれかほかの者にコントロールされてしまう）。主体性を持たないで過ごした人生を、後で後悔することは、やめよう。

②自分に自信を持て――

日本女性は一般に自己評価が低いことが、調査などでも明らかになっている。〝I Can〟のスピリット、やればできる、というポジティブな姿勢をもってほしい。そのためには、情熱を注げる好きな仕事を見つけ、飛び込んで行って、それを〝得意〟にすれば、専門能力が差別性になる。

③視野を広く、視座を高める——

常に、より広い世界を見、知的好奇心を発揮して、学びを増やす。組織で仕事をしている人は、上司（できれば2段上）の視点で自分の仕事を見る努力をする。そうすれば自分の立ち位置が分かり、自己研鑽の方向も見えてくるし、成長の機会をとらえることにもつながる。

④仕事と家庭・子育ては、両立に努力する——

仕事と家庭・子育てを、トレードオフ（両立できないもの）と考えない。育児や家事のマネジメントは、リーダーシップの訓練にも、人間味豊かな人間になるためにも、有効で重要だ。そのためには、家事の合理化やシステム化（スケジュール共有や家事の簡素化・マニュアル化など）が必要だし、家族全員の自覚と協力が得られるようにすることが不可欠である。家事や育児を一時的にアウトソーシングすることも考えられる。お金で「買う・借りる」ことができないか知恵を絞り、やりがいのある仕事を辞めないで済む努力を期待したい。子供とは短くても高質の時間を。子供を信じ、いつも味方になる（正しくないことには厳しく）。子供は親を育ててくれる。そして、家族と協力者に、感謝！感謝！することと。

⑤リスクをとることを恐れない——

難しいと思われる仕事も、「やってほしい」と言われるなら、「やれると思われているのだ」と考え挑戦してほしい。異動・昇進のオファーは受けるべし。コミットメントがあなたを成長させる。

⑥〝管理職〟よりも、まず〝リーダー〟になってほしい——

「管理職」の仕事は、「目標達成のためのマネジメント」。しかし変化の激しいスピードが要求される現代には、まずはチームでもプロジェクトでもよいから、問題の発見と解決の方向を示し、グループをリードする能力を身に付けてほしい。リーダーシップの本質は、「改革」「イノベーション」「後進育成」であり、これができるリーダーになれば、ポストは必ずついてくる。

⑦謙虚さと感謝を忘れずに――

いまの日本の環境で女性が活躍するには、多くの障害がある。それを取り除いたり、あるいは乗り越える力や意欲を与えてくれている人が、目に見えなくても必ず存在することを忘れてはならない。いまの仕事が自分の力だけでやれているとは、決して考えてはいけない。仕事ができること、指導・支援をもらえること、に感謝する。高みを極めた人ほど謙虚であり、その分だけ、周りの敬意も協力も得られるのだ。

3. FLUXゼネレーションに学ぶ――未来は、いま、あなたが創る

「ファッションビジネス――創造する未来」「未来は自然に到来するのではない」をテーマとして、長年のFBへの想い、そして、未来へ向けてディスラプションを迫られている事項について、筆者が考えることを書いてきた。

そのために、この混沌・混迷の時代に、ディスラプションによる変革をリードする人たち、Fluxゼネレーションを紹介し、まとめとしたい。

カオスの時代――リーダーは「Fluxゼネレーション」

「Flux（フラックス＝流動する）ゼネレーションが、現代のカオスというべき時代をリードする」という考えは、米国のアントレプレナー（起業家）必読のビジネス誌といわれるFast Company誌が新たなコンセプトとして提示したものだ。

「FLUX ゼネレーション」を編集コンセプトとするFastCmpany誌

「Fluxゼネレーション」とは、年齢的な区分の「世代」を意味するものではない。「いまという時代」と「人のタイプ」、すなわち〝マインド〟によるとらえ方だ。それは、従来のやり方に固執せず、柔軟でアジャイル（聡明で素早い）、そして、成長のため、環境変化をテイク・アドバンテイジ（利用）し、新たなプロジェクトや事業に、恐れることなくリスクをとって取り組む人たちをいう。

「フラックス・ゼネレーション」

のコンセプトが登場したのは、Fast Company 誌の２０１２年新年号の特集としてであったが、同誌はその後も折に触れこういった〝次代を作る人たち〟を登場させている。

同誌の編集長で最高業務責任者も務めるロバート・サフィアン氏は２０１５年のＮＲＦ大会の講演で、「フラックス・ゼネレーション」について次のように語っている。「いまはカオスの時代。いつ何が起こるか全く予想できない混沌の世界だ。従来のビジネス法則が通用しないだけでなく、超スピードで変わる環境に対応せねばならない。創造性の爆発が巨大な選択肢を生む現在の世界で成功するには、新しいタイプのリーダーが必要だ。最も重要なスキルは、新たなスキルを加える能力だ」と。

画像は、〝フラックス世代の秘密〟を特集した２０１２年新年号の表紙で、典型的なフラックスたち７人が並んでいる。かれらは、20代後半から60代までの多様多彩な経歴の持ち主だ。たとえば中央の２人は、ハーバードで建築を学び、ドキュメンタリー映画の監督、広告代理店やＮＰＯや国務省勤務を経て現在はコンサルタントという女性。男性は、永年同一企業に勤めたが、コンピュータ・グラフィックスで映画エイリアン等の特殊効果を担当後、晩年に独立。現在１２００人を雇用するマーケティング会社を経営する。その他も、ウェブ・マーケティング会社を起業したり、若くしてＧＥの研究開発ディレクターといった、ユニークなキャリアで興味深いプロジェクトをリードする人たちだ。Flux の共通点は、〝いつ解雇されてもかまわない、新たな仕事や環境に飛び込むことを成長のチャンスと喜ぶ〟姿勢だ。

Flux マインドはファッション産業でも発揮される。「バーバリーは多数のアイフォーンでショーを上から撮影しユーチューブで配信。トレンチコートの伝統を、テクノロジーにより今日の顧客にアピールする形に変えている」と画像を見せながらサフィアン氏は言う。

次の4つのメッセージは、サフィアン氏が密着取材をしてきた象徴的なフラックスたち、アマゾンのジョセフ・ベゾスやアップルのスティーブ・ジョブスなどの革新者から学んだものだという。

①革新のアイデアをあらゆるところから見つけ出せ。組織の間の隙間からも。
②自らのリーダーシップのあり方を再定義せよ。立派なデスクに固執せず、外に出て革新を起こし続けよ。
③自分が上手くやれることに照準し、他は退けよ。
④自分のミッションを見い出せ。4P、すなわち、Purpose、People、Product、Process。なかでも『目的（Purpose）』が最重要。目的が他の3Pを駆動させるようにせよ。

日本で、とくにファッションの世界で、多くのフラックスたちが台頭することを、心から願うものである。

締めくくりのメッセージとして、SF作家ウィリアム・ギブスンの言葉を送りたい。これは、ツイッターの共同創業者で米国デジタル界のリーダーのひとり、ジャック・ドーシーの座右の銘でもある。

「未来はすでにここにある。ただ、全ての人に均等に配分されていないだけだ」。
TheFuture is already here. It's just not evenly distributed.

あとがき

この本を書きたい、書かねば、と思ったきっかけは、東日本大震災であった。

大震災に先立って米国では、2008年9月の金融危機、いわゆる「リーマンショック」が起こった。IFIビジネススクールの幹部研修のためニューヨークにいた筆者は、一夜にして倒産した企業、職を失った人々を目の当たりにした。その後多くの米国人が、それまでの飽食の生活、たとえば「背伸びをして分不相応のブランドを買う」生き方を改め、浪費ではなく（誇り高い）倹約、過剰ではなくミニマム、虚飾ではなく実質・本質、を求める、などの態度に移行したことは、世界的な時代の流れになった。

東日本大震災による、人々の心の変化は筆者にとっても衝撃的であった。自然災害という不可抗力のなかで、人々は、「モノをたくさん所有する」ことの意味を改めて問い直し、「人との絆やコミュニティを大事にする」動きが目立っていた。同時に、震災時にほとんどのインフラが破壊された中で、ツイッターが唯一のコミュニケーションと情報共有手段として頼りにされた地域が多かったという事実も、ICT技術の日常生活への浸透、という時代の変化を象徴するものであった。

その後日本でも、断・捨・離といった言葉が流行語になるなど、人々の意識や価値観が大きく変化した。人々は、個人としての自分の生活や生き方を重視し、それに沿った消費行動をとるようになった。それによりビジネスは、個人のニーズへの「パーソナル」な対応と、モノの販売ではなく、個人の素敵なライフスタイルづくりを支援する「サービス」的機能を重視する方向に大きく変容しつつある。そして今、熊本地震がこの傾向を一層加速させている。

本書、「Fashion Business 創造する未来」の執筆には、４年近くかかってしまった。その間、多くの革命的変化、ディスラプション（従来の秩序などの破壊）が進行した。脱稿後も、スナップチャットの急拡大や、ブロックチェーンへの期待などが話題になっている。

執筆には苦労した。ＦＢは、いわば「Moving Target」。標的そのものがどんどん移動（変化）するからだ。そのなかで努力しつづけたことは、大きな潮流を見ながら、細かな事例を深く掘りこむことであった。言い換えれば、起業家や革新をリードする経営者が、時代の変化とその本質をどうとらえ、それをどのような戦略として現場に具体的に落とし込み、新たな価値創造を実現しているのか、を見極めることであった。

時間がかかった理由のもう一つは、２０１４年にファッション関連業界の女性活躍支援のためのＷＥＦ（一般社団法人 ウィメンズ・エンパワメント・イン・ファッション）を立ち上げたことだ。2年の準備期間をかけ、趣旨に賛同する女性エグゼクティブと共に、業界のリーダー企業のご支援をいただき設立した。女性活躍支援は、国家プロジェクトとして推進されることになった、タイムリーでやり甲斐あるプロジェクトであったが、会の立ち上げは大変な力仕事でもあった。

しかしこの4年の間に、これからのＦＢを動かす潮流が「パーソナル化」と「サービス化」であるとの確信が得られたことは、幸いであった。そしてそれを実現するのはまさしく「人」。それも人々の生活現場の課題を実感としてとらえられる「人材」であることだ。

本書の核になっているのは、筆者の50年以上にわたるファッション・ビジネス体験である。

その意味でこの本の完成は、本当に多くの方のご指導やアドバイス、叱咤激励のたまものであり、この場を借りて、心からの謝意を表したい。

社会人としてのキャリアのスタートは旭化成㈱の商品開発担当であった。創・工・商の分野の専門家をコーディネートして進める商品開発を、現場で学ぶ機会をいただいた。その後のニューヨーク FITへの留学では、プロフェッショナルの真の意味と重要性、FBのメカニズム、ファッションと流行の基本も学んだ。

FITの教科書「ファッション・ビジネスの世界」の翻訳出版がきっかけで、旭化成とFITとの共同プロジェクトとして始まった「旭化成FITセミナー」は、28年間の長きにわたって、海外から計157名の講師を招聘、受講者は延べ1万300人に達するものになった。

IFIビジネススクールの創設にも深くかかわり、真に産業界で役立つ人材の育成にも注力した。その学長にふさわしい能力を身に付けるべく留学したハーバード・ビジネススクールのAMPプログラムでは、グローバル化とテクノロジー膨張への期待感あふれる、刺激を受けた。

この間、30年間一度も休むことなく参加した全米小売業大会（NRF）の刺激やインスピレーションの大きさも計り知れない。

これらの様々な場面で、啓発やご指導をしてくださった方々に、それぞれ名前を挙げてお礼を申し上げなければならない。しかし、あまりに多数になるため、紙幅の都合で割愛させて頂くことをお許しいただきたい。心から感謝申し上げる。

本の執筆をかねてから勧めて下さった、旭化成社長の故弓倉礼一氏、IFI（財団法人 ファッション産業育成機構）理事長の故山中鏆氏、そしてファーストリテイリング会長兼ＣＥＯの柳井正氏、ＡＯＫＩホールディングス会長の青木拡憲氏、アダストリア会長の福田三千男氏、ハリウッド大学院大学理事長の山中祥弘氏、一橋大学名誉教授の石倉洋子氏、ニューヨークＦＩＴのジョイス・ブラウン学長、繊研新聞社前社長の白子修男氏にも、あらためて心からのお礼を申し上げたい。

出版に当たっては、編集を担当してくださった井出重之、山里泰両氏には大変なご苦労をかけた。お詫びを申し上げたい。原稿の書き直しが度重なったことにも辛抱強くお付き合いいただいたことを深謝している。表紙デザインやカラー画像のページを手掛けてくださった原敏行氏、本文や図表のデザインを担当してくださった徳平加寿也氏にも、厚く御礼を申し上げる。

本書は家族のサポートなしでは、完成しなかった。夫と2人の息子たち。キャリアとしての仕事を休むことなく続けた母親に、「どうしてうちのお母さんだけ仕事に行くの？」とスカートの裾をつかんで離さなかった幼い子供たちが、いまはそれぞれ　ビジネスと建築・インテリアのプロフェッショナルとして、専門的なアドバイスもしてくれるようになった。

今は亡き父と母にも、本書の出版を報告し感謝したい。16歳の女の子を、戦後10年しか経っていない米国にＡＦＳ高校交換学生として単身留学させる勇気と行動力を持った父母であった。

最後に改めて、わが夫に心からの感謝をささげる。

２０１６年8月　　尾原蓉子

● “共通価値の戦略　Creating Shared Value”，マイケル・E・ポーター／マーク・R・クラマー著、ハーバード・ビジネス・レビュー論文（DIAMONDハーバード・ビジネス・レビュー編集部、2014.12.10）
● 『アパレル・サプライチェーン研究会報告書』、経済産業省　（経済産業省ホームページ、2016.06.17）
● 『ものづくり成長戦略─「産・金・官・学」の地域連携が日本を変える』　藤本隆宏／柴田 孝編著　光文社新書 2013.8.20
● “世界に誇るニッポンの商品100”　特集　日経ビジネス 2012.10.15号
● 『ほんもの』　ジェームズ・H・ギルモア／B・ジョセフ・パインⅡ著 林 正訳、2009.12.31　東洋経済新報社
● 『ロングテール─「売れない商品」を宝の山に変える新戦略』　クリス・アンダーソン著　篠森ゆりこ訳　早川書房 2014.5.25
● 『コトラーのマーケティング3.0─ソーシャル・メディア時代の新法則』　フィリップ・コトラー他著　恩蔵直人監訳　藤井清美訳 2010.9.30　朝日新聞出版
● 『ブランド論---無形の差別化を作る20の基本原則』　デービッド・アーカー著 阿久津聡訳　ダイヤモンド社 2014.9.27
● 『グローバル・ブランディング─モノ作りからブランドづくりへ』　松浦祥子編著　碩学舎 2014.3.15
● 『クリエイティブ・マインドセット─想像力・好奇心・勇気が目覚める驚異の思考法』トム・ケリー、デイヴィッド・ケリー著　千葉敏生訳　日経BP社 2014.6.24
● 『ビジネスのためのデザイン思考』紺野 登著　東洋経済新報社 2010.12.14
● 『相対性コム デ ギャルソン論』　西谷 真理子編　菊田琢也著　フィルムアート社 2012
● 『Creativity is Born』三宅一生　再生・再創造　Issey Miyake & Reality Lab.　パイ・インターナショナル 2016.3.18
● 『逝きし世の面影』　渡辺京二著、平凡社ライブラリー 2005.9.9
● 『里山資本主義─日本経済は「安心の原理」で動く』　藻谷浩介／NHK広島取材班著　角川書店　2013.7.10
● 『きものの森』　矢嶋孝敏著　繊研新聞社　2015.4.20
● 『ひとはなぜ服を着るのか』　鷲田清一著　NHKライブラリー　1998.11.20
● 『フランス人は10着しか服を持たない』　ジェニファー・L・スコット著　神崎朗子訳　大和書房 2014.10.30
● 『経営者になるためのノート（テキスト）』　柳井 正著　PHP研究所 2015.8.15
● 『一勝九敗』　柳井 正著　新潮文庫 2006.3.28
● 『無印良品は、仕組みが9割─仕事はシンプルにやりなさい』　松井忠三著　角川書店 20013.7.10
● 『グローバルキャリア─ユニークな自分の見つけ方』　石倉洋子著　東洋経済新報社 2011.4.21

〈参考図書リスト〉

- 『新版 ファッション・ビジネスの世界』 J・Aジャーナウ／B・ジュデール著 尾原蓉子訳 東洋経済新報社 1975年
  原本 Jeannette A. Jarnow & Beatrice Judelle, Inside the Fashion Business. 2nd Edition（New York, John Wiley & Sons, Inc., 1975）.
- 『ザ・ファッション・ビジネス―進化する商品企画、店頭展開、ブランド戦略』 明治 大学商学部編 同文館出版 2015.8.10
- 『ファッション・デザイナー ―食うか食われるか』テリー・エイギンス著 文春文庫 2000年
  原本 Teri Agins, The End of Fashion–the mass marketing of clothing business（New York, William Morrow & Company, Inc., 1999）.
- Agins, Teri, Hijacking the Runway: How Celebrities Are Stealing the Spotlight from Fashion Designers（ Gotham Books, 2014）
- Farnan, Sheryl & Stone, Elaine, In Fashion, 3rd Edition（Bloomsbury, 2016）
- Elaine Stone, The Dynamics of Fashion, 4th Edition（Bloomsbury, 2014）
- Thomas, Dana, Deluxe: How Luxury Lost Its Luster（Penguin Books, 2008）
- Robin Lewis & Michael Dart, The New Rules of Retail: Competing in the World' s Toughest Marketplace（ St. Martin's Press, 2014）
- Marshall Fisher & Ananth Raman, The New Science of Retailing: How Analytics Are Transforming the Supply Chain and Improving Performance（Harvard Business Review Press, 2010）
- 『フラット化する世界―経済の大転換と人間の未来』 トーマス・L・フリードマン著 伏見威蕃訳 日本経済新聞社 2006.5.24
- 『日本の未来について話そう―日本再生への提言―』（震災後の著名人メッセージ）マッキンゼー・アンド・カンパニー責任編集 小学館 2011.7.1
  英語書籍 REIMAGINING JAPAN-The Quest for a Future That Works の日本版
- 『スペンド・シフトー希望をもたらす消費』 ジョン・ガーズマ／マイケル・ダントニオ著 有賀裕子訳 プレジデント社 2011.7.30
- 『第四の消費 つながりを生み出す社会へ』 三浦 展著 朝日新書 2012.4.13
- 『新クリエイティブ資本論』 リチャード・フロリダ著 井口典夫訳 ダイヤモンド社 2014.12.4
- 『完全なる人間―魂のめざすもの』 アブラハム・H. マスロー著 上田吉一訳 誠信書房 1998.9
- 『新訳 経験経済』 B・J・パインII／J・H・ギルモア著 岡本慶一／小高尚子訳 ダイヤモンド社 2005.8.4 発
- 『ソーシャル・ビジネス革命』 ムハマド・ユヌス著 岡田昌治監修 千葉敏生訳 早川書房 2010.12.15

ワ

ミ

ム

メ

モ

ヤ～ヨ

ラ～ロ

コ

サ

シ

オ

カ

キ

ク

ケ

主な用語索引

■プロフィル

一般社団法人　ウィメンズ・エンパワメント・イン・ファッション会長（代表理事）
金沢市立美術工芸大学大学院 客員教授　ハリウッド大学院大学 特任教授
㈱ AOKI ホールディングス　社外取締役
経済産業省　アパレル・サプライチェーン研究会 委員

東京大学卒。米国 F.I.T.（ニューヨーク州立 Fashion Institute of Technology）卒
ハーバード・ビジネススクール AMP (Advanced Management Program) 卒
米国ウッドベリー大学　名誉芸術博士
受賞：2009 年、米国 F.I.T. から「生涯功労大賞」、毎日新聞社から「毎日ファッション大賞・鯨岡阿美子賞」。2003 年にはハーバード・ビジネススクール・ビジネスマン／ウーマン・オブ ザイヤーを、日産自動車社長カルロス・ゴーン氏とともに受賞。

●主な職歴

1962	旭化成工業株㈱（現 旭化成株式会社）入社
1991 － 1999	旭化成マーケティング部ＦＢ人材開発部長
1991 － 1994	㈱ 旭化成テキスタイル取締役、㈱旭リサ—チセンター取締役
1999 － 2009	財団法人 ファッション産業人材育成機構 IFI ビジネススクール学長
2008 － 2010	㈱良品計画 社外取締役

●主な公職

1993 － 1997	社団法人 ザ・ファッショングループ　会長
1999 － 2000	ＮＨＫ 中央番組審議会　委員（2002　委員長）
1999 － 2010	財団法人　女性労働協会　理事
2002 － 2006	文部科学省　大学設置・学校法人審議会 大学設置分科会 委員
2004 － 2010	財団法人 国際経済交流財団　理事
2006 － 2008	経済産業省 産業構造審議会 繊維産業分科会 委員

訳書 「ファッション・ビジネスの世界」（東洋経済新報社 1968 年）

グローバリゼーションとデジタル革命《かくめい》から読《よ》み解《と》く

Fashion Business 創造《そうぞう》する未来《みらい》

2016 年 9 月28日　　初版第 1 刷発行
2017 年 2 月 1 日　　　第 2 刷発行
2018 年 3 月20日　　　第 3 刷発行

編 著 者　尾原《おはら》　蓉子《ようこ》
発 行 者　佐々木　幸二
発 行 所　繊研新聞社
〒 103-0015　東京都中央区日本橋箱崎町 31-4　箱崎 314 ビル
TEL．03(3661)3681　FAX．03(3666)4236
制　　作　スタジオ　スフィア
印刷・製本　中央精版印刷株式会社
乱丁・落丁本はお取り替えいたします。

ISBN978-4-88124-319-0　C3063